中央宣传部　新闻出版总署　农业部
推荐"三农"优秀图书

无公害农产品高效生产技术丛书

蛋　鸡

谷军虎　张永辉　张铁闯　主编

中国农业大学出版社

主　编　谷军虎　张永辉　张铁闯

编　者　（按姓氏笔画排序）

卞应至　王建军　张永辉　张红艳

张铁闯　张锦琢　杨　波　肖淑萍

谷军虎　侯玉漂　钟艳玲　靳建虎

致读者

尊敬的读者朋友：

您好！您面前的这本书是我们精心为您准备的，是我社出版的“无公害农产品高效生产技术丛书”中的一种。这套丛书是我社成立20年来在农业科技实用图书领域出版成果的一个缩影。丛书体现了我们对广大读者的真情实感，是我们为“三农”服务的又一具体行动。

本套丛书以无公害品质和高效生产技术为切入点，将市场需求、政府倡导与农业生产者的切身利益高度结合，将无公害农产品生产技术有关的理论贯穿于实际操作技术之中，以达学以致用之根本目的，尤其在体例上集各家所长，创立了比较适合读者阅读的全新体例。归纳起来主要有3个特点：

1. 创立全新体例，方便读者阅读

站在读者的角度创立全新的体例，通过设置有关栏目使读者轻松阅读，并较快掌握所需要的知识。首先，在每章前设置了200～300字的“阅读指南”栏目，向读者介绍本章内容的重点，阅读的方法，学习的目的与要求等。其次，在每章后设置了5道左右“提示问答”题。这些题目以生产中经常遇到的，或模棱两可，或熟视无睹，但对生产实际颇有影响的技术问题或现象为主要内容。问题的设置能促使读者深入思考有关技术问题，继而对自身日常的操作予以审视、参照，从而较快掌握相关技术。

2. 以实用性为根本要求，适当讲授相关理论

本套丛书以无公害生产实用技术为主要内容，打破农业科技图书“只讲操作，不讲理论”的模式，力求使理论通俗化。主要体现在3个方面：①理论的阐述以技术内容的需要为原则，以有利于读者确实掌握相关技术，提高灵活处理生产实际中遇到问题的能力。②强化理论的阐述与实际操作技术的融合，提高读者学习相关理论的自觉性和积极性。③尽量避免使用专业词汇，而更多地采用读者惯用的语言和方式。

3. 以国家标准或行业标准为依据，技术内容系统、科学、规范

本套丛书以国家标准(GB)或农业行业标准(NY)为依据，系统地阐释了相关农产品无公害生产技术，具有很高的可信度和权威性，尤其是对有关技术要点的分析，颇具实用价值，使规范技术普及化，为生产者提高产品质量，获得更高的效益提供技术支持和保障。

2005年是全国全面推进“无公害食品行动计划”最关键的年头，值此我们推出这套“无公害农产品高效生产技术丛书”旨在紧密配合此计划，更广泛深入地开展无公害食品行动，满足广大读者对无公害农产品生产技术的深层次需求，为全面提高我国农产品质量安全水平和市场竞争力，做出我们的贡献。

中国农业大学出版社

2005年8月

前　言

改革开放以来，我国蛋鸡业生产取得了长足的发展，实现了由松散式的家庭副业型向规模数量型的全面转化，存出栏总量和鸡蛋产品产量跃居世界第一位，成为世界蛋鸡生产大国之一。但随着市场经济的发展和人民生活水平的不断提高，特别是我国加入世贸组织后，市场竞争日趋激烈，药物残留、重金属超标、环境污染等与畜产品质量相关的问题成为制约蛋鸡业乃至整个畜牧业持续、快速、健康发展的关键环节。这引起了党中央、国务院的高度关注，党的“十六大”把“健全农产品质量安全体系，增强农业市场竞争力”作为一项重要内容写进了工作报告，农业部也随即出台了《全面推进“无公害食品行动计划”的实施意见》专门性文件，在全国范围内全力推行《无公害食品行动计划》，通过健全体系、完善制度，对农产品质量安全实行全过程监控，解决畜产品生产中药物残留以及出口农产品质量安全等问题，有效提高我国农产品质量安全水平，力争用5年时间，使全国基本实现食用农产品无公害标准化生产。

为此我们收集查阅数十种相关文献资料，结合生产实际，组织编写了《蛋鸡》一书。通过8章的内容详细叙述了蛋鸡无公害标准化生产的相关技术要求和操作规范，供各规模蛋鸡饲养场（户）的蛋鸡生产者参阅。

由于水平有限，书中难免有很多不足之处，敬请广大读者给予批评指正。

编　者

2005年9月

目　录

第一章

蛋鸡无公害标准化生产及概述

阅读指南 本章介绍了蛋鸡无公害标准化生产的定义，阐述了实施蛋鸡无公害标准化生产的必要性和意义，介绍了与其相关的法律、法规和技术规范，对无公害生产、规模化生产和标准化生产进行了区别比较，并对当前国内外蛋鸡无公害标准化生产现状和发展趋势进行了介绍，对我国蛋鸡业生产发展提出建议。

第一节 无公害标准化生产的含义

一、无公害标准化生产的定义

无公害标准化生产是按照无公害的标准要求、通过标准化的形式体现的一种较高水平生产方式。准确地讲，无公害标准化生产就是按照国家规定的产地环境、生产过程和产品质量有关标准和规范进行生产，产地经过认定、产品经过认证，并获得认定和认证证书的生产方式。是按照无公害的生产标准和规范，利用标准化的统一、协调、简化和最优化的原理组织生产，来提高农产品质量，保障一个持续、健康、快速的发展水平。按照标准的分类方法无公害标准化生产的标准和规范也有其共同的内容。在适用范围上包括国家标准、行业标准、地方标准和企业标准 4 种；在法律的约束性上包括强制性标准、推荐性标准和标准指导性技术文件等 3 类；在性质上包括技术标准、管理标准和工作标准 3 类；在对象和作用上包括基础标准、产品标准、方法标准、安全标准、卫生标准和环境保护标准等 6 类。在无公害标准化生产的基础上生产的农产品均称为无公害农产品。

蛋鸡无公害标准化生产就是在产地环境上要符合国家规定的 GB/T 18407.3—2001 无公害畜禽肉产地环境要求和 NY/T 388—1999 畜禽场环境质量，以及 NY 5027—2001 无公害食品畜禽饮用水水质标准要求；在生产过程上要符合 NY 5040—2001 无公害食品蛋鸡饲养兽药使用准则、NY 5041—2001 无公害食品蛋鸡饲养兽医防疫准则、NY 5042—2001 无公害食品蛋鸡饲养饲料使用准则和 NY 5043—2001 无公害食品蛋鸡饲养管理准则；在产品质量上要符合 NY 5039—2001 无公害食品鸡蛋标准规范；同时其生产产地经过有关机构认定，其产品经过认证，并获得无公害农产品产地认定和产品认证证书。其产品就是无公害标准化蛋鸡产品。

二、与蛋鸡无公害标准化生产相关的法律、法规和标准

目前我国与蛋鸡无公害标准化生产有关的法律法规和技术标准主要有：《中华人民共和国标准法》、《中华人民共和国环境保护法》、《中华人民共和国动物防疫法》、《中华人民共和国食品卫生法》、《中华人民共和国动植物进出口检疫法》、《中华人民共和国大气污染防治法》、《中华

人民共和国固体废物污染环境防治法》、《种畜禽管理条例》、《防疫管理条例》、《兽药管理条例》、《饲料和饲料添加剂管理条例》、《无公害农产品管理办法》、《无公害农产品标志管理办法》、《动物检疫管理办法》、《动物防疫条例审核管理办法》、《动物免疫标识管理办法》、《新兽药和兽药新制剂管理办法》、《进口兽药管理办法》、《兽用生物制品管理办法》、《兽用新生物制品管理办法》、《种畜禽生产经营许可管理办法》、《动物源性饲料产品安全卫生管理办法》以及 GB/T 18407.3—2001 无公害畜禽肉产地环境标准、GB 2748 蛋卫生标准、GB 畜禽场病害肉尸及其产品无公害化处理规程、SB/T 10277 无公害食品鲜鸡蛋标准、NY/T 388 畜禽场环境质量标准、NY 5027 畜禽饮用水水质标准、NY 5040 蛋鸡兽药使用准则、NY 5041 蛋鸡饲养兽医防疫准则、NY 5042 蛋鸡饲养饲料使用准则、NY/T 5039 无公害食品鸡蛋、NY/T 5043 无公害食品蛋鸡饲养管理准则和大气环境质量标准、畜禽产品消毒规范、畜禽养殖业污染物排放标准等。

三、蛋鸡无公害标准化生产的必要性、紧迫性及意义

改革开放以来，蛋鸡养殖业实现了由松散型家庭式饲养向规模高效型饲养的全面转化，良种普及率已接近 100%，舍饲笼养得到广泛应用，存出栏总量和鸡蛋产量成倍增长，饲养水平和技术含量已达到或接近国际先进水平。据资料统计，2001 年我国禽蛋产量达到 2 335 万 t，占世界总产量的 43.1%，其中鸡蛋产量为 1 988 万 t，占世界总产量的 37.9%，均居世界第一位，均只鸡年产蛋量由 4.5～5 kg 提高到 15～17 kg。但随市场经济的发展、产品供求关系的变化和人民生活水平的不断提高，特别是我国加入世贸组织后，市场竞争日趋激烈，畜产品质量和无公害标准化生产问题日益突出，发展标准化生产成为畜牧业持续、健康、快速发展的关键环节和重要内容。

几年后，如果您生产的产品达不到无公害标准，就很难再卖出去，更无法赚到钱。到时候，您不但受累不讨好、没人要您的产品，而

且到那时的社会环境会使您认为不达到无公害标准，您自己都不敢享用您自己的产品了。要使自己的产品达到无公害标准，而且能够在市场上出售，就请您认真看一看、学一学有关无公害生产的技术知识。学起来其实并不难，按照我们说的去做基本就可以了。也就是3～5年，时间很紧，到时现上轿、现扎耳朵眼就来不及了。因此，蛋鸡生产者必须加快无公害鸡蛋的生产步伐，只有这样企业才能生存并获得更高的效益。可以说，发展环保型畜牧业及无公害畜产品生产已成当务之急，它不仅是畜牧业可持续发展的需要，保障人民身体健康、提高生活水平的需要，畜产品参与国际、国内市场竞争的需要，生产实际的需要，而且是深入推行"无公害食品行动计划"的需要和我国国情的需要，是大势所趋。

四、无公害生产、规模化生产、标准化生产

无公害生产是指按照无公害食品有关行业标准的要求进行的无公害牲畜或畜（禽）产品的一系列生产活动。规模化生产是指具有一定规模，借助于一定设施，采用先进的科学技术进行生产，以提高养畜（禽）生产水平、劳动效益和经济效益。标准化生产主要包括如下两个方面内容：一是养殖设施与环境标准化，现代化畜牧工程改革的主要内容是养殖设施与环境的改革；二是管理水平的标准化，主要围绕生产健康畜产品而建立的生产标准、饲料生产标准、防疫程序标准、畜产品质量标准以及相应的法律与企业经营管理体系等。

规模化生产是无公害生产和标准化生产的基础，进行无公害生产和标准化生产必须在一定的生产规模上进行。无公害生产是标准化生产的组成部分，它是按照无公害食品有关行业标准的要求进行的标准化生产。

第二节　国内外蛋鸡无公害标准化生产现状及发展方向

一、国外蛋鸡无公害标准化生产现状及发展趋势

发达国家现代蛋鸡饲养的发展起步早，发展迅速，工厂化、集约化的蛋鸡饲养业于20世纪五六十年代就已开始，随着科技的进步，生产水平和自动化程度在不断提高，并且无公害标准化程度相对较高。重点表现在以下几个方面。

1. 技术生产水平高，机械化普及全面　目前发达国家均只鸡年产蛋量达到18 kg，料蛋比实现2.3∶1，年蛋鸡存活率达到90%～92%，喂料、捡蛋、饮水和清粪等工作程序基本实现了机械化、自动化操作，人均饲养量达3.5万只以上。

2. 规模化程度较大　从美国、德国、荷兰等一些蛋鸡饲养先进的国家来看，饲养场数量逐渐减少，而蛋鸡饲养规模在不断扩大。100万只以上存栏规模的大型蛋鸡饲养场有增无减，就连过去靠中小型养鸡场作为支撑体系的日本，近年来也出现了存栏规模在100万只以上的大型蛋鸡饲养场。

3. 专业化生产布局明显　目前在国际上从蛋鸡的培育到食用鸡蛋的商品生产，均已形成了专业化的布局。尤其是近些年来国际上一些大的专业化育种公司相继合并，形成了规模更大的国际公司，为充分有效地利用资源、筛选更适合商业目的的优秀遗传组合和打开国际范围的市场奠定了坚实的基础。

4. 品种质量优化程度高　尤其是现代遗传育种技术的应用，通过品种间、品系间以及近交系的杂交，充分利用了杂交优势，使蛋鸡品种大多成为优质高产的3系、4系或5系杂交配套系，蛋鸡单位个体生产性能在不断上升。

5. 鸡蛋产品结构和产品质量相对领先 世界上已经有了无脂肪蛋、低胆固醇蛋和一些均衡营养蛋，以及液体蛋等高附加值的鸡蛋产品。并且鸡蛋产品采用消毒杀菌后严格分级包装，满足了不同消费群体的需要，适应了广大消费者的利益。

6. 标准化生产管理体制相对完善 发达国家对安全食品的标准不但种类繁多，要求较为具体，对食用产品的生产、加工、销售、包装、运输、储存、标签、品质、等级、食品添加剂和污染物、兽药残留物和杀虫剂残留物允许最大含量也都做了详细要求；而且标准与规范注重与国际标准和国外先进技术标准接轨，并结合本国和地区的具体情况加以细化。

二、我国蛋鸡无公害标准化生产概况

（一）我国蛋鸡无公害标准化生产现状

随着市场经济的发展和技术水平的提高，我国蛋鸡饲养业取得了长足的发展，特别是近年来大量无公害标准体系逐步形成，管理体系不断趋于完善，产地和产品认定及认证程序已经运行，部分无公害产品开始出现，执法监管力度也明显增强，标志着我国蛋鸡业生产进入了新的发展历程。

1. 鸡蛋产量大幅度上升 截止到 2001 年底全国鸡蛋产量达到 1 988.44 万 t，国内蛋鸡存栏总量和鸡蛋产量均跃居世界首位。

2. 规模化程度不断扩大 目前我国蛋鸡存栏在万只以上的规模型蛋鸡饲养场有 6 000 余家，蛋鸡饲养规模区域型、基地型的生产格局已基本建立。与其相关的饲料加工、机械制造、设计建筑、药品添加剂生产、禽蛋产品加工和运销等配套产业也同步发展，和蛋鸡产业共同组成一个独立的产业整体，在整个畜牧业生产中占到 50%以上的份额，大大带动了我国畜牧业的发展。

3. 生产水平有了较大的改善 我国蛋鸡生产科学饲养管理模式基

本得到全面普及，疫病免疫程序逐步趋于完善，疾病诊断方法得到有效改进，生物安全措施开始全面实施，以及新型疫苗的生产和疫病防治环节迅速推进，湿帘式降温、纵向通风等饲养环境控制设施的全面更新，更多高新成果在饲料营养中得到广泛应用，使我国蛋鸡生产水平向前迈进了一大步，逐步接近和达到国际先进水平。目前在我国 72 周龄人舍蛋鸡产蛋量达到 15～17 kg，蛋料比达到 1：(2.6～2.8)，死淘率控制在 20%～25%。

4.质量安全有了很大提高　蛋鸡良种化繁育体系和专业化生产基本实现了，药物残留和有毒有害物质超标率问题得到了有效控制。

5.无公害技术标准体系逐渐形成　到目前为止，我国已组织制定农业国家标准 400 多项，行业标准 1 200 余项，无公害食品行业标准 199 项，农业地方标准 1.6 万余项。标准的内容从原来的产品标准延伸到关键技术以及加工、包装、储运等各环节。

6.检测检验体系趋向完善　自 20 世纪 80 年代中期开始筹建农产品质量安全检验检测体系。农业部在全国规划建设了 179 个部级农产品质检中心，目前已有 164 个部级质检中心获得农业部授权认可和国家计量认证。同时，已有近 50%的省(自治区、直辖市)建立了省级农产品质量安全检测中心，400 多个县建立了以速测为主的农产品质量安全检测站。

7.认证体系建设开始起步　蛋鸡产品的产地认定和产品认证工作已全面启动，已有一大批蛋鸡饲养基地或场舍通过无公害产地认定和产品认证。

8.无公害标准化生产执法监管力度明显加大　为保护消费者和农民的合法权益，我国政府在制定《动物防疫法》、《种畜禽管理条例》、《兽药管理条例》、《饲料和饲料添加剂管理条例》等一系列法律法规的基础上，加大了对农业投入品、农产品和农业产地环境的监督、监测力度。农业部从 2000 年开始在全国建立了农产品质量安全定点跟踪监测制度，启动了农药残留、兽药残留监控计划。

(二)我国蛋鸡业生产存在的问题

我国蛋鸡业生产及其无公害标准化生产近年来虽然有了很大的发展,但同发达国家相比还有一定的差距,很多方面还不能适应市场发展的需要,生产中仍存在着很多问题亟待解决。

1.规模化程度还很小,跟不上发展的需要 目前虽然我国蛋鸡存栏总量和鸡蛋产量位居世界第一,但农户散养和适度规模的小型专业户还占有很大的比例,占70%左右,远远不能适应标准化生产的要求,尤其在疫病和药物残留控制方面很难得到有效解决。

2.单产水平和生产效率低,跟不上科技发展的步伐 目前我国蛋鸡平均产蛋量、全期蛋料比和产蛋期死淘率等项生产指标均低于世界发达国家水平。美国蛋鸡年平均产蛋量已达到18 kg/只,蛋料比降到1∶2.3,蛋鸡存活率达到了90%～92%,而我国蛋鸡年平均产蛋量仅有15～17 kg/只,蛋料比为1∶(2.6～2.8),蛋鸡存活率仅有70%～80%。

3.环保措施落后,环境污染严重 一方面由于我国鸡舍建筑和生产机械设备落后,不但影响蛋鸡生产性能的发挥,而对推行无公害标准化生产也有很大影响。另一方面粪便等污物的排放处理技术水平落后,不但污染环境,而且影响鸡蛋产品质量。

4.鸡蛋产品加工滞后,适应不了市场的需求 我国蛋产品加工纯属初加工性质,主要以鲜蛋为主,约占90%,产品附加值低,保鲜、储藏期短,竞争实力小,效益低。美国、日本等经济发达国家鸡蛋产品加工率分别占蛋总产量的50%和40%。

5.产品无公害安全质量低,市场占有率小 由于我国饲料生产、疫病防疫和作坊式操作程序等多种因素,严重影响了鸡蛋的产品质量,尤其是药残留和重金属超标极为严重,不符合无公害标准化生产的要求。

6.蛋鸡无公害标准化生产管理体系不够完善,技术落后 虽然近年来我国蛋鸡无公害标准生产有了很大的提高,但还只是刚刚起步,管理还很不完善,在标准执行实施上还不全面,其强制特性还没有真正体现出来,特别是无公害标准化生产管理技术也很落后。不但方便快速

检测技术跟不上，而且无公害食品安全风险评估能力也相对较差。

7. 法律法规和标准体系不健全　早在20世纪80年代初，英、法、德等国家采用国际标准已达80％，日本国家标准有90％以上采用国际标准，发达国家目前采用国际标准的面更广，某些标准甚至高于现行的CAC标准水平。而我国国家标准只有40％左右等同采用或等效采用了国际标准，食品行业国际标准的采标率只有14.63％。

8. 无公害标准化宣传不够，群众认识不到位　据有关调查资料显示，消费者愿意买无公害食品的仅占1％，原因是无公害产品份额太小价格太高，并且对“无公害”不了解。

（三）我国蛋鸡业无公害标准化生产发展趋势与展望和对策

1. 减少生产经营单元、扩大蛋鸡饲养规模　目前我国蛋鸡业生产已进入微利时期，效益的获得主要靠精细的管理、先进的技术和灵活的市场信息以及名、特、优的高新产品来支撑。千家万户搞饲养、千家万户搞运输的生产经营方式很难适应无公害标准化生产要求。疫病控制、药物残留和重金属超标等问题也很难得到有效解决，更不易应用现代化高新技术和先进设备工艺。必须从生产方式上进行彻底改革，扩大生产经营规模，减少单元结构，走规模型、集约产业型的路子，在龙头与基地建设和连接上做文章，以“公司＋基地＋农户”的形式运作，形成公司带基地、基地连万家的生产格局，以整体规模优势促进蛋鸡业生产的持续、快速、健康发展。

2. 实施标准化生产、提高产品质量　随着市场经济的发展和人民生活水平的提高，尤其是我国加入WTO后，国际技术和绿色壁垒给我国蛋鸡业生产敲响了警钟，药物残留、重金属超标和疫病防治成为蛋鸡业持续、快速发展的一大障碍，严把市场准入关口、全力推行蛋鸡无公害标准化生产技术已成为蛋鸡生产发展的核心内容。目前北京、上海等大中城市已相继实行了农产品市场准入制度，国家、省制定了相应的法律、法规和管理办法，出台了配套的蛋鸡饲养、饲料兽药应用及防疫等技术规范的标准，建立了完善的标准管理监督保障体系，对蛋鸡生产全过程进行监控，确保鸡蛋产品质量。

3.增加科技含量，提高生产水平　世界发达国家近十年来蛋鸡存栏总量增加并不明显，但单产水平不断提高，单只鸡年平均产蛋量达到18 kg，蛋料比实现1∶2.3，饲养期死淘率控制在8%～10%，而我国单只鸡年平均产蛋量仅15～17 kg，蛋料比1∶(2.6～2.8)，饲养期死淘率高达20%～30%。在今后的蛋鸡生产中必须进一步加大科技投入力度，增加科技含量，提高蛋鸡生产水平，特别在高新品种推广、先进工艺设施的应用、良好环保型饲养措施的实施和配套科学饲养技术的普及上下功夫、做文章。

4.调整鸡蛋产品结构，增强竞争实力　我国鸡蛋产品产量虽位居世界首位，但绝大部分是鲜蛋，全国再制蛋加工以及食品加工消化的部分也不足鸡蛋产品总量的2%，而发达国家蛋制品加工量占到鲜蛋总量的15%～25%。为此我们必须要在蛋制品深加工上实现突破，提高鸡蛋产品转化率。引进先进生产工艺，搞好冰全蛋、冰蛋黄、冰蛋白、全蛋粉、蛋清精、蛋白片、蛋黄粉和湿蛋等系列产品的深加工，开发新产品，创立名、特、优系列名牌产品，提高国内外市场占有率，促进蛋鸡业持续、健康、快速发展。

小结

通过本章学习了解当前我国蛋鸡业无公害标准化生产现状，掌握无公害标准化生产相关概念，增强推行无公害标准化生产的责任感和使命感。

提示问答

1. 论述蛋鸡无公害标准化生产的必要性。

2. 与蛋鸡无公害标准化生产相关的法律、法规有哪些？

3. 您怎样理解无公害生产、规模化生产、标准化生产三者的关联与区别？

4. 论述我国蛋鸡业无公害标准化生产的发展趋势和方向。

第二章

无公害标准化场舍的建设与环境控制

阅读指南 蛋鸡生产性能的发挥与其生存环境息息相关，设计科学规范、设施设备完善、环境控制先进的场舍是最大限度地发挥蛋鸡的生产潜能，生产无公害、优质动物产品的重要保障。本章重点阐述鸡场、舍的规划建造和环境的控制，从而使生产者对此有更深刻的理解和认识，并运用到生产实际中去。集约化、科学化、标准化养鸡是现代化养鸡生产的发展趋势，它与传统的养鸡业有着质的区别。设计标准科学、设施设备先进、饲养环境优越的鸡舍，是最大限度地发挥蛋鸡的生产潜能、生产有利于人类健康的无公害产品的硬件基础。就目前而言，我国蛋鸡的生产水平与世界生产水平差距仍较大，尤其是设施建设缺乏标准化、建筑不规范、环境控制技术滞后、生产效率低下，直接制约着蛋鸡业的发展，因此，适应蛋鸡业现代化设施的发展要求，全面改善鸡场工程设计和环境控制是一项亟待解决的问题。

第一节 场址选择

无公害鸡场的环境要求应以最大限度地满足生产需要和减少对周围的人及环境的影响为原则。

(1)鸡场应建在地势高燥，排水良好，通风、隔离条件好的区域，南向或东南向，以利于光照、通风。地势平坦，一般坡度应为1%～3%，易于组织防疫。切忌建在低洼潮湿处，因潮湿的环境易助长病原微生物的滋生繁殖，使鸡群发生疫病。

(2)鸡场周围3 km以内无大型化工厂、采矿厂或其他畜牧场等污染源。鸡场距离干线公路、铁路、城镇、居民区和公共场所至少1 km。鸡场不得建在饮用水源、食品厂上游。既要防止外来干扰，又要减少对周围环境造成的危害。

(3)水源充足，取用方便。没有自来水的地方，最好打深井取水，河水和池塘水未经消毒处理，不宜作为鸡场的水源。鸡场环境清洁，空气质量良好，无污染。鸡场环境空气质量及饮用水水质应符合表2-1和表2-2标准。

表2-1 畜禽场场区和舍区环境空气质量标准(GB 18407.3—2001)

项 目	场区	舍区			
		禽舍		猪舍	牛舍
		雏禽	成禽		
氨气(mg/m³)	5	10	15	25	20
硫化氢(mg/m³)	2	2	10	10	8
二氧化碳(mg/m³)	750	1 500		1 500	1 500
可吸入颗粒(标准状态)(mg/m³)	1	4		1	2
总悬浮颗粒物(标准状态)(mg/m³)	2	8		3	4
恶臭(释倍数)	50	70		70	70

表 2-2　畜禽饮用水主要指标

项目	指标	标准值	
		畜	禽
感官性状及一般化学指标	色度(°)	≤30	
	浑浊度(°)	≤20	
	臭和味	不得有异臭、异味	
	肉眼可见物	不得含有	
	总硬度(以 $CaCO_3$ 计)(mg/L)	1 500	
	pH 值	5.5～9	6.4～8.0
	溶解性总固体(mg/L)	4 000	2 000
	氯化物(以 Cl^- 计)(mg/L)	1 000	250
	硫酸盐(以 SO_4^{2-} 计)(mg/L)	500	250
细菌学指标	总大肠菌群(个/100 mL)	成年畜 10,幼畜和禽 1	
毒理学指标	氟化物(以 F 计)(mg/L)	2.0	2.0
	氰化物(mg/L)	0.2	0.05
	总砷(mg/L)	0.2	0.2
	总汞(mg/L)	0.01	0.001
	铅(mg/L)	0.1	0.1
	铬(六价)(mg/L)	0.1	0.05
	镉(mg/L)	0.05	0.01
	硝酸盐(以 N 计)(mg/L)	30	30

(4)电力应保证满足鸡场的最大需求量,能常年均衡供应,并且接用方便。如供电得不到保证,最好采用双路供电或自备电源,以保证鸡场通风、照明之需。

(5)鸡舍建筑布局合理。生产区、生活区、管理区、废弃物处理区、无害化处理区相分离;场区净道和污道相分离;同一饲养单元内实行全进全出式的管理。

(6)鸡舍地面和墙壁应便于清洗,并能耐酸、碱等消毒液清洗消毒。鸡舍内温度、湿度应满足鸡不同阶段的需求,以降低鸡群发病的机会。

(7)鸡场应设有废弃物处理设施。

第二节　鸡场设计与建筑

一、鸡场设计与建筑的原则

适应工厂化生产的需要，有利于集约化经营与管理，提高养殖经济效益和产品质量。满足鸡舍的功能，为鸡的生长、发育、生产、健康创造良好的环境条件。符合建筑要求，有利于施工，节约成本，降低造价。符合防疫要求，有利于疫病的控制。有利于保护环境，鸡场的建筑和规划应以能取得良好的环境效果为出发点，以营造无公害、无污染的绿色生态型鸡场为目的。

二、鸡场规划与布局

鸡场规划与场内布局应综合考虑场内地形、水源、交通、主导风向、流水方向等自然条件，以有利于生产、管理和防疫，节约建场资金和节省土地面积为出发点，首先应考虑保护生产者和周围人群的生产和生活环境，尽量使其不受饲料粉尘、粪便及气味的污染；其次要为鸡群提供清洁、适宜的生产环境，杜绝不良因素对鸡只的影响，为生产无公害产品提供良好的大环境。鸡场布局应考虑以下几方面问题。

1. 鸡场分区　鸡场应分为生活区、生产管理区、生产区和粪污处理区，各区应严格分开，各区排列顺序按主导风向、地势高低及水流方向应依次为生活区、生产管理区、生产区和粪污处理区。如地势与风向不一致时，应以风向为主。从防疫角度应以净为先、污为后的排列顺序。通常生产管理区和生产区相连，而生活区最好自成一体，生产区在防疫卫生最安全地段。病死鸡和粪污处理区设在下风处和地势最低的

地段。生产区与其他各区之间应设置严格的隔离设施，包括隔离围墙、车辆消毒池、人员更衣和消毒室及绿化隔离带等。

2. 生产区分区　根据无公害生产的防疫卫生要求，生产区最好也实行分区饲养。其区域划分因鸡场的饲养工艺而不同。对实行两阶段饲养的鸡场，即育雏育成为一个阶段、成鸡为一阶段的鸡场可分为育雏育成区和成鸡区，育雏育成鸡舍应在上风向，然后是成鸡舍；对实行育雏、育成、成鸡三阶段饲养的鸡场，育雏鸡舍应在上风向，依次是育成鸡舍和成鸡舍。

3. 养鸡场的道路　养鸡场的道路可分为净道和污道两种，净道即运送饲料、鸡群和鸡蛋的运输通道，污道即运输鸡粪、病死鸡、淘汰鸡及废弃设备的专用道。为防止污染，场内应净、污分道，互不交叉，净道和污道以草坪、树木等相隔。

4. 鸡舍的布局　鸡舍的布局应根据场地地形、地势及其他自然条件规划，以便于生产和管理。鸡舍一般横向成排，纵向成列，即各鸡舍应平行整齐呈梳状排列，不能相交，见图 2-1。如果鸡舍因地势、当地气候条件、鸡舍朝向选择发生矛盾时，也可将鸡舍左右错开或上下错开排列，但应以有利于光照、通风、防疫为目的。

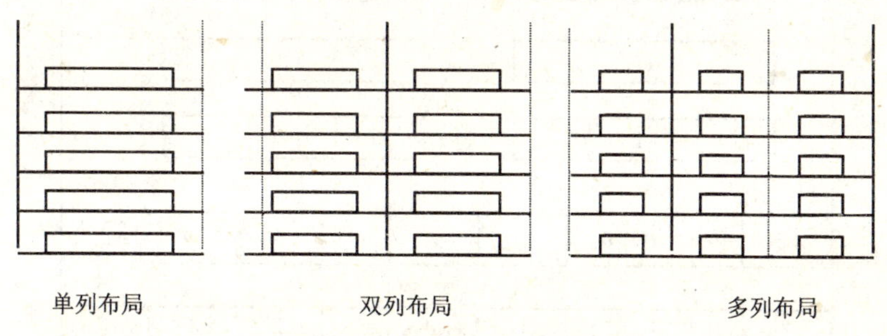

图 2-1　鸡舍排列布局模式图

5. 鸡舍的间距　从防疫角度讲，鸡舍间距是鸡群防疫的重要条件，应尽量减少鸡舍之间的相互污染。鸡舍常通过通风系统排除污浊气体和水汽，其中夹杂着饲料粉尘和微粒，而这些微粒常常含有病原菌，进而传播到相邻的鸡舍。为减少微生物的传播，开放式鸡舍间的距离应为鸡舍高度的5倍，封闭型鸡舍的间隔应为鸡舍高度的3倍。但是，片面强调防疫而一味追求扩大鸡舍间距是不现实的，生产者在鸡场规划时还应考虑本场的饲养密度、管理水平、防疫能力等其他因素综合决定。

6. 鸡舍的朝向　正确的鸡舍朝向既有利于采光、保温和通风，又能使鸡场整体布局紧凑，节约土地面积。根据我国所在位置，选择南向或东南向鸡舍是较为合理的。图2-2为某综合养鸡场平面布局示意图。

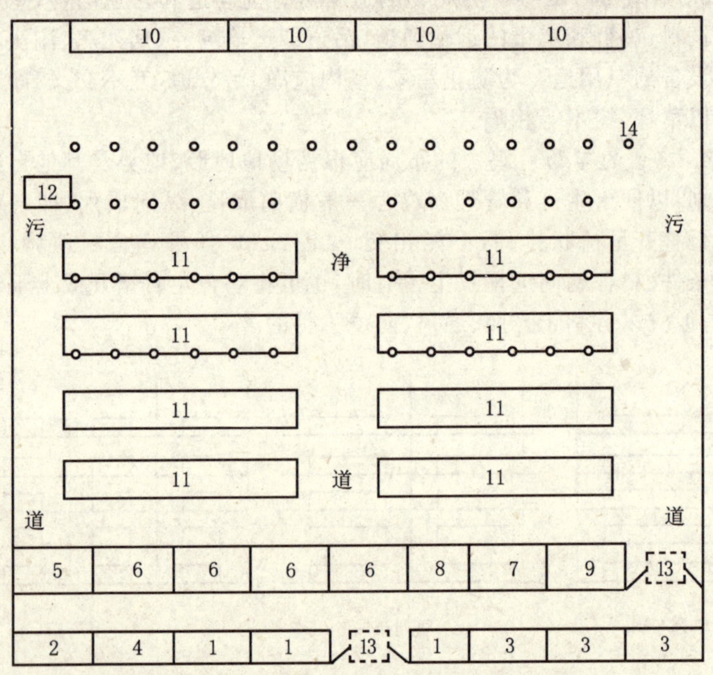

注：1. 办公区　2. 车库　3. 饲料加工区　4. 食堂　5. 配电室　6. 宿舍　7. 饲料库　8. 蛋库　9. 更衣消毒室　10. 育雏育成舍　11. 蛋鸡舍　12. 厕所　13. 消毒池　14."。"为树木

图2-2　某综合养鸡场平面布局示意图

三、鸡场大环境的净化

养鸡场的规划和建设决不只是单纯的建筑设计，良好的鸡场环境是实现高产、低耗、高效益的基本保证，要达到好的生产效果，必须保证较好的环境效果。过去人们谈到鸡的生长环境就普遍认为是指鸡舍内的小环境，而往往忽视了鸡场大环境的治理和净化。实际上，鸡舍内外环境是一个有机的整体，鸡舍的小环境直接受鸡场大环境的影响和制约，两者都是鸡群赖以生存的重要基础。要实现鸡场大环境的洁净，除从鸡场选择、防疫消毒、废弃物处理等方面考虑外，还应采取综合控制措施。

1. 实行“全进全出”的饲养制度　我国的养鸡场目前基本上仍沿用以鸡舍为单位“全进全出”的更新转群方式，在同一鸡场不能实行严格的“全进全出”，从而造成病原体的污染和环境的恶化，使鸡场疫病不断，死淘率过高。因此，要实现鸡场大环境的净化，杜绝或减少生产过程中的污染，在育雏、育成、成鸡各阶段单独分区，全进全出，对周转舍彻底清洗消毒，加强鸡场的自净能力是关键所在。

2. 充分发挥鸡舍的隔离功能　良好的建筑及配套设施可有效地防止有害因素的影响。每栋鸡舍都是鸡场的一个生产单元，充分发挥每栋鸡舍的环境控制功能，可有效地防止鸡场大环境的破坏。

3. 场区绿化　环境绿化不仅可以改变自然面貌，改善和美化环境，还可调节场区的小气候，诸如温度、湿度和气流；有利于净化空气，减少空气和饮水中的尘粒和细菌含量，减少由于鸡群的呼吸和废弃物的发酵腐败而散发出的二氧化碳、氨气和硫化氢等有害气体的污染。有资料表明，养鸡场绿化可使恶臭强度降低50%，有害气体减少25%，尘埃减少35%～67%，空气中细菌减少22%～79%，噪音强度减少25%，另外大量的植物还可吸收空气中的二氧化碳，放出氧气。由此可以看出，开展养殖场的绿化，可有效地发挥植物对环境的自净作用，为无公害生产创造良好的外部环境。

第三节 鸡舍的建设与环境控制

鸡舍的建设是养鸡场的核心部分，在设计时应充分满足鸡群生物学特性的要求，为鸡群的生长、发育、产蛋创造一个良好的环境条件，使鸡只能够充分发挥其生产潜能，同时应适合无公害、标准化、集约化生产的要求。

一、鸡舍的类型

鸡舍的类型按建筑形式可分为普通鸡舍、密闭式鸡舍和卷帘式鸡舍三种。

1. 普通鸡舍 又称为开放式鸡舍、有窗鸡舍。此类鸡舍可分为开放式和半开放式鸡舍两种。开放式鸡舍依赖自然空气流动达到舍内通风换气，完全自然采光；半开放式鸡舍为自然通风辅以机械通风，自然采光和人工光照相结合，在需要时利用人工光照加以补充。普通鸡舍的优点是设计简单，造价较低，投资较少，适合于小规模及个体养殖。缺点是鸡的生理状况与生产性能受外界自然条件的影响大，疾病传播感染的机会多，生产的季节性明显，不利于安全均衡生产。

2. 密闭鸡舍 又称无窗鸡舍，此类鸡舍的屋顶及墙壁都采用隔热材料封闭起来，有进气孔和排风机；舍内采光常年受人工光照控制，安装有轴流风机，机械负压通风。舍内的温、湿度通过变换通风量的大小和气流速度的快慢来调控。降温采用加强通风换气量，在鸡舍的进风端设置空气冷却器等方式完成。

此类鸡舍的优点是：能够减弱或消除不利的自然因素对鸡群的影响，使鸡群能在较为稳定、适宜的环境下充分发挥品种潜能、稳产高产。可以有效地控制掌握鸡的性成熟，较为准确地监控营养和耗料情况，提

高饲料的转化率。可以减少病原体传播和污染的机会，有利于卫生防疫管理。同时由于采用机械通风，鸡舍之间的间隔可以缩小，节约了生产区的建筑面积。

密闭式鸡舍的缺点是：要求较高的建筑标准和较多的附属设备，投资费用高，由于通风、照明、饮水等全部依靠电力，必须保证可靠的电源。

3. 卷帘式鸡舍　此类鸡舍兼有密闭式和开放式鸡舍的优点，无论是高热地区还是寒冷地区都可以采用。鸡舍的屋顶材料采用石棉瓦、普通瓦片、玻璃钢瓦，并且采用防漏隔热层。此种鸡舍除了在离地15 cm以上建有 50 cm 高的薄墙外，其余全部敞开，在侧墙壁的内层和外层安装隔热卷帘，机械传动可以使内层卷帘和外层卷帘分别向上或向下卷起或闭合，能在不同高度开放。夏季炎热全部敞开，冬季寒冷可以全部闭合，可以达到各种通风要求。

二、鸡舍结构及基本要求

1. 鸡舍的面积和容量　鸡舍的面积和容量取决于机械化程度和饲养人员的管理水平，农户所建的鸡舍可依据场址具体情况而定。开放式鸡舍其跨度不能太大，否则对鸡舍的通风和采光不利，鸡舍跨度一般以 6～9 m 为宜；采用机械通风鸡舍跨度可达 9～12 m。鸡舍长度可因地制宜，对规模场小型鸡舍可设计为宽 7～8 m，长 33～53 m，笼养蛋鸡 2 800～5 000 只；大中型鸡舍可设计宽 10～12 m，长 40～65 m，笼养蛋鸡 5 000～10 000 只。

2. 鸡舍高度　应根据饲养方式、清粪方式、跨度与气候条件而决定。一般鸡笼顶层与屋顶间距以 1.5 m 为宜。

3. 鸡舍墙壁　具有良好的保温和隔热性能，结构简单，便于清扫、清洗和消毒，坚固抗震。气候寒冷地区，墙体适当加厚；气候温和的地区，墙壁可稍薄一些。墙外面用水泥抹缝，内墙用水泥或白石灰盖面。

4. 鸡舍地面　应防水、坚实、平整光洁而不滑、耐腐蚀，有一定的保温性能，防潮、不积水，便于清扫和消毒。一般应高出场区地面20～30 cm以上，以便创造高燥的环境。为便于排水，避免污水积存，舍内地面应向排水沟方向做2%～3%的坡度。

5. 门、窗和通气孔 门一般设在南向鸡舍的南面，门的大小应考虑所有设施及工作车辆都能顺利进出为宜。一般单扇门高2 m、宽1 m；两扇门高2 m、宽1.6 m左右。鸡舍的窗户应考虑鸡舍的采光和通风，开放式鸡舍可设在前后墙上，前窗应宽大，离地面可较低，以便于采光。后窗应小，约为前窗的2/3，离地面可稍高，以利于夏季通风。寒冷地区的鸡舍在基本满足光照和夏季通风的前提下，窗户的数量应尽量少，尽量小。密闭型鸡舍虽不需要窗户提供光照和通风，但也应设置一些应急窗，以防止发生停电等意外之时急需。目前在我国比较流行的简易节能开放型鸡舍，在鸡舍的南北墙上设有大型多功能玻璃钢通风窗，形若一面可以开关的半透明墙体，这种窗具备了窗和墙的双重作用。

通气孔的设置依通气方式不同而异，自然通风的鸡舍，应在鸡舍纵向墙壁的顶部均匀设一排通气孔。采用机械通风方式的鸡舍，对称地设进气口和排气口。

6. 鸡舍屋顶 屋顶应保温、隔热、防水、坚固、重量小。鸡舍屋顶的形式主要有平顶式、单坡式、双坡式、钟楼式、半钟楼式和拱顶式。鸡舍应尽可能设天棚，使屋顶和天棚间形成顶室，以加强鸡舍的保温和隔热能力。图2-3为鸡舍屋顶样式。

三、鸡场的生产设备

(一)鸡笼

1. 育雏笼 目前常用的有叠层式电热育雏笼、叠层式育雏笼等。叠层式电热育雏笼配备加温、加湿等装置，为雏鸡提供了最佳的生长环境，可提高雏鸡成活率。该设备饲养密度大、占地少，较平养设备耗能

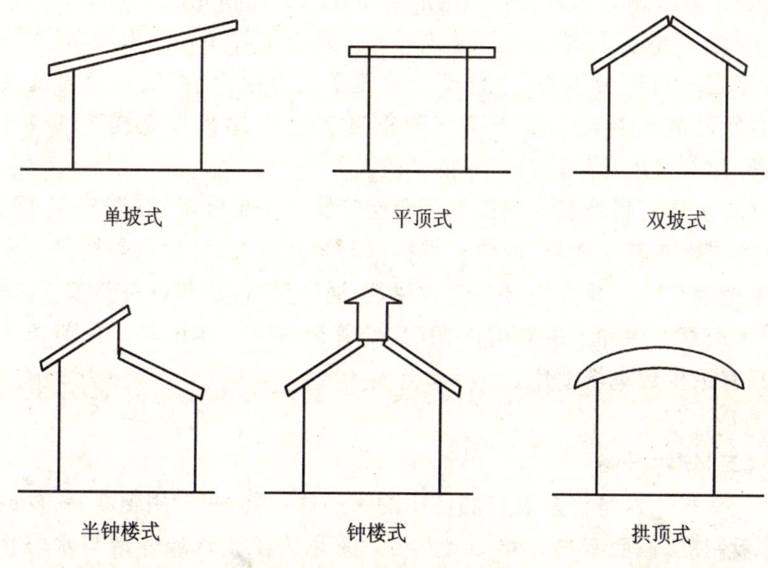

图 2-3 鸡舍屋顶样式

低，在使用时应经常检查笼内温度，随时调整温控仪，保证不同日龄雏鸡的生长。叠层式育雏笼适用于整室加温的育雏舍，具有结构紧凑，占地面积小，饲养密度大等优点。在生产中，养殖场也可使用丝网等自己制作育雏笼，开展平养或叠层式育雏。一般每个单笼的笼长为 70～100 cm，笼高 30～40 cm，笼深 40～50 cm。笼门设在前面，笼门间隙可调范围为 2～3 cm，每个笼可容纳雏鸡 30 只左右。叠层式育雏要设置承粪板，定期清除粪便，防止造成污染。

2. 蛋鸡笼　蛋鸡笼有深笼和浅笼之分。深笼的笼深为 50 cm，浅笼的笼深在 30～35 cm 之间。根据笼具的组合方式又可分为全阶梯式、半阶梯式和叠层式三种鸡笼。

(1)全阶梯式鸡笼。全阶梯式笼架一般有 2～3 层，上下层笼体完全错开，鸡粪直接落于粪沟内，有利于清理粪便；通风良好，光照充分。不足之处是饲养密度低，占地面积相对较大。我国目前采用最多的是蛋鸡三层全阶梯式鸡笼和种鸡两层全阶梯人工授精笼。

(2)半阶梯式鸡笼。半阶梯式鸡笼排列与全阶梯大体相似，但上下层鸡笼之间有部分重叠，重叠部分鸡笼下装有承粪板，按一定角度安装，粪便可清入粪沟。由于其饲养密度较全阶梯式鸡笼提高1/4～1/3，因此对通风、降温、消毒等要求较高。

(3)叠层式蛋鸡笼。鸡笼上下两层笼体完全重叠，一般为3～5层，上下两层间有较大空隙，内装承粪板以利清粪作业，其优点是饲养密度高，占地面积小。缺点是对鸡舍的建筑、通风设备、清粪设备要求较高，不便于观察上层和下层鸡群的情况，给管理带来一定困难。目前条件下，只有极少数鸡场使用。

(二)饮水设备

1. 水槽　这是许多老鸡场常用的一种饮水器，一般用塑料、铁皮或镀锌板制成，截面有“V”和“U”型，可以采取人工上水或一端与水塔相连，利用水位控制阀来调节水的供给。其优点是结构简单、成本低，便于饮水免疫；缺点是耗水量大，易受污染，要经常刷洗，清除污物。

2. 真空饮水器　适用于雏鸡和平养鸡。由聚乙烯塑料筒和水盘组成，筒倒扣在盘上，水由筒壁底部边缘的出水孔流入饮水盘，当饮水盘高于小孔时即停止流出；当鸡只饮水后出水孔外露，筒内的水又能自动流出淹没出水孔，一直保持恒定的水位。真空饮水器在使用时要定时加水，及时清刷。

3. 乳头式饮水器　为现代最理想的一种饮水器。它直接与水管相连，乳头端经常保持一滴水，饮水时水即流出。乳头式饮水器适用于雏鸡及各种日龄鸡，既节约用水，又有效防止细菌污染。但不便进行饮水免疫，且对材料和制造精度要求较高。

4. 杯式饮水器　饮水器呈杯状，与水管相连，此饮水器采用杠杆原理供水。杯中有水能使触板浮起，由于进水管水压的作用，平时阀帽关闭，当鸡吸啄触板时，通过联动杆即可顶开阀帽，水流入杯内，借助水的浮力使触板恢复原位，水不再流出。使用时要注意定期清刷水杯，清除

积淀的饲料，防止发霉污染水质。

(三)喂料设备

机械化水平高的养鸡场的喂料设备包括储料塔、输料机、喂料机和饲槽等四个部分。一般饲养场以人工喂料为主。

(四)清粪设备

有牵引式刮粪机和带式清粪机等。

(五)通风和降温设备

吊扇、换气扇、风机都可用做鸡舍的通风。常用的降温设备有湿帘、喷雾降温设备、蒸发式冷却器、水冷式冷却器等。喷雾降温即通过喷头，使水在高压的作用下形成极细的雾滴，雾滴在空气中吸热而达到降温的目的。目前在大规模鸡场湿帘降温应用较多，降温效果显著。

(六)照明设备

鸡舍照明补光一般有白炽灯、日光灯、节能灯等，光照控制设备主要有 24 小时可编程序控制器，如 9TI-6 型鸡舍光控器。

(七)消毒设备

包括各式喷雾器。大规模养鸡场可安装固定式自动喷雾设备，即在鸡舍上方安装两列塑料管，每隔 4 m 安装 4 个组合喷头，消毒时打开电源，4 个喷头会旋转喷出药液，既方便快捷，又喷洒均匀。适用于带鸡消毒和气雾免疫。

四、鸡舍小环境的控制

鸡舍小环境的控制包括通风换气、调温、调节光照、消除噪声、控制应激等。适宜的鸡舍环境是最大限度地发挥鸡群潜能，保证高产、稳产的关键所在，因此，养殖场应引起特别关注，为鸡只创造良好的生存、生产环境。

（一）通风换气

通风换气可以起到更新空气、调整温度、除湿除尘等作用。鸡舍内的有害气体也是造成疫病多发和免疫失败的主要环境因素，因此，通风换气是鸡舍小环境控制的关键环节。通风的方式可分为自然通风、机械通风和混合通风三种。

1. 自然通风　一般开放式鸡舍均采用自然通风。在采用自然通风时鸡舍跨度宜小不宜大，以 6～7 m 为宜，最大不超过 8 m。自然通风鸡舍窗户的设置应尽量多一些，间距小一些。地面以上可增设进气孔，屋顶设排气孔，跨度小的鸡舍设一排即可，排气孔最好设有翻板，可开可闭，这样通过鸡舍两侧壁相对敞开的窗口和下排气孔形成上下两条通风带，形成“过堂风”和“扫地风”，再加上屋顶排气孔的“烟囱效应”增强通风能力。利用自然通风的鸡舍应根据外界气候情况搞好门窗和排气孔的启闭，防止风速过大或温度过低造成应激。

2. 机械通风　机械通风是依靠机械动力进行的强制性通风，密闭型鸡舍必须使用。机械通风有正压通风和负压通风两种。

正压通风即用通风机向鸡舍内强行送入新鲜空气，使舍内形成正压，把污染空气排走。正压通风可分为侧壁送风和屋顶送风，其优点在于可对进入的空气进行冷却、加热及过滤等预处理，从而保证舍内适宜温湿度和清洁的空气环境。正压通风必须选用风压较高的风机，由于其运行费用高，设计复杂，不易消灭通风死角，所以一般较少采用。

负压通风即将风机安装在鸡舍的纵墙或屋顶，通过风机抽出舍内污浊空气，使舍内压力小于舍外形成负压，新鲜空气由进气孔流入鸡舍，从而形成空气交换。负压通风比较简单，投资少，管理费用较低。负压通风根据气流在舍内流动方向可分为横向通风和纵向通风。纵向通风可消除横向通风的气流死角，气流速度快，近十几年来已在养鸡生产中得到迅速发展并逐渐被广泛应用。

纵向负压通风的设计是把进气口设在封闭式鸡舍净道一侧的山墙上，在污道一侧山墙上安装大功率排风机，这样整个鸡舍成为一个隧道。风机排风时造成的位能差，迫使大量空气在鸡舍内以一定的速度流动，风机的排风量越大，舍内风速也越大，可有效地降低鸡舍的温度，非常适合炎热地区和炎热季节使用。如果再配以湿帘降温系统则降温效果更好。

3. 混合通风　即在外界气候温和的季节，通过启闭通气孔和门窗，使舍内空气交换。在气温高或低的环境下，关闭门窗，使用机械通风。混合通风适用于卷帘式和半开放式鸡舍。

(二)温度调节

1. 保温　防寒管理即在寒冷季节关闭门窗和通气孔，控制气流速度，利用太阳光照或人工升温来保持鸡舍适宜温度。通风换气和保温是一对矛盾，这里需要指出的是，有的养殖者在片面强调保温的同时，忽视了通风换气，使舍内空气污染，影响生产性能和鸡群的防疫能力。在寒冷季节，养殖场可在外界气候较高时，打开部分通气孔或使用风机低风速以通风换气。

2. 降温　目前鸡场使用的降温方式很多，有增强通风、采用隔热建材、屋顶涂白减少吸热、带鸡喷雾等，但较为理想的降温方式应为纵向负压通风湿帘降温配套技术。该技术一般在密闭式鸡舍使用，使用时将双层卷帘放下，使鸡舍成为密闭式。在鸡舍进气口一侧山墙上安装湿帘、水循环冷却控制系统，在对侧山墙上安装风机。湿帘－风机启动后，整个鸡舍内形成纵向负压通风，经湿帘过滤后的冷空气不断进入鸡舍，鸡舍内的热空气被风机排出，可使舍内温度下降 3～6℃。

(三)消除噪声

在实际生产中经常发现，突发性的噪声会引起鸡的恐慌，俗称“炸群”，从而影响鸡的采食、饮水和产蛋等生理行为，甚至造成突然死亡。一般的规律是，受突发高噪声影响的鸡第二天采食量开始下降，并出现拉稀现象，产蛋量暂无变化。第三天产蛋量开始下降，软壳蛋和薄壳蛋增多。产蛋量开始下降到恢复大约需要 20～30 天。为减少噪声的影响，鸡场应远离铁路和公路主干道、工厂、居民区和其他畜禽养殖场、加工厂。场内规划尽量合理，鸡舍周围应尽量减少噪声大的运输和加工工具的进入和使用，同时在场内种植树木，缓冲和降低外来噪声的干扰。

(四)鸡的应激与防治措施

1. 引起应激的因素

(1)环境性因素。例如高温、高湿、寒冷、缺氧、噪声、光照、大风等，在生产中，高温应激是最常见、最剧烈、也是危害最严重的，如气温超过 35～38℃时，可引起鸡的呼吸加快，采食量下降，产蛋减少，甚至造成死亡。

(2)管理性因素。主要包括鸡舍通风不良、密度过大、光照过强、饲料和饮水骤变或不足、饲料质量低劣等，它是由人为的管理不当造成的。

(3)疾病性因素。病原微生物侵袭时，机体会调动一切积极因素抵抗疾病，同时在临床上出现一系列反应，如食欲下降、精神沉郁等。

(4)必然性因素。主要包括免疫接种、断喙、转群、捕捉、消毒等，它是饲养管理中不可避免的生产环节，但应采取科学合理的方法和途径，尽量减少应激反应的强度。

2. 应激反应的危害 应激反应对鸡的危害主要表现为：体温升高，精神沉郁，食欲和采食量下降，生长缓慢或停滞，饲料转化率下降，免疫力和健康状况下降，易发生各种疾病，产蛋鸡产蛋下降，鸡的死淘率提高等。

3. 应激的预防和控制

(1)提高饲养管理水平。根据鸡的不同阶段的营养需要，供给优质、全价的饲料，换料时应实行渐进式，避免突然换料，影响鸡的生长和产蛋；合理通风换气，提供适宜的温度和湿度，营造鸡舍良好的小气候；每栋鸡舍固定专人饲喂，外来人员不得随意进入鸡舍，饲养人员必须穿

着工作服，供水、供料、捕捉等尽量轻手轻脚；定时供水、供料，及时清除粪便，减少有害气体的产生。

(2)改善生产工艺，制定科学的饲养程序、免疫程序、消毒程序。尽量避免不必要的应激因素的产生，对于难以避免的必然应激因素，应尽量降低应激强度。例如断喙、转群和免疫注射不要同时进行，尽量分步实施；免疫接种时，疫苗免疫间隔不要过密。

(3)做好应激的预测和应对工作。对于环境因素的正常变化或生产中必然性的应激因素，应采取预防性措施，减少应激的发生。如在实施免疫注射时，可在饲料或饮水中提前添加维生素 C 等其他抗过敏的药物，积极预防；当高温季节来临时，应提高饲料中蛋白质、能量、维生素和矿物质的含量，提供充足清洁的饮水，同时，利用机械通风增加空气流动，为鸡只创造一个舒适的环境。

(4)使用药物来减轻或消除应激反应。常用的药物有碳酸氢钠、维生素 C、维生素 E、维生素 B、多维电解质及一些中药制剂。

五、鸡舍内有害气体的清除和控制

鸡舍内的有害气体包括硫化氢、氨气、二氧化碳、粪臭素等，这些有害气体常使鸡只抵抗力降低，生产性能下降，严重的可引发鸡群出现呼吸道疾病。有害气体的清除和控制措施主要有以下几种。

1. 合理建造鸡舍　鸡舍应建在地势高燥、通风良好的地方，通风系统、清粪系统要设计合理，以限制有害气体的产生并保证及时排出。

2. 控制鸡群密度　鸡舍内密度不宜过大，鸡笼摆放不可过于拥挤，每笼鸡数不要超标。

3. 优化日粮结构　按照鸡的营养需求配制全价日粮，避免日粮中营养物质的缺乏、不足或过剩，特别要注意日粮中粗蛋白的水平不宜过高，否则会造成蛋白质消化不全而产生过多的氮。

4. 及时清除鸡舍的粪便及其他废弃物　及时清除鸡舍的粪便及其他废弃物，防止其在舍内分解发酵产生大量有害气体。

5. 合理通风换气，清除舍内有害气体　当自然通风不足以排除有害气体时，必须实行机械通风。特别是冬季，既要做好防寒保温，又要注意鸡舍的通风换气。

6. 运用生物技术，抑制有害气体产生　研究发现，很多有益微生物可以提高蛋白质利用率，减少粪便中氨气的排放量，以降低舍内空气中有害气体的含量。目前常用的有益微生物制剂很多，如 EM 制剂，具体使用应根据产品说明拌料饲喂或拌水饮用，亦可喷洒鸡舍，除臭效果显著。

7. 使用药物也可达到清洁空气、清除臭味的目的　如可在鸡粪表面撒布生石灰、过磷酸钙等化学物质，减少或吸附空气中氨气；也可在鸡粪上喷洒过氧乙酸、新洁尔灭等消毒剂，通过杀菌消毒，抑制有害细菌的分解发酵，抑制和降低鸡舍内有害气体的产生。

第四节　旧鸡场的无公害改造

随着养鸡业的飞速发展，人们对鸡场的设计建造和环境控制有了新的认识，规模化、集约化养殖场（户）仍是我国养禽业的主力军，但由于饲养环境、管理水平和防疫水平等参差不齐，许多旧的场舍建设还很不科学，环境规划、设施配置也不尽合理，使鸡只的生产性能难以充分发挥，疾病控制难度增加，养殖环境恶化，因此，要生产无公害畜禽产品，必须从饲养环境和设施的无公害改造入手，辅以完善的饲养管理技术，走全面质量控制之路。对旧鸡场的改造应考虑以下问题：

(1)鸡舍结构力求合理。主要包括地面处理，顶棚设置，墙体高度、厚度和门窗的设计等，使之具有隔热性能好、通风性能好，易于冲刷消毒等特点。

(2)推广纵向通风、湿帘降温技术，改善鸡舍的空气环境，有效地降低舍内温度，特别在炎热的夏季的防暑降温发挥显著的作用。

(3)采用乳头饮水设施,既节约水,又能保证饮水卫生,减少大肠杆菌等细菌的污染。同时由于漏水减少,粪便干燥不发酵,鸡舍氨气浓度降低,蚊蝇滋生也大为减少。

(4)鸡场、鸡舍门口要设消毒池,且要定期更换消毒液,通过消毒设施的正常使用,减少病原体的传播。

(5)鸡场必须有良好的排污条件,净道、污道严格分开。鸡粪要有专门的无害化处理场所,运输鸡粪的车辆要严格消毒,防止横向污染。

小结

本章以无公害鸡场的环境要求和满足鸡的生长、生产需要为出发点,概括介绍了鸡场的选址、规划和设计等方面的主要技术要求,对鸡场、鸡舍的环境控制进行了认真分析,养殖场可根据有关无害化标准要求,做好鸡场硬件的建设和日常的管理。为全面发展蛋鸡的无公害生产,对于原有的旧鸡舍的无公害改造,也提出了一些建议,广大养殖者可以在鸡场的改造过程中参考。

提示问答

1. 无公害鸡场在选址和规划布局等方面应考虑哪些因素?

2. 你认为无公害鸡场的环境的控制包括哪些内容?结合本场实际还应从哪些方面进行改造和加强?

3. 怎样进行旧鸡场的无公害改造?

第三章

蛋鸡的品种与引种

阅读指南 本章围绕无公害蛋鸡标准生产，介绍了国内外部分蛋鸡品种的优良特性和生产性能，并按法律、法规要求，结合生产需要对蛋鸡引种过程中应注意的相关问题进行了介绍。

第一节 国内地方蛋鸡品种

一、国内地方蛋用型蛋鸡品种

1. 仙居鸡 仙居鸡原产于浙江省中部靠东海的台州地区，重点产区是仙居县，分布很广。该鸡体形小，结实紧凑，体态均匀秀丽，灵敏活泼，易受惊吓，属神经质型鸡品种。全身羽毛紧密贴体，有黑羽、白羽、黄羽、花羽和彩羽几种颜色，胫为黄色，头小，单冠，颈细长，背平直，骨

骼纤细，两翼紧贴，尾部翘起，其外形和体态颇似来航鸡，具有蛋用鸡型的特点。成年公鸡体重 1.25～1.5 kg，母鸡体重 0.75～1.25 kg，产蛋量变异性较大，一般农户饲养的开产日龄为 180 日龄，年产蛋量 180～200 枚，蛋重 42 g。在饲养场及饲养条件较好的农户饲养的仙居鸡，开产日龄为 140～150 日龄，年平均产蛋量218 枚，高的可达 269 枚。

2. 白耳黄鸡　白耳黄鸡原产江西省上饶市广丰、玉山县和浙江省江山市一带，以全身羽毛黄和白色耳叶而得名，又称白银耳鸡、上饶白耳鸡、江山白耳鸡。独有的黄羽、黄喙、黄脚和白耳被当地群众贯于“三黄一白”的美称，是我国稀有的白耳鸡种。该鸡体形矮小，体重较轻，羽毛紧密，后躯宽大，母鸡体呈三角形，属蛋用鸡种的体形。据上饶市调查统计，该鸡平均开产日龄为 151.75 日龄，年平均产蛋量 180 枚，平均每枚蛋重 54.23 g。

3. 济宁百日鸡　济宁百日鸡主要产于山东省济宁一带，因其体小早熟，少数个体 100 天左右就开产，当地群众俗称其为“百日鸡”。该鸡以麻羽最多，黑羽次之，白色、瓦色和黄色占少数。平均开产日龄为 146.6 日龄，500 天平均产蛋量 150.32 枚，平均蛋重 43.9 g，属小型蛋用型新品系。

二、国内地方兼用型品种

1. 狼山鸡　狼山鸡原产于江苏省如县境内，以马塘、岔河为中心，是我国古老的优良地方品种，在世界家禽品种中也享有很高的盛誉。该鸡体形硕大，体质健壮，头昂尾翘，背部较凹，行动灵活，羽毛多为黑色，黄色次之，白色很少，杂毛鸡更为少见。每种颜色按头部羽冠和胫趾部羽毛有无可分为光头光脚、光头毛脚、凤头毛脚和凤头光脚四个类型，由于头短圆、细致、眼大有神，当地群众称之为蛇头大眼鸡。狼山鸡又有重型鸡和轻型鸡之分，重型成年公鸡体重为 4.0～4.5 kg，成年母鸡体重为 3.0～3.5 kg，轻型成年公鸡体重为 3.0～3.6 kg，成年母鸡体重为 2.0 kg 左右。据统计资料显示，该鸡 500 日龄平均产蛋量为

140.5 枚，选育前平均蛋重 49.3 g，经多年选育后，平均蛋重为58.7 g，属典型的兼用型蛋鸡品种。

2. 大骨鸡　大骨鸡原产于辽宁省庄河市，因此又命名为庄河鸡，该鸡公鸡为棕红色，尾羽为黑色，母鸡多呈麻黄色。大骨鸡体形魁伟，胸深背长，头颈粗壮，眼睛明亮，腿高有力，腹部丰满，敦实有力，年产蛋量 160 枚左右，蛋重 62～64 g，最重的可达 70 g 以上。

3. 北京油鸡　北京油鸡原产于北京城安定门和德胜门一带，以肉味鲜美、蛋质佳良而著称，是一个优良的地方品种。有赤褐色和黄色两种，有冠羽和胫羽，髯羽也很明显，别号称之为凤头、毛脚、胡子嘴。初生雏为黄色和淡黄色。成年鸡羽毛厚密蓬松，公鸡羽毛鲜亮，头高昂，尾羽多呈黑色，母鸡头尾微翘，胫部略短，体态敦实。该鸡性成熟较晚，在自然条件下，7 月龄开产，农户饲养的年平均产蛋量约 110 枚，在饲养条件较好的情况下，年平均产蛋量 125 枚，平均蛋重为 56 g。

4. 寿光鸡　寿光鸡原产于山东省寿光县稻田乡慈家及伦家一带，故又命名为慈伦鸡。该鸡体形小，蛋大，全身黑羽，喙、胫、爪均为黑色。主要有大型和中型两种，少数为小型。大型寿光鸡外貌雄伟，体躯高大，骨骼粗壮，体长胸深，胫高而粗，成年公鸡平均体重 3.8 kg，成年母鸡平均体重 3.1 kg，年平均产蛋量 90～100 枚，蛋重 70～75 g。中型成年公鸡平均体重 3.6 kg，成年母鸡 2.5 kg，年产蛋量 120～150 枚，蛋重 60～65 g，两种体形鸡的鸡蛋均为褐色。

5. 浦东鸡　浦东鸡原产于上海市南汇、奉贤县沿海，以南汇县城的泥城、彭镇、书院、万象、老港等地的为最佳。该鸡体大，呈三角形，外貌多为黄羽、黄喙、黄脚，为此当地群众称之为“九斤黄”，初生雏鸡多为黄色，背部有条状褐色或灰色羽带。成年公鸡有黄胸黄背、红胸红背和黑胸红背 3 种，母鸡全身为黄色，属肉蛋兼用型鸡。平均开产日龄 208 日龄，最早为 150 日龄，最迟为 294 日龄，年平均产蛋量 130 枚，最高可达 216 枚，平均蛋重 57.9 g。

另外在我国还有萧山鸡、鹿苑鸡、固始鸡、边鸡、彭鸡、林甸鸡、峨眉鸡、静原鸡等一些优良的地方蛋用、肉蛋兼用型品种。

第二节　国内培育的杂交配套系蛋鸡品种

一、国内培育的杂交配套系蛋用型蛋鸡

1. 青岛白来航鸡　青岛白来航鸡是由青岛市畜牧公司种鸡场育成,分布于四川、云南、甘肃、宁夏、江苏、福建、河北、河南、山西等省市。该鸡体形小,灵活紧凑,冠和肉垂鲜红,耳叶为白色,全身为白色,喙、胫、趾和皮肤为黄色,是一个典型的蛋用型品种。一般性成熟期为160～180天,据1979年测定,该鸡9个家系的500日龄入舍鸡平均产蛋量为182.5枚,蛋重56.2 g,又据1984年对核心群的测定,500日龄入舍鸡平均产蛋量为198.5枚,300日龄蛋重58 g,整个饲养期平均产蛋量233枚。

2. 北京白鸡　北京白鸡属白来航鸡种中的新品系,由引进国外的白壳蛋系父母代、商品代鸡群组为基础选育而成,分成京白Ⅰ系、京白Ⅱ系和京白Ⅲ系三个品系,主要代表品种有京白823、京白938、京白904和京白939等品种。该鸡为白色,喙、胫、趾和皮肤均为黄色,耳叶为白色。北京白鸡体形小而清秀,属蛋用型蛋鸡品种。据6个国营大鸡场测定,86万只鸡年平均产蛋量240.8枚,平均蛋重66.8 g,蛋料比1∶2.86。又据某鸡场测定,96万只鸡年平均产蛋量253枚,平均蛋重53.99 g。53个集体半机械化鸡场统计,35万只鸡平均开产日龄为169.5日龄,年平均产蛋量196.3枚,平均蛋重57 g,蛋料比为1∶3.5。

3. 滨白鸡　滨白鸡是1976—1984年由东北农学院育成,属来航鸡型,有6个品系,可组成"滨白42"、"滨白自别1号"和"滨白自别3号"三个配套杂交组合的商品蛋鸡。该鸡体形小,羽毛紧密,全身白色、脸、肉垂为红色、耳叶乳白色,喙、胫、趾和皮肤为白色,具有产蛋多、蛋大且蛋质好、生活力强的优良特性。“滨白42”鸡性成熟早，20～21周龄产蛋率达5%，24～25周龄产蛋率达50%，28～29周龄进入产蛋高峰期达到80%～90%。72周龄全期产蛋量240～250枚，平均蛋重60 g，蛋料比为1∶(2.6～2.8)。“滨白自别1号”成年鸡比“滨白42”体形稍大，羽毛为白色，颈、胸偶有褐色斑点，蛋壳为褐色，生产性能与“滨白42”相似。“滨白自别3号”体形清秀，羽毛全白，蛋壳为白色，生产性能也相似于“滨白42”。

4. 农大褐　农大褐是于“六五”、“七五”期间由原北京农业大学育成。该鸡适应性强，饲料报酬高，163日龄产蛋率达到50%，72周龄全期产蛋量278.2枚，平均蛋重62.85 g，蛋料比1∶2.31。

5. B-6鸡　B-6鸡是由中国农科院畜牧研究所选育而成的褐壳蛋鸡。该鸡父本羽毛为红褐色，母本为斑纹络克，商品代雏公鸡绒毛为黑色，头顶有一白色亮斑，母雏也为黑色，头顶无亮斑，以此鉴别雌雄。B-6鸡体形偏大，蛋重偏小，72周龄平均产蛋量274.6枚，平均蛋重58.28 g，蛋料比1∶2.54。

6. 农昌2号　农昌2号是由原北京农业大学选育而成。父系为白来航系，母系为红褐羽全盛系，属粉壳蛋鸡，72周龄平均产蛋量255.1枚，平均蛋重59.8 g，蛋料比1∶2.55。

7. B-4鸡　B-4鸡是由中国农科院畜牧研究所以星杂444为素材选育而成。父系为洛岛红鸡，母系为白来航鸡。该鸡羽毛灰白带有褐色或黑色羽斑。72周龄平均产蛋量254.3枚，平均蛋重59.6 g，蛋料比1∶2.75，粉壳。1993年又在此基础上选育出自别雌雄的B-4鸡，可通过羽速和部分羽色鉴别雌雄，72周龄产蛋量276.7枚，平均蛋重60.7 g，蛋料比1∶2.51。

8. 农大3号　农大3号是由中国农业大学育成的三元杂交的矮小型、节粮型蛋鸡配套系。节粮小型蛋鸡配套系经过5年的示范推广和配套饲养管理技术的研究，不仅生产性能稳定，而且经济效益显著提高。饲养节粮小型蛋鸡在高产的同时，能节省20%左右的饲料，并且能有更高的饲养密度，从而能获得更大的经济效益。该鸡纯W系为终

端父本，体形矮小，快羽，单冠，冠较小，羽色浅褐色，母鸡胫长 7.5 cm，公鸡胫长 8.8 cm，蛋壳颜色褐色，平均蛋重 57 g 左右，胸部较平，胸角 105°，成年体重公鸡 1.8 kg 左右，母鸡成年体重 1.6 kg 左右。纯 LD 系为母本父系，普通型，慢羽，白来航系列，单冠较大，羽色白色，母鸡胫长 9.3 cm，公鸡胫长 12.3 cm，蛋壳颜色白色，平均蛋重 60 g 左右，体形清秀，尾羽上翘，胸部龙骨突出，成年体重公鸡 2 kg 左右，母鸡 1.75 kg左右。纯 LC 系为母本母系，普通型，快羽，属单冠白来航系列，外观特征与 D 系相同。父母代公鸡为矮小型，快羽，浅褐色羽毛，成年体重 1.8 kg 左右；母鸡为慢羽，普通体形，单冠，白来航型，蛋壳颜色白色，平均蛋重 60 g 左右，成年体重 1.75 kg 左右。商品代蛋鸡矮小型，单冠，羽毛颜色以白色为主，部分鸡有少量褐色羽毛，体形紧凑，成年体重 1.55 kg 左右；蛋壳颜色浅褐壳，平均蛋重 55～58 g。父母代 120 日龄育成期公鸡平均体重 1.5 kg，母鸡平均体重为 1.35 kg，育雏育成期成沽率为 94%，育雏育成期平均耗料 6.70 kg，产蛋期成活率为 92%，148～153 天产蛋率达到 50%，高峰产蛋率 95%，72 周龄入舍鸡平均产蛋数 280 枚，72 周龄饲养日平均产蛋数 290 枚，产蛋期日耗料 100～105 g。商品代 120 日龄体重 1.2 kg，育雏育成期成活率 96%，育雏育成期耗料 5.5 kg，产蛋期成活率 95%～96%，148～153 天产蛋率达到 50%，高峰产蛋率 94%以上，72 周龄入舍鸡平均产蛋数 278 枚，72 周龄饲养日平均产蛋数 288 枚，平均蛋重 55～58 g，产蛋期平均日耗料 87 g，高峰平均日耗料 90 g，料蛋比(2.0～2.1)∶1。

二、国内培育的杂交配套系兼用型品种

1. 新狼山鸡　新狼山鸡是 1952—1958 年由华东农业科学研究所选育而成，是我国建国后第一个育成的蛋肉兼用型鸡品种。该鸡背部平直，全身黑色，光脚无毛，胫、脚呈蓝灰色，虹彩、脚胫颜色、背毛色泽和体形与狼山鸡区别明显。据测定，新狼山鸡年平均产蛋量 180～200 枚，平均蛋重 57.2 g。

2. 新扬州鸡　新扬州鸡是1960年由江苏农学院在原扬州地方鸡的基础上选育而成。该鸡黄羽、黄喙、黄脚,因此又称为"三黄鸡"。黄羽有深浅两种类型,深的呈黄褐色,浅的呈浅黄色,主、副羽和尾羽有部分黑色,黄喙实为黄褐色,胫、趾的黄色间有肉色。新扬州鸡具有产蛋性能高、生长快、肉质鲜美、生活力强等优点。据测定该鸡平均开产日龄182日龄,500天平均产蛋量181枚,年平均产蛋量197枚,平均蛋重56 g,蛋壳为褐色。

3. 成都白鸡　成都白鸡是四川农学院家禽研究室用白来航鸡和澳洲黑公鸡的等量混合精液与成都平原本地黄羽母鸡的后代经过20余年选育而成,至1983年建立了快慢羽纯系品种。该鸡体态浑圆,胸宽而深,全身为白色,喙、胫、趾为黄色,单冠,主尾羽发达,微向背部翘起,属肉蛋兼用型体形。成年公鸡体重为3～3.5 kg,成年母鸡体重为2.2～2.5 kg,500天平均产蛋量145～190枚,年平均产蛋量180～190枚,平均蛋重55～56 g,蛋壳为浅褐色。

4. 郑州红鸡　郑州红鸡是由河南农林科学院畜牧兽医研究所利用新汉夏鸡改良固始鸡经过11年的努力选育而成。该鸡体形较大,体质结实,健壮,适应性强,全身羽毛为红色或红褐色,单冠、肉垂、耳叶均为鲜红色,喙、胫、趾和皮肤为黄色,与新扬州鸡有类似的“三黄”特征。成年公鸡体重为3～4 kg,成年母鸡2.0～2.5 kg,平均开产日龄197日龄左右,500天平均产蛋量158枚,平均蛋重59 g。

5. 北京红鸡　北京红鸡是由北京市第二种鸡场在引进星杂“579”的基础上经过9个世代的选育而成。该鸡具有适应性广、抗病力强、产蛋高、遗传性能稳定的特点。商品代鸡19～72周龄产蛋量275～285枚,平均蛋重63～64 g,蛋料比1∶(2.8～3.0),18周龄体重1.5～1.6 kg。父母代鸡72周龄入舍鸡平均产蛋量245～265枚,平均蛋重62～64 g,18周龄体重1.4～1.5 kg,父母代和商品代鸡蛋壳均为褐色。

第三节　由国外引进的蛋鸡品种

一、由国外引进的蛋用型蛋鸡品种

改革开放以来，我国从国外引进了大量的蛋用型蛋鸡品种，按其蛋壳的颜色包括褐壳蛋鸡、白壳蛋鸡和粉壳蛋鸡三类。

（一）褐壳蛋鸡

褐壳蛋鸡在国内饲养量占有很大的比例，其特点是：抗应激性强，体重大，蛋重大，产蛋多，蛋壳强度大，但采食量大，单位面积饲养量少，耐热性低，血斑蛋和肉斑蛋比例高。目前在我国饲养的主要品种有十余种。

1. *伊莎褐*　伊莎褐是法国依莎公司育成的四系配套杂交鸡，是目前国际上最优秀的高产褐壳蛋鸡之一。伊莎褐父本两系为红褐色，母本两系均为白色，商品代雏可用羽色自别雌雄：公雏白色，母雏褐色。据伊莎公司的资料，商品代鸡：0～20 周龄育成率 97%～98%；20 周龄体重 1.6 kg；23 周龄产蛋率达 50%，25 周龄母鸡进入产蛋高峰期，高峰产蛋率 93%，76 周龄入舍鸡平均产蛋量 292 枚，饲养日平均产蛋量 302 枚，平均蛋重 62.5 g，总蛋重 18.2 kg，每千克蛋耗料 2.4～2.5 kg；产蛋期末母鸡体重 2.25 kg；存活率 93%。又据 1986—1987 年对伊莎褐 5 000 只鸡测定结果：0～18 周龄育成率 99%；72 周龄入舍鸡平均产蛋量 284.9 枚，平均蛋重 60.4 g，总蛋重 17.3 kg，每千克蛋耗料2.73 kg；产蛋期存活率 81.23%。创造了国内引进鸡种产蛋最高记录。

2. *海赛克斯褐*　海赛克斯褐鸡是荷兰尤利布里德公司育成的四系配套杂交鸡，是目前国际上产蛋性能最好的褐壳蛋鸡之一。父本两系均为红褐色,母本两系均为白色,商品代雏可用羽色自别雌雄:公雏为白色,母雏为褐色。据该公司介绍,海赛克斯褐的产蛋遗传潜力为年产295枚,公司保证产蛋水平为275枚。商品代鸡0～20周龄育成率97%;20周龄体重1.63 kg;78周龄平均产蛋量302枚,平均蛋重63.6 g,总蛋重19.2 kg;产蛋期存活率95%。目前全国各地均有饲养,普遍反映该鸡种不仅产蛋性能好,而且适应性和抗病力强。

3.罗曼褐　罗曼褐是德国罗曼公司育成的四系配套、产褐壳蛋的高产蛋鸡。父本两系均为褐色,母本两系均为白色。商品代雏可用羽色自别雌雄:公雏白羽,母雏褐羽。据该公司的资料,罗曼褐商品代鸡:0～20周龄育成率97%～98%,152～158日龄产蛋率达50%;0～20周龄总耗料7.4～7.8 kg,20周龄体重1.5～1.6 kg;高峰期产蛋率为90%～93%,72周龄入舍鸡产蛋量285～295枚,12月龄平均蛋重63.5～64.5 g,入舍鸡总蛋重18.2～18.8 kg,每千克蛋耗料2.3～2.4 kg;产蛋期末体重2.2～2.4 kg;产蛋期母鸡存活率94%～96%。据欧洲家禽测定站测定:72周龄产蛋量280枚,平均蛋重62.8 g,总蛋重17.6 kg,每千克蛋耗料2.49 kg;产蛋期死亡率4.8%。罗曼褐曾祖代鸡于1989年引入上海市华申曾祖代蛋鸡场,祖代和父母代鸡遍布全国各地。

4.迪卡褐　迪卡褐是美国迪卡布公司育成的四系配套杂交鸡。父本两系均为褐羽,母本两系均为白羽。商品代雏鸡可用羽色自别雌雄:公雏白羽,母雏褐羽。据该公司的资料,商品代蛋鸡:20周龄体重1.65 kg;0～20周龄育成率97%～98%;24～25周龄产蛋率达50%;高峰产蛋率达90%～95%,90%以上的产蛋率可维持12周,78周龄产蛋量为285～310枚,蛋重63.5～64.5 g,总蛋重18～19.9 kg,每千克蛋耗料2.58 kg;产蛋期存活率90%～95%。据欧洲家禽测定站的平均资料:72周龄产蛋量273枚,平均蛋重62.9 g,总蛋重17.2 kg,每千克蛋耗料2.56 kg;产蛋期死亡率5.9%。

5.黄金褐　黄金褐是美国迪卡布公司培育的配套系蛋鸡,其特点是体形较小,外貌与迪卡褐无多大区别。据广告资料介绍,黄金褐商品

鸡的生产性能如下:育成期育成率96%～98%,产蛋期存活率94%～96%。72周龄入舍鸡产蛋量290～310枚,平均蛋重63～64 g,高峰产蛋率92%～95%。蛋料比1∶(2.07～2.28)。开产体重1.45～1.6 kg,成年母鸡体重2.05～2.15 kg。

6.罗斯褐　罗斯褐为英国罗斯公司育成的四系配套杂交鸡。父本两系褐羽,母本两系白羽,商品代雏鸡可根据羽色自别雌雄。据罗斯公司的资料,罗斯褐商品代鸡:0～18周龄总耗料7 kg,19～76周龄总耗料45.7 kg;18周龄体重1.38 kg,76周龄体重2.2 kg;25～27周龄产蛋高峰,72周龄入舍鸡产蛋量280枚,76周龄产蛋量298枚,平均蛋重61.7 g,每千克蛋耗料2.35 kg。北京市进行的蛋鸡攻关生产性能统一测定中,罗斯褐商品鸡72周龄产蛋量271.4枚,平均蛋重63.6 g,总蛋重17.25 kg,每千克蛋耗料2.46 kg;0～20周龄育成率99.1%,产蛋期死亡淘汰率10.4%。

7.海兰褐　海兰褐是美国海兰国际公司育成的四系配套杂交鸡。父本红褐色,母本白色。商品雏鸡可用羽色自别雌雄:公雏白色,母雏褐色。据海兰国际公司的资料,海兰商品代鸡:0～20周龄育成率97%;20周龄体重1.54 kg,156日龄产蛋率达50%,29周龄达产蛋高峰,高峰产蛋率91%～96%,18～80周龄饲养日产蛋量299～318枚,32周龄平均蛋重60.4 g,每千克蛋耗料2.5 kg;20～74周龄蛋鸡存活率91%～95%。据广东省佛山市某蛋鸡场对海兰褐商品代前期观察资料:0～40日龄存活率97%～98.5%,41～126日龄育成率98.5%～98.8%;平均体重1.48～1.49 kg;171～175日龄产蛋率达50%,产蛋高峰期维持210～213天,最高产蛋率92.1%～94.2%,90%以上产蛋率维持66～73天,月平均死亡率0.9%。

8.星杂566　星杂566是加拿大雪佛公司培育的四系配套杂交鸡。该鸡利用非条纹与条纹的原理羽色自别雌雄。据该公司资料,杂交鸡:72周龄产蛋量245～265枚,平均蛋重64 g,总蛋重15.7～17 kg;每千克蛋耗料2.5～2.7 kg。与星杂566羽色相似的蛋鸡还有哈可、海兰黑鸡等。B-6鸡就是以星杂566为基础育成的。

9. 宝万斯高兰　宝万斯高兰由荷兰汉德克家禽育种有限公司育成。该鸡毛色为红色带白绒毛；肤色为黄色；性情温顺，适应性强等。20 周龄成活率 95%～97%，开产日龄 145～154 天，高峰产蛋率90%～93%。入舍鸡只产蛋数 260 枚。80 周龄平均蛋重 66.8 g，料蛋比 2.15∶1，存活率 93.7%，80 周龄平均体重 2 kg。蛋壳强度高，宜储存、运输、保鲜，鸡蛋质量好，蛋白含量高，胆固醇低，口感好。开产早，蛋重大。

10. 尼克褐壳蛋鸡　尼克褐壳蛋鸡由美国尼克国际公司培育而成。商品代生产性能为：155～160 日龄开产，72 周龄入舍母鸡产蛋量为 294 枚，32 周龄平均蛋重 60 g，料蛋比(2.35～2.45)∶1。20 周龄体重 1.59 kg，70 周龄体重 2.18～2.36 kg。育成期成活率为 96%，产蛋期存活率 94%。

11. 星杂 579　由加拿大雪佛公司培育的四系配套杂交鸡。商品代可通过羽毛自别雌雄。其生产性能：150～156 天产蛋率达 50%，高峰产蛋率可达 91%～94%，72 周龄入舍鸡产蛋数 290～300 枚，产蛋总重量 18.5～19.5 kg，料蛋比(2.1～2.3)∶1，生产期成活率 90%～98%，产蛋期成活率 91%～94%。

另外还有宝万斯尼拉、巴布考克 B380 等从国外引进的褐壳蛋鸡品种。

(二)白壳蛋鸡

白壳蛋鸡是我国数量最多、分布最广、应用最早的蛋鸡品种，体形小，耗料少，产蛋高，是未来理想的首选应用品种。有敏感性差、抗应激能力弱和易啄癖的缺点。目前在我国主要代表品种有十余种。

1. 星杂 288　该杂交鸡是由加拿大雪佛公司育成的。星杂 288 早先为三系配套，目前为四系配套。该品种过去是誉满全球的白壳蛋鸡，世界上有 90 多个国家和地区饲养。该品种的产蛋遗传潜力为 300 枚，雪佛公司保证入舍鸡产蛋量 260～285 枚，20 周龄体重 1.25～1.35 kg，产蛋期末体重 1.75～1.95 kg，0～20 周龄育成率 95%～

98%,产蛋期存活率91%~94%。据比利时、法国、德国、瑞典和英国测定的平均资料:72周龄产蛋量270.6枚,平均蛋重60.4克,每千克蛋耗料2.5 kg,产蛋期存活率92%。星杂288杂交鸡为北京白鸡的选育提供了素材。目前星杂288曾祖代鸡已引入我国哈尔滨市某原种鸡场繁育。以前引进的星杂288不能自别雌雄,近年来,山东省茌平县种禽场已引进可羽速自别雌雄的新型星杂288祖代鸡。据广告资料:商品鸡156日龄产蛋率达50%,80%以上产蛋率可维持30周之久,入舍鸡年产蛋量270~290枚,平均蛋重63 g,蛋料比1∶(2.2~2.4),成年鸡体重1.67~1.80 kg。

2.海赛克斯白　该鸡是荷兰优利布里德公司育成的四系配套杂交鸡。以产蛋强度高、蛋重大而著称,被认为是当代最高产的白壳蛋鸡之一。该鸡种135~140日龄见蛋,160日龄产蛋率达50%,210~220日龄产蛋高峰就超过90%以上,总蛋重16~17 kg。据英国、瑞典、德国、比利时、奥地利等国测定的平均资料:72周龄产蛋量274.1枚,平均蛋重60.4 g,每千克蛋耗料2.6 kg;产蛋期存活率92.5%。1984年北京市中日友好养鸡场饲养的两栋海赛克斯白鸡,72周龄入舍鸡产蛋总重分别达到16 kg和16.13 kg,增创国内蛋鸡生产水平的最高记录。

3.巴布可克B-300　该鸡是美国巴布可克公司育成的四系配套杂交鸡。世界上有70多个国家和地区饲养,其分布范围仅次于星杂288。巴布可克公司已被法国伊莎公司兼并,为此该鸡现又称"伊莎巴布可克B-300"。该鸡的特点是产蛋量高,蛋重适中,饲料报酬高。据公司的资料,商品鸡:0~20周龄育成率97%,产蛋期存活率90%~94%,72周龄入舍鸡产蛋量275枚,饲养日产蛋量283枚,平均蛋重61 g,总蛋重16.79 kg,每千克蛋耗料2.5~2.6 kg,产蛋期末体重1.6~1.7 kg。巴布可克B-300参加"七五"蛋鸡攻关生产性能主要指标随机抽样测定的结果为:0~20周龄育成率88.7%;20周龄体重1.46 kg;72周龄产蛋量285枚,平均蛋重58.96 g,总蛋重16.8 kg,每千克蛋耗料2.29 kg,产蛋期末体重1.96 kg。产蛋期存活率85.1%。法国伊莎公司的"伊莎巴布可克B-300"曾祖代鸡已于1987年引入北京市种禽公司原种鸡场,该场是我国巴布可克 B-300 祖代鸡的惟一供种基地。

4.尼克白鸡 尼克白鸡系美国辉瑞公司育成的三系配套杂交鸡。祖代鸡于 1979 年引入广州市黄陂鸡场,目前有些地方仍有饲养,主要是作为育种素材使用。北京白鸡的Ⅷ系就是以尼克白鸡做素材选育的。据英国和瑞典各个家禽测定站的平均资料:71 周龄产蛋量 272 枚,平均蛋重 60.1 g,每千克蛋耗料 2.5 kg;产蛋期末体重 1.81 kg;产蛋期存活率 92.54%。

5.罗曼白 罗曼白是德国罗曼公司育成的两系配套杂交鸡,即精选罗曼 SLS。由于其产蛋量高,蛋重大,引起了人们的青睐。据罗曼公司的资料,罗曼白商品代鸡:0～20 周龄育成率 96%～98%;20 周龄体重 1.3～1.35 kg;150～155 日龄产蛋率达 50%,高峰产蛋率 92%～94%,72 周龄产蛋量 290～300 枚,平均蛋重 62～63 g,总蛋重18～19 kg,每千克蛋耗料 2.3～2.4 kg;产蛋期末体重 1.75～1.85 kg;产蛋期存活率 94%～96%。目前,河南华罗家禽育种有限公司已引进罗曼白鸡的父母代。

6.海兰 W-36 该鸡是美国海兰国际公司育成的配套杂交鸡。据公司的资料,海兰 W-36 商品代鸡:0～18 周龄育成率 97%,平均体重 1.28 kg;161 日龄产蛋率达 50%,高峰产蛋率 91%～94%,32 周龄平均蛋重 56.7 g,70 周龄平均蛋重 64.8 g,80 周龄入舍鸡产蛋量 294～315 枚,饲养日产蛋量 305～325 枚;产蛋期存活率 90%～94%。海兰 W-36 雏鸡可通过羽速自别雌雄。目前,引进海兰 W-36 祖代鸡的有山东空军肥城养鸡场、辽宁农垦辉山祖代鸡场、山西太原神州实验种鸡场。

7.迪卡白 迪卡白是美国迪卡布公司育成的配套杂交鸡。据德国 1988—1989 年抽样测定资料:500 日龄产蛋 299.5 枚,平均蛋重 61.1 g,总蛋重 18.26 kg,每千克蛋耗料 2.4 kg;产蛋期存活率97.9%。迪卡白祖代鸡目前已引进我国山东济宁市祖代种鸡场。

(三)粉壳蛋鸡

粉壳蛋鸡是我国近年来新引进的蛋鸡品种,其特点位于褐壳蛋鸡

和白壳蛋鸡之间，其主要代表品种有以下几个。

1. 星杂444　星杂444是加拿大雪佛公司育成的三系配套杂交鸡。据雪佛公司的资料，72周龄产蛋量265～280枚，平均蛋重61～63 g，每千克蛋耗料2.45～2.7 kg。据1988—1989年德国随机抽样测定结果，其生产性能为：500日龄入舍鸡产蛋量276～279个，平均蛋重63.2～64.6 g，总蛋重17.66～17.8 kg，每千克蛋耗料2.52～2.53 kg；产蛋期存活率91.3%～92.7%。

2. 雅康浅壳蛋鸡　雅康浅壳蛋鸡是以色列"P. B. V"家禽育种协会最新推出的四系配套浅壳蛋鸡。蛋壳为淡奶油色或浅褐色，商品代可通过羽速自别雌雄。其生产性能：20周龄平均体重1.5 kg，160～167天产蛋率达到50%，78周龄产蛋量290～305枚，平均蛋重62～64 g，150日龄累计耗料7.8～8.3 kg，产蛋期日耗料99～105 g，0～20周龄育成率94%～96%，产蛋期死淘率6%～8%。

另外还有尼克粉壳蛋鸡、新罗曼粉壳蛋鸡、宝万斯粉壳蛋鸡等一些从国外引进的粉壳蛋鸡品种。

二、由国外引进的兼用型品种

1. 洛岛红鸡　洛岛红鸡原产于美国洛得岛州。有单冠和玫瑰冠两个变种，引进我国的是单冠变种。该鸡全身为红色，尾羽为黑色，喙褐黄色，脚、趾为黄色或微带红色，背宽平，肌肉发达，整个体躯呈长方形，属肉蛋兼用型品种，成年公鸡体重3.5～3.8 kg，成年母鸡2.2～3.0 kg，180天性成熟，年产蛋量160～170枚，蛋重60～65 g。

2. 新汉夏鸡　新汉夏鸡原产于美国新汉夏地区，是在洛岛红鸡的基础上经过30多年选育而成。该鸡体形外貌与洛岛红鸡相似，但背较短，羽毛颜色较浅，只有单冠，成年公鸡体重3.0～3.5 kg，成年母鸡体重2.5～3.0 kg，年产蛋量180～200枚，蛋重56～60 g，蛋壳为褐色。

3. 澳洲黑鸡　澳洲黑鸡原产于澳大利亚，我国于1947年引入应用。该鸡体躯深广，胸部丰满，适应性强，全身羽毛为黑色，喙、眼、趾、胫均为黑色。成年公鸡体重 3.75 kg,成年母鸡体重 2.5～3.0 kg,性成熟早,6 月龄开产,年产蛋量 160 枚左右,平均蛋重 60 g,蛋壳为褐色。

4. 浅花苏赛斯鸡　浅花苏赛斯鸡原产于英国,有斑点、红色和浅花三个变种,我国引入了浅花变种。该鸡体躯较长,深而宽,胫短,尾部高翘,单冠,体躯为白色,翼羽、主翼羽呈黑色,颈羽、母鸡鞍羽、尾羽和公鸡蓑羽、镰羽呈黑色或镶白边羽,喙、胫、趾为黄色,皮肤为白色。成年公鸡平均体重 4 kg,成年母鸡平均体重 3 kg,年平均产蛋量 150 枚,平均蛋重 56 g,蛋壳为褐色。

5. 奥品顿鸡　奥品顿鸡原产于英国奥品顿地区,有白色、浅花、浅黄和蓝色几个变种,我国引进了浅黄变种。该鸡体躯似长方形,全身羽毛为浅黄色,喙、趾、胫呈肉色。成年公鸡平均体重为 4.5 kg,母鸡为 3.5 kg,年产蛋量 150 枚左右,平均蛋重 56 g,蛋壳为浅褐色。

6. 洛克鸡　洛克鸡原产于美国朴勒茅斯洛克州,有我国九斤鸡的血缘。按其羽毛有 7 个变种,我国引入了横斑、浅黄和白洛克 3 个变种。该鸡身体椭圆、生长快、产蛋多,全身羽毛有白黑相间横斑纹、浅黄和纯白三种,喙、胫、趾和皮肤均为黄色。横斑洛克鸡和浅黄洛克鸡成年公鸡平均体重为 4 kg,母鸡为 3 kg,年平均产蛋量 180 枚左右,高产系可达 250 枚,平均蛋重 56 g,蛋壳为褐色。白洛克成年公鸡体重 4.0～4.5 kg,母鸡为 3.0～3.5 kg,年产蛋量 150～160 枚,蛋重 60 g 左右,蛋壳为浅褐色。

第四节　蛋鸡的引种

一、蛋鸡的引种原则

蛋鸡的引种要严格按照《种畜禽管理条例》、《种畜禽生产经营许可

证管理办法》、《中华人民共和国动物防疫法》执行，要正确慎重选择品种和品种个体，详细了解引入品种生产地和引入品种生产、经营场的情况，掌握环境差异，严防引入带菌、带病鸡只，谨防假冒伪劣，以免给我国蛋鸡业生产带来损失。

1. 正确选择引入品种 选择引入一个蛋鸡品种要根据其经济价值和种用性能，要掌握其生产性能和遗传力，并详细了解该品种的抗寒、耐热、耐粗饲、耐粗放和抗病力等环境适应情况。同时引入品种，尤其从国外引种时，按要求首先向省级畜牧主管部门申请，由省级畜牧主管部门报农业部种畜禽管理部门审批后方可进行引种。

2. 慎重选择鸡只个体 引种要慎重挑选个体，注意品种特性、个体体质外貌及个体健康、发育状况。一般健康初生雏健壮活泼，眼睛有神，个体大，身体长，身无残，脐无血，并且绒毛松而洁净，出壳正常。另外还要查看个体系谱，了解其祖代、父母代和同胞的生产水平和特性，以及其亲缘关系。同时注意引进的蛋鸡品种必须持有当地动物防疫监督机构办理的检疫证书和检疫合格证，供种用的还要有种禽合格证。

3. 了解引入品种生产地和生产、经营场情况 一方面要细致了解被引入品种产地三年来的疫病情况，不仅要了解禽类疫病情况，同时还要了解其他家畜的疫病情况，切记严禁到疫区引种。另一方面要了解被引入品种产地的环境状况，比较引入地和产地差异，为引入后发挥引入品种的优良性能做好准备工作。另外还要注意被引进品种生产、经营场的情况，看其是否是种鸡生产场，是否拥有种畜禽生产经营许可证，以防上当受骗。

二、引进蛋鸡品种的检疫要求

在引进蛋鸡品种过程中为防止引入带菌、带病个体，给我国畜牧业造成损失，必须严格执行检疫要求。

1. 国外引入品种的检疫 从国外引入蛋鸡品种必须遵照《中华人

民共和国进出口境动植物检疫法》和《中华人民共和国进出口境动植物检疫法实施条例》进行，严格检疫程序。由农业部负责实施，中华人民共和国动植物检疫局统一管理。要求输出国或地区无重大动植物疫情，符合有关动植物检疫法律、法规和规章制度、符合我国与输出国家和地区签订的有关双边检疫协定（含检疫协议、备忘录等），同时要在检疫审批合格后的基础上进行。引入后还要严格进行隔离观察15～30天，经动物检疫部门检查鉴定健康合格后方可投入生产应用。

2. 国内引入蛋鸡品种的检疫　从国内引入蛋鸡品种时必须按《中华人民共和国动物防疫法》规定严格执行，由国务院畜牧兽医行政管理部门负责，县级以上人民政府畜牧兽医行政管理部门负责本行政区域内的动物防检疫工作，军队饲养的自用蛋鸡品种由军队动物防疫监督机构负责。严禁到疫区引种，并且引入品种要经过主管部门检疫合格后进行，要带有检疫合格证，持有检疫证明，加盖加封验讫标志。

三、引入蛋鸡品种的管理要求

为充分发挥引入蛋鸡品种的良好特性和优良的生产性能，引入后要加强管理。首先要对其集中饲养，进行风土驯化，严格选育；其次要慎重过渡，进行合理科学饲养，使之尽快适应当地环境条件；第三要逐步推广应用；第四要积极开展品系繁育，改进缺点，建立自我综合品系。

小结

本章介绍了部分蛋鸡品种及优良特性和生产性能，并对引种的要求和引种过程中应注意的事项进行了阐述，养殖者应详细了解不同品种的生产性能，为以后的生产管理打下基础。

提示问答

1. 通过阅读，你认为白壳蛋鸡、红壳蛋鸡和粉壳蛋鸡在生产性能

等方面有哪些不同？

2. 在引进鸡雏时应注意哪些方面的问题？

3. 引进蛋鸡品种个体选择时应注意那些内容？

第四章

无公害饲料的配制

阅读指南 本章根据标准化无公害的原则，结合我国养鸡生产的实际，对蛋鸡生产过程中无公害饲料原料及饲料添加剂的选购、饲料添加剂使用中存在的主要问题及关键技术要求、无公害饲料的相关标准及无公害饲料对鸡蛋品质的影响、自配饲料常见问题及配合原则、饲养标准及无公害饲料的配制技术进行了详述，并推荐了几个饲料配方。

第一节 无公害饲料原料

无公害饲料就是对环境、对消费者安全的饲料。其优势在于：在无公害饲料中应该更严格地使用理想蛋白质模式和可消化氨基酸配方技术进行日粮配制，通过使用合成氨基酸降低日粮中蛋白质的含量，从而达到减少动物向环境中排放氮的目的；节约了蛋白质饲料的用量，提高了经济效益；能改善动物舍内空气质量，达到减少疾病的目的；减少环

境污染，生产无公害农产品时我国对农产品产地的灌溉水质标准、大气质量标准、土壤环境质量标准、农产品卫生标准都有严格规定。

一、能量饲料

我国定义为能量饲料是指干物质中粗纤维含量低于18%，粗蛋白含量低于20%的饲料。能量饲料是供给家禽能量的主要来源，在配合日粮中所占比例最大，为50%～70%。

（一）谷实类饲料

谷实类饲料主要来源于禾本科植物的籽实，饲料中需要量非常大，鸡日粮中占50%～70%。我国常用的籽实饲料有玉米、大麦、高粱、燕麦、黑麦、小麦和稻谷等。谷实类饲料含能量高，粗纤维少（一般低于3%），适口性好，消化率高，价格便宜，是家禽的优良饲料。但是，谷实类饲料也有其不足：一是粗蛋白含量低（8%～12%），蛋白质品质比较差，赖氨酸、苏氨酸和色氨酸含量较低，蛋氨酸的含量也不高，所以，无论是蛋白质的含量还是氨基酸的比例均不能满足需要，一定要和蛋白质饲料配合使用；二是钙的含量大大低于磷的含量，且比例不适。因此应用时要注意钙的补充；三是缺乏维生素A和维生素D。

玉米在日粮中的用量不受限制，如果能够满足饲养标准中的蛋白质和钙磷的要求，能量饲料可以全部用玉米解决，鸡的日粮中玉米可占50%～70%。高粱含有单宁，影响含硫氨基酸的吸收利用，所以，用高粱做饲料时要注意补加蛋氨酸。高粱有苦涩味，影响家禽的适口性。高粱用做饲料的量并不大，尽量不要用以高粱为主的日粮。用高粱喂鸡，用量可在5%～15%之间。大麦用于雏禽饲料时，要注意用量，超量会使家禽发生肠道疾病。一般用量占日粮的10%～15%。稻谷种子外壳粗硬，粗纤维含量约为10%，有用能值低于玉米。稻谷蛋白质约为8%，赖氨酸和含硫氨基酸都较低。去掉壳的稻谷称糙大米，它的粗纤维含量2%，蛋白质8%，糙大米的营养价值比稻谷高，它的消化率和能量与玉米相似。

(二)糠麸类饲料

糠麸类包括碾米、制粉加工的主要副产品,包括米糠、麸皮、玉米糠、谷糠等,其消化率和能量低于它们的籽实;粗蛋白含量高于它们的籽实;必需氨基酸较丰富,含有丰富的B族维生素;钙磷比例极不平衡。麸皮中含锰和B族维生素较多,米糠中含脂肪较多。糠麸类饲料价格低廉,但能量价值偏低,粗纤维含量高,容积大,因此用量不宜过大。

麸皮比重轻,体积大,含能值低,粗纤维含量高,饲料用量不宜过大。雏鸡和成年产蛋鸡用量可占日粮的5%～7%,育成鸡可占日粮的10%～20%。米糠中脂肪、粗蛋白及B族维生素等含量均高,粗纤维含量高,钙磷比例含量不当,粗脂肪中不饱和脂肪酸含量高,易氧化酸败,不宜储藏。含植酸多,会造成钙、镁、锌、铁及其他矿物质利用率的降低,故饲料中用量不宜太大,一般占饲料的5%～8%。

(三)淀粉质的块根、块茎饲料

这些饲料适口性好,价格便宜,但含蛋白少,矿物质不平衡,家禽饲料中应少量添加,且最好煮熟后再喂,可提高消化率。

(四)油脂类饲料

油脂类饲料含能量高,适用于配合高能日粮。添加油脂可减少混合粉料的飞扬,减少饲料浪费,提高适口性;促进生长,提高饲料利用率;促进颗粒饲料的成型,提高商品性;有助于饲料的均匀和稳定。一般油脂类饲料的添加可占日粮的2%～4%。

二、蛋白质饲料

蛋白质饲料是指干物质中粗纤维含量低于18%,粗蛋白含量等于

或高于20%的饲料。常见的有饼粕类、豆类、动物性饲料及其他类。这类饲料是家禽所必需的。这类饲料因来源不同可分为植物性蛋白质饲料、动物性蛋白质饲料和微生物性蛋白质饲料。

(一)植物性蛋白质饲料

植物性蛋白质饲料包括饼粕类饲料、豆科籽实及加工副产品。饼粕类饲料是家禽日粮中的主要蛋白质饲料,使用广泛,用量大。常用的有大豆饼、花生饼、棉籽饼、菜籽饼、芝麻饼及向日葵饼等。各种油料籽实共同特点是油脂与蛋白质含量高,无氮浸出物含量比一般谷物类低。

1.豆饼和豆粕 是我国最常用的一种植物性蛋白质饲料的来源,约占饼(粕)类总量的70%。豆饼、粕类饲料是最富营养的一种饲料,通常蛋白质含量40%~48%,其中豆粕的蛋白质含量稍高,为42%~48%,豆饼稍低(39%~43%)。对于以豆饼(粕)+玉米为主的饲粮中,在生长期和产蛋期的家禽饲粮中应注意添加钙、磷。豆饼(粕)中B族维生素较少,生产中应注意补充。豆饼(粕)应熟喂,不应生喂,生的饼(粕)中含有抗胰蛋白酶、尿素酶、血球凝集素、皂角苷等,最主要的是抗胰蛋白酶。大豆饼(粕)的制作过程既不能加热过度,又不能加热不足,否则影响蛋白质的质量。加热程度不同对蛋白质品质的影响参见表4-1。一般熟豆饼(粕)可占日粮的10%~30%。

表4-1 加热程度不同的大豆粕的品质

加热程度	蛋白质相对利用率(%)	可溶性蛋白质(%)	尿素酶活性(pH增值法)	胰蛋白酶活性抑制(%)
加热适当	100	14.2	0.2	33
加热过度	91	5.1	0.05	15
加热不足	78	41.6	1.70	57
未加热	40	76.2	1.90	57
生大豆	33	76.4	1.75	57

2.花生饼(粕) 适口性极好,能值高,鸡的代谢能可达12.54 MJ/kg。虽然花生饼(粕)中赖氨酸、蛋氨酸利用率高,但仍不能满足家禽需要,

必须补充。其他氨基酸的组成比例也不佳，所以在使用时，应考虑与其他蛋白质饲料合理搭配，以提高使用效果和蛋白质的利用率。花生饼(粕)本身虽无毒，但易感染黄曲霉毒素，导致禽类中毒，所以雏禽一般不使用花生饼(粕)，而其他家禽的用量亦应控制在10%以下。

3.棉籽饼(粕) 含有对家禽有害的游离棉酚，因而使之在家禽饲料中受到限制。家禽对游离棉酚敏感，生长鸡配合饲料中游离棉酚的含量不应超过100 mg/kg，产蛋鸡不超过20 mg/kg。用作饲料的棉籽饼(粕)一定要脱毒，目前一般采用煮沸并加0.5%～1.0%的硫酸亚铁进行脱毒。由于棉籽饼(粕)能值低、蛋白品质和适口性较差等原因，即使不考虑棉酚的毒性，家禽日粮中也不能大量使用棉籽饼(粕)，用量一般为3%～7%。

4.菜籽饼(粕) 菜籽饼(粕)是油菜籽榨(浸)油后所得。菜籽饼(粕)营养价值因加工工艺不同而有差异。粗蛋白含量33%～39%，粗纤维12%，无氮浸出物30%，有机物消化率70%，鸡的代谢能7.11～8.37 MJ/kg。菜籽饼(粕)蛋白质消化率低于大豆饼(粕)，碳水化合物为不易消化的淀粉，雏鸡无法利用。一般蛋鸡、种鸡菜籽饼(粕)的用量控制在5%左右。

5.向日葵饼(粕) 向日葵脱壳后的饼(粕)粗蛋白质含量40%～50%，粗纤维10%以下。不脱壳的葵花饼粗纤维含量太高，家禽日粮中很少使用。与豆饼相比，葵花饼的钙磷和B族维生素的含量丰富，尤其是硫胺素、核黄素、烟酸的含量更为丰富，且不含有抑制家禽生长的有害物质。脱壳的葵花饼(粕)可作为家禽的蛋白质饲料，一般鸡的日粮中应控制在20%以下。

6.芝麻饼(粕) 芝麻饼(粕)不含有对家禽有毒害作用的物质，是安全的饼(粕)类饲料。芝麻饼(粕)蛋白质含量40%～46%，粗纤维6.9%，代谢能9.2 MJ/kg。赖氨酸含量低，蛋氨酸含量高，精氨酸、亮氨酸含量也较高。芝麻饼(粕)中含有较高的植酸，对家禽饲粮中其他元素如钙、锌、镁的利用有影响，易造成禽的软脚症，因此生产中使用时应注意用量，鸡的饲料中一般不超过10%，雏鸡最好不用。将芝麻饼

(粕)、棉籽饼(粕)、花生饼(粕)混合使用,氨基酸可得到互补,效果较好。

(二)动物性蛋白质饲料

动物性蛋白质饲料主要是指用做饲料的水产品、畜禽加工的副产品及乳、丝工业的副产品。我国作为动物性蛋白质饲料的主要有鱼粉、肉骨粉、血粉、羽毛粉、蚕蛹粉等。动物性蛋白质饲料蛋白质含量高,一般都在50%以上,蛋白品质好,赖氨酸含量丰富。矿物质含量多,尤其钙、磷含量高且比例适宜,畜禽利用率高。维生素A、维生素D和B族维生素含量丰富,尤其硫胺素和钴胺素。在绿色食品生产中动物性蛋白质饲料的使用有些已受到限制,使用时应严格按照国家2004年10月1日起施行的《动物源性饲料产品安全卫生管理办法》有关规定执行。

1. 鱼粉　是目前使用最广泛的动物性蛋白饲料,也是家禽饲料中品质最优、效果最好的动物性蛋白质饲料。鱼粉蛋白质和氨基酸含量全面,比例平衡。使用鱼粉时要注意以下几点:一是使用量不要过大,使用不当会造成肌胃糜烂;二是要符合国家卫生标准,特别是要防止大肠杆菌和沙门氏菌的污染;三是鱼粉中含盐,要防止食盐中毒;四是要与植物饲料配合适当,使氨基酸得到平衡。

2. 肉骨粉　肉骨粉原料不同,营养价值差别很大。肉骨粉蛋白质含量较高,家禽利用变化大,氨基酸组成不佳,赖氨酸含量较高,蛋氨酸及色氨酸不足;肉骨粉是良好的钙、磷来源;维生素B_{12}含量较多,烟酸、胆碱含量也不少,但维生素A、维生素D较少。肉骨粉的饲料价值低于鱼粉及大豆饼,且品质稳定性差,用量掌握在6%以下为宜,并要补充缺乏的氨基酸,注意钙、磷平衡。新鲜的肉骨粉脂肪含量高,极易氧化酸败,使用时要特别注意。

3. 血粉　血粉氨基酸含量不平衡,赖氨酸高,蛋氨酸和色氨酸不足。血粉消化利用率低,适口性差,家禽日粮中不宜多用,一般1%～3%,过多会引起腹泻。患有传染病的畜禽血液不可制作血粉,以防疾病传播。

4.羽毛粉　羽毛粉蛋白质含量高，但品质较差，赖氨酸、蛋氨酸、色氨酸和组氨酸含量低，且利用率也低，羽毛粉的适口性较差，日粮中必须限制使用，否则会影响家禽的生长，降低饲料报酬，一般用量1%～3%。

5.蚕蛹粉　蚕蛹粉蛋白质含量高，品质好，富含钙磷及B族维生素，是优质的蛋白质饲料。有条件地区可适当使用，一般用量5%左右。腐败变质的蚕蛹粉不可用。

(三)微生物性蛋白质饲料

微生物性蛋白质饲料最主要的是饲料酵母。它价格便宜，蛋白质含量40%～60%，但蛋白质消化率不高；赖氨酸含量较高，蛋氨酸较低；维生素A不高，B族维生素丰富，B_{12}含量不高；矿物质中钙少磷多。目前饲料酵母在养禽业用量越来越大，因饲料酵母蛋氨酸缺乏，应补充或与鱼粉混用，雏鸡饲料一般添加2%～3%，蛋鸡饲料可添加2%～5%。

三、矿物质饲料

矿物质饲料尽管在饲料中所占比例不大，但必须添加，否则，家禽生产性能下降，并表现缺乏症；添加量又不能太大，否则易出现中毒。

(一)含钙饲料

主要用石粉，即石灰石粉，为天然的碳酸钙。石灰粉中含纯钙35%以上，是补充钙最廉价、最方便的矿物质饲料。石灰石，只要铅、汞、砷、氟的含量不超过安全标准，都可用做饲料。禽用石粉的粒度为26～28目，雏鸡饲料中可加1%，成鸡饲料中可加2%～6%。蛋壳和贝壳粉也可作为钙的补充料，新鲜蛋壳和贝壳烘干制成的粉含有一定的有机质，如蛋壳粉含粗蛋白质达12.42%，钙24.4%～26.5%，因此，用新鲜蛋壳粉应注意消毒以防蛋白质腐败，甚至带来传染病。贝壳粉也有同样问题，贝壳粉是最好的矿物质饲料，一般占日粮的2%～8%。

贝壳粉、蛋壳粉和石粉可配合使用。

(二)含磷饲料

常用的为磷酸的钙盐和钠盐,与含钙饲料不同,补饲本料往往引起两种矿物质同时变化。使用磷酸氢钙时,一定注意含氟量不能超过0.04%。

(三)钙与磷平衡的矿物质饲料

除上述磷酸氢钙具有同时补充钙磷之外,还有各种骨粉和骨制的磷酸钙盐。使用骨粉做饲料时,要注意氟中毒,骨粉制作时要重视脱氟问题。一般饲料中骨粉用量为1%～3%。几种矿物质饲料钙、磷含量可参见表4-2。

表4-2　常见钙、磷饲料的钙、磷含量

饲料	钙(%)	磷(%)	饲料	钙(%)	磷(%)
煮骨粉	24.53	10.95	磷酸氢钙(商业用)	24.32	18.97
煮骨粉(脱脂)	25.40	11.65	磷酸氢钙(化学纯)	29.46	22.79
蒸汽处理骨粉	30.71	12.86	过磷酸钙	17.12	26.45
蒸汽骨粉(脱脂)	33.59	14.88	磷酸氢钠		25.80
骨制沉淀磷酸钙	28.77	11.35	磷酸氢二钠		21.81

(四)食盐

饲料配制时要根据饲料实际含盐量考虑食盐添加量,防止食盐不足或过量。影响饲料中食盐添加量的因素要考虑:粗纤维高,增加食盐;钙磷缺乏降低食盐添加;磷增加时,可减少食盐用量;钙含量过高时,增加食盐含量;食盐用量大时增加锰的用量。家禽饲料中食盐含量一般0.3%～0.5%。

(五)微量矿物质饲料

微量元素需要量很少,可直接按照计算得到的量添加,计算方法可参见第五节微量元素预混料的配制。

四、饲料添加剂

饲料添加剂是为满足特殊需要而加入饲料中的少量或微量物质。由能量饲料、蛋白质饲料和矿物质饲料组成的基础日粮只能满足家禽对主要养分的需要,而其他多种养分如氨基酸、微量元素和维生素等必须由添加剂补充。饲料添加剂可分为营养性添加剂、一般性添加剂和药物性添加剂。这一问题将在本章第三节详述。

五、选购饲料原料及饲料添加剂应注意的事项

(一)选购饲料原料应注意事项

选购饲料原料时要使生产的饲料产品达到消化率高、营养变异小、增重快、排泄少、污染少、有毒有害成分含量低、安全性高、无公害的原料。质量要符合《中华人民共和国国家标准》。主要包括以下一些内容。

(1)籽粒整齐,色泽新鲜一致;

(2)水分含量、发霉变质粒数、虫蛀、发芽等的限量符合标准;

(3)色泽、气味要正常,有异味的应避免使用;

(4)无发酵、结块;

(5)不得掺入饲料用原料以外的杂质,若加入抗氧化剂、防霉剂等添加剂时,要做相应说明。

除上述要求之外还应知道饲料原料中蛋白质及氨基酸含量、代谢

能的含量、钙和磷的含量、对于植物性饲料原料要知道纤维素含量。

购买时最好请卖方将原料送往有资质的化验室化验，并将化验报告附送给养殖户。同时购买者应偶尔将购得原料送往化验，以抽验是否与附送的化验结果相符。这样长时间积累后可根据化验结果确定价格，例如玉米饲料中含蛋白质应为8.2%以上，而某批原料其蛋白质含量为7.5%，则此批原料自然价格应较低，又如饲料中含水量高，不但饲料易发霉而且对买方也不利。饲料原料的标准目录可参见表4-3。

表4-3　饲料原料国家标准目录

饲料原料标准名称	标准号	饲料标准原料名称	标准号
饲料用玉米	GB 10363—89	饲料用大豆饼	GB 10379—89
饲料用稻谷	GB 10365—89	饲料用大豆粕	GB 10380—89
饲料用皮大麦	GB 10367—89	饲料用花生饼	GB 10381—89
饲料用高粱	GB 10364—89	饲料用花生粕	GB 10382—89
饲料用小麦	GB 10366—89	饲料用黑大豆	GB 10383—89
饲料用小麦麸	GB 10368—89	饲料用大豆	GB 10384—89
饲料用米糠	GB 10371—89	饲料用蚕蛹粉	GB 10386—89
饲料用菜籽饼	GB 10374—89	骨粉及肉骨粉	GB 8936—88
饲料用向日葵仁粕	GB 10376—89	鱼粉	SC 118—83
饲料用向日葵仁饼	GB 10377—89		

注：该表只摘录了常见鸡的饲料原料。

（二）选购饲料添加剂应注意事项

1.单一添加剂　按照《无公害食品 蛋鸡饲养饲料使用标准》饲料添加剂应符合下列要求。

(1) 感观要求，具有该品种应有的色、嗅、味和组织形态特征，无异味、异臭；

(2)有害物质及微生物允许量应符合GB 13078及相关标准的要求；

(3)饲料中使用的营养性饲料添加剂和一般性饲料添加剂产品应是规定的品种和农业部公布的允许使用的新饲料添加剂；

(4)饲料中使用的饲料添加剂产品应是取得饲料添加剂产品生产许可证的企业生产的、取得产品批准文号的产品；

(5)饲料添加剂的使用应按照产品饲料标签所规定的用法、用量使用；

(6)产蛋期及开产前5周鸡饲料中不应使用药物饲料添加剂(中草药有特殊规定的除外)。

除此之外还应注意下面几点：详细的成分；详细的使用说明(包括使用量、使用范围等)；必须为批准使用的添加剂；“正式”的研究报告；最好也能说明作用机制，即这种添加剂为什么有这个效果；最好让其提供化验报告；注意生产日期及储存条件；如果添加量很低时，自配饲料时是否能将其混合均匀，如不能，宁可购买预混料；购买矿物质时注意鸡对该种矿物质的有效利用率。

2.预混料　按照《无公害食品 蛋鸡饲养饲料使用标准》要求添加剂预混合饲料要符合下列规定。

(1)感官要求：色泽应一致，无霉变、结块及异味、异臭；

(2)有害物质及微生物允许量应符合GB 13078及相关标准的要求；

(3)不应使用违禁药物；

(4)不应使用药物饲料添加剂；

(5)产品成分分析保证值应符合标签和相应标准所规定的含量；

(6)使用时应按照产品饲料标签所规定的用法、用量使用；

(7)宜使用植酸酶，减少无机磷的用量。

除上述规定还应注意下列事项：预混料中含有哪些成分，各种成分含量；注意生产日期及储存条件，不可储存太久，是否有结块、发霉等现象；价格是否合理；购买的种类要适合不同的使用阶段。

第二节　无公害饲料添加剂

一、无公害饲料添加剂

饲料添加剂是指在饲料加工、制作、使用过程中添加的少量或者微量物质，包括营养性饲料添加剂和一般性饲料添加剂。饲料添加剂的使用要按照中华人民共和国国务院关于《饲料和饲料添加剂管理条例》执行。

（一）营养性饲料添加剂

营养性饲料添加剂是指用于补充饲料营养成分的少量或者微量物质，包括饲料级氨基酸、维生素、矿物质微量元素、酶制剂、非蛋白氮等。

1. 氨基酸添加剂　一般配制的基础日粮中，常存在氨基酸不平衡现象，可用人工合成的氨基酸来平衡日粮中氨基酸的比例，提高蛋白质利用率，充分利用蛋白资源，减少饲料浪费，提高经济效益。氨基酸添加剂主要有蛋氨酸、赖氨酸、色氨酸和苏氨酸。氨基酸从化学结构看，除甘氨酸外，都存在 *d*-型和 *l*-型。一般 *d*-型吸收较差，*l*-型吸收率高。

（1）蛋氨酸：在饲料中添加蛋氨酸是为了补充蛋氨酸的不足，但实际上，由于蛋氨酸和胱氨酸都是含硫氨基酸，且蛋氨酸在体内可转化为胱氨酸，因此，在给家禽补充蛋氨酸的同时也给家禽提供了一定的胱氨酸。所以，家禽考虑氨基酸的需要时，通常将蛋氨酸与胱氨酸同时考虑。鱼粉中蛋氨酸含量较多，故饲料中如添加鱼粉，添加蛋氨酸的量可稍低，一般 0.1%，无鱼粉日粮一般加 0.1%～0.2%。我国制定的饲料添加剂 *dl*-蛋氨酸进口检测质量标准，主要指标见表 4-4。

表 4-4　饲料添加剂蛋氨酸进口检测质量标准

项目	指标	项目	指标
$C_5H_{11}NO_2S$(%)	≤98.5%	重金属(以 Pb 计)(mg/kg)	≤20
氯化物(%)	≤0.2	砷(以 As 计)(mg/kg)	≤20
水分(%)	≥0.5		

(2)赖氨酸:家禽仅能利用 *l*-赖氨酸,*d*-赖氨酸不能利用。天然饲料中可被利用的赖氨酸一般只有化学分析值的 80%左右,故在添加赖氨酸时要考虑饲料中赖氨酸的有效含量;*l*-赖氨酸酸盐的生物活性为 *l*-赖氨酸的 78.8%左右,计算配方时,应注意相互之间效价换算。家禽日粮在缺乏动物性饲料和豆饼时,必须添加赖氨酸。以淀粉、糖质为原料,经发酵提取制得的 *l*-赖氨酸酸盐的标准要求参见表 4-5。

表 4-5　*l*-赖氨酸酸盐质量标准

项目	指标	项目	指标
含量(以 $C_6H_{14}N_2O_2$·HCL 干质计)(%)	≥98.5	烧灼残渣(%)	≤0.3
		铵盐(以 NH_4^+ 计)(%)	≤0.04
比旋光度(°)	+18.0～21.5	重金属(以 pb 计)(%)	≤0.003
干燥失重(%)	≤1.0	砷(以 As 计)(%)	≤0.000 2

(3)色氨酸:*dl*-色氨酸的相对活性对鸡为 50%～60%,计算配方应注意换算;体内色氨酸可转化为烟酸,故色氨酸的需要量与烟酸水平有关;有报道认为,色氨酸具有抗应激作用。

(4)苏氨酸:常用的为 *l*-苏氨酸,为无色至黄色结晶,有极弱的特殊气味,易溶于水,不溶于无水乙醇、醚和三氯甲烷。一般以麦类等谷物为主的饲料,往往需添加苏氨酸。

2. 维生素添加剂　维生素添加剂可分为雏鸡、育成鸡、产蛋鸡和种鸡用数种。家禽日粮中需添加的有维生素 A、维生素 D、维生素 E 和维生素 K 4 种脂溶性维生素和 9 种水溶性维生素,即维生素 B_1、维生素 B_2、维生素 B_6、维生素 B_{12}、泛酸、叶酸、胆碱、生物素和烟酸。脂溶性维生素含量与国际单位(IU)换算关系见表 4-6。

表 4-6　脂溶性维生素质量与国际单位(IU)换算表

维	生　　素	1 个国际单位(IU)相当的质量
维生素 A	醋酸维生素 A(μg)	0.344
	视黄醇(μg)	0.3
	丙酸维生素 A(μg)	0.4
	棕榈酸维生素 A(μg)	0.55
	β-胡萝卜素(μg)	0.6
维生素 D	维生素 D_3(μg)	0.025
维生素 E	*dl*-α 生育酚醋酸盐(mg)	1
	dl-α 生育酚琥珀酸盐(mg)	1.12
	dl-α 生育酚(mg)	0.909
	d-α-生育酚醋酸盐(mg)	0.735
	d-α-生育酚(mg)	0.671
	d-α 生育酚琥珀酸盐(mg)	0.826

饲料添加剂之间存在协同作用与拮抗作用,若将有协同作用诸成分配合在一起使用,其功效能大于各自功效的总和,收到事半功倍的效果;反之则会使其功效小于各自功效,甚至无效和产生毒副作用。脂溶性维生素对大部分矿物质不稳定;在潮湿或含水量较高的条件下,脂溶性维生素对各种因素的稳定性均降低。规模化养殖中一般饲料中需要补充维生素添加剂,添加时,依据饲养标准和产品说明。饲养标准中规定的维生素需要量为"最低需要量",是指能消除和防止维生素缺乏症所需要的日粮含量。实际应用时,由于维生素的不稳定性,要根据环境条件、加工工艺、饲料储存时间、日粮组成、饲养方式、鸡的日龄、疾病、应激与否适当增加添加量。表 4-7 列出了各种不利因素对维生素需要量的影响;表 4-8 列出了全价饲料中各种因素对维生素稳定性的影响。仅供参考。

表 4-7　各种不利因素对维生素需要量的影响

因素	受影响的维生素	需要量的增加(%)
饲料成分	所有维生素	提高 10～20
环境温度	所有维生素	提高 20～30
舍饲笼养	B 族维生素,K	提高 40～80
未稳定的脂肪	A,D,E,K	提高 100
球虫、蛔虫、线虫	A,K 及其他	提高 100
亚麻籽饼(粕)	B_6	提高 50～100
痢疾	A,E,K,C	提高 100
应激	A,D,E,K,C,B_2,B_3,B_{12}	提高 30～100

表 4-8　维生素预混剂在全价配合饲料中的稳定性

维生素	稳　定　性
A(醋酸脂、棕榈酸脂)	取决于储存条件,在高温、潮湿、微量元素作用和脂肪酸败情况下,稳定性的破坏加强
D_3	类似维生素 A 的情况
E	α-生育酚醋酸酯在添加剂预混料中,在 35℃,可保存 3～4 月,在全价料中可保存 6 个月
K_3	取决于储存条件,在预混料中对水分、微量元素、pH 值和高温敏感;在粉状全价料中相当稳定,在制粒过程中有损失;使用了稳定化了的形式可使损失减半
B_1	每月损失 1%～2%。硫酸硫胺素形式的 B_1 添加剂比盐酸硫胺素 B_1 形式的稳定;对热、氧化剂和还原剂敏感,理想的 pH 值为 3.5
B_2	在妥善储存条件下全年只有 1%～2%的损失,还原剂(硫酸亚铁、维生素 C)和碱降低其稳定性
B_6	正常损失每月不到 1%,pH 值<6 时对光和热敏感,但很少发生稳定性问题
B_{12}	正常损失每月为 1%～2%,在高浓度氯化胆碱、还原剂和强酸条件下逐渐分解,在粉状全价饲料中极稳定
泛酸	正常每月损失不到 1%,高湿、热和酸性环境损失大
胆碱	在添加剂预混料和全价配合料中极稳定
烟酸	正常每月损失不到 1%

续表 4-8

维生素	稳定性
叶酸	粉料中稳定，对光敏感，pH 值<5 稳定性差；在氯化胆碱、微量元素存在的添加剂预混料中不稳定
生物素	正常每月损失不到 1%
维生素 C	室温条件储存 4～8 周损失可达 10%，对水分、光线、制粒过程、微量元素敏感

3. *微量元素添加剂*　这类添加剂主要补充饲料中微量元素的不足。一般饲料原料中微量元素含量很低，可忽略不计，添加时，按家禽需要直接以无机盐的形式经计算补充到饲料中。矿物微量元素添加剂在日粮中的添加量很少，而过量对动物有害，此外纯度不同，其生物学效价也不同，因此，对其产品质量要求比较高，对纯度和有害物质都有规定。应用微量元素化合物时，要选用家禽易吸收的化合物，使家禽对微量元素化合物的吸收利用率高，提高经济效益。各种微量元素化合物的生物学利用率见表 4-9。

表 4-9　各种微量元素化合物的生物学利用率

元素	化合物	生物利用率(%)	元素	化合物	生物利用率(%)
铁	硫酸亚铁	100		碳酸锰	90
	氯化亚铁	98	锌	氧化锌	92
	氯化铁	44		硫酸锌	100
	硫酸铁	83		碳酸锌	100
	氧化铁	4	硒	亚硒酸钠	100
	碳酸亚铁	2～6		硒酸钠	58±22
铜	硫酸铜	100		硒化钠	42
	碳酸铜	80		硒元素	17±9
锰	二氧化锰	80	钴	5 水硫酸钴	100
	氧化锰	90		1 水硫酸钴	100
	硫酸锰	100		氯化钴	100

微量元素常含有对家禽有害的元素，这些元素对家禽毒性大，对其

在饲料用微量元素中的含量国家有严格规定，超过此标准将不允许用作微量元素饲料添加剂。饲料用微量元素化合物的规格见表 4-10。

表 4-10 饲料用微量元素化合物规格

有害元素	最高含量(mg/kg)	有害元素	最高含量(mg/kg)
砷	10	汞	0.1
铅	30	镉	10
氟	2 000		

4. 酶制剂　饲用酶制剂是一绿色节粮型饲料添加剂，饲料用酶已有 20 种。目前除植酸酶有单一酶产品外，其余饲用酶制剂大多是包含多种酶的复合制剂。应用较多的有纤维素酶、葡聚糖酶、木聚糖酶、淀粉酶、蛋白酶、果胶酶和植酸酶等。农业部规定饲料中允许使用的酶制剂有 12 种(表 4-15)。酶制剂的用量一般为饲料的 0.04%。

(二)一般性饲料添加剂

1. 抗氧化剂　我国已批准使用的抗氧化剂有 4 种：乙氧喹、二丁基羟基甲苯(BHT)、丁基羟基茴香醚(BHA)、没食子酸丙酯。乙氧喹(商品名为山道喹)抗氧化能力强，是维生素 A 的稳定剂，用量不能超过 150 mg/kg。乙氧喹不仅用于配合饲料，还较大量地用于鱼粉。二丁基羟基甲苯则主要用作食品抗氧化剂，饲料中主要用于保存不饱和脂肪酸含量较高的饲料，在配合饲料中的用量为 150 g/t，在鱼粉和油脂中的用量为 100～1 000 g/t。二丁基羟基甲苯除具有抗氧化作用外，还具有较强抗菌能力，如 200 mg/kg 可完全抑制饲料中青霉、黑曲霉等的孢子生长；250 mg/kg 可完全抑制饲料中黄曲霉的生长。在使用抗氧化剂时，同时加入某些酸性物质能显著提高抗氧化效果，如柠檬酸、磷酸、抗坏血酸等，一般用量是抗氧化剂的 1/4～1/2。抗氧化剂只能阻碍氧化作用，并不能改变已发生氧化与酸败的后果，因此，要在饲料未氧化前加入，才能发挥抗氧化剂的作用。

2. 防霉剂　我国已正式批准使用的防腐剂 5 类 13 个品种，即丙酸

类包括丙酸、丙酸钠和丙酸钙；甲酸类包括甲酸、甲酸钠和甲酸钙；柠檬酸类包括柠檬酸钠；乳酸类包括乳酸、乳酸钙和乳酸亚铁；富马酸。在配合饲料中应用较多的防霉剂为丙酸及其盐类，其他有机酸如山梨酸、苯甲酸、乙酸、富马酸及其盐类化合物也较常用。防霉剂的用量要根据饲料的含水量和储存时间而定，饲料含水低于12%时，可不必添加；高于12%时，应随含水量增加提高添加量。一般每吨饲料添加量为：丙酸钠1 000 g；丙酸钙2 000 g。

3.*食欲增进剂和品质改良剂*　添加食欲增进剂可增进食欲，提高生产性能。如谷氨酸钠、十香素、茴香、山楂、麦芽等，一般用量0.05%。目前推广应用的增香剂有草类辛辣型禽用调味剂。使用时，如是固体粉状，可直接混入饲料，如是液体，可直接混入饲料，也可制成粉状，再混入饲料，还可直接向饲料表面喷洒。

品质改良剂主要为着色剂。目前我国批准使用的色素有6种(表4-15)，主要用于颗粒饲料生产中，其中用量较大的品种是柠檬黄，用量为每吨10～20 g。有些天然植物中含有较高的胡萝卜素和叶黄素，如红辣椒粉，用量为0.3%。

4.*改善环境的添加剂*　家禽生产环境主要有臭味、氮、磷三种污染，现市场出售的除臭剂是两种天然产品提取物。为改善磷对环境污染，目前主要通过添加植酸酶，提高家禽对饲料中植酸磷的利用率，降低饲料总磷含量，减少磷的排除量。此外，还有一种改善环境的添加剂是环丙氨嗪预混剂，商品名称蝇得净，每1 000 g中含环丙氨嗪10 g。主要用于控制鸡舍内蝇幼虫的繁殖，在饲料中添加，每1 000 kg饲料添加本品500 g，连用4～6周。

(三)药物饲料添加剂

1.*抗菌药物饲料添加剂*　我国批准使用的有10种，有杆菌肽锌、硫酸黏杆菌素、北里霉素、恩拉霉素、维吉尼霉素、泰乐霉素、土霉素钙盐、莫能霉素、盐霉素和拉沙里菌素钠等。抗生素作为饲料添加剂时，要特别注意长期使用造成的药物残留和产生抗药性的问题。在实际生产中要合理使用抗生素添加剂。一是遵照国家有关法规，在已批准的抗生素添加剂中选择，对暂无明确规定的原则上不准使用；二是选用动物专用的、吸收和残留少、不产生抗药性的品种，尽量不用或少用人畜共用的抗生素；三是最好几种抗生素添加剂交替使用或联合用药；四是严格控制抗生素添加剂的使用范围、用量、使用期及停药期，此项应严格按国家有关规定执行；五是一般抗生素添加剂每次投喂时间不超过3～5天。

2. 驱虫剂　主要用来防止家禽的寄生虫。对家禽主要是防止球虫和蛔虫。禽类极易感染球虫，危害极大，所以在家禽饲料中常加球虫药，特别是2～8周龄幼禽。绝大部分抗球虫药添加剂仅适用于雏鸡和生长鸡，产蛋期鸡应禁用；有些抗球虫药与营养物质有拮抗，使用时要注意；另外，最好几种抗球虫药轮换使用，可避免因连续使用产生抗药性。

3. 生长促进剂　主要作用是刺激生长，提高饲料利用率，防治疾病，保障动物健康生长。常用的生长促进剂见表4-12。使用这些药物添加剂用作促生长作用时，一般常用预混剂的形式添加到饲料中。

对于饲料药物添加剂的使用及禁止使用的兽药及其他化合物我国有严格规定。我国规定饲料中长时间添加使用的饲料药物添加剂共33种，主要包括：二硝托胺预混剂、马杜霉素铵预混剂、尼卡巴嗪预混剂、尼卡巴嗪和乙氧酰胺苯甲酯预混剂、甲基盐霉素和尼卡巴嗪预混剂、甲基盐霉素预混剂、拉沙诺西钠预混剂等。对于治疗性的兽药要特别注意适用范围、停药期规定及注意事项。商品饲料中不得添加含有这些兽药成分，这些兽药共有24种，主要包括：磺胺喹噁啉和二甲氧苄啶预混剂、越霉素A预混剂、潮霉素B预混剂、地美硝唑预混剂、磷酸泰乐菌素预混剂等。

表4-11和表4-12摘录整理了农业部[2001]20号文发布的《饲料药物添加剂使用规范》(仅供参考)。

表 4-11　鸡饲料药物添加剂使用规范

品名	标准（g/kg）	用量（g/t）	用途	休药期（天）	备注
二硝托胺预混剂	250	500	球虫病	3	产蛋期禁用
马杜霉素铵预混剂	10	500	球虫病	5	产蛋期禁用
尼卡巴嗪预混剂	200	100～125	球虫病	4	产蛋期禁用
尼卡巴嗪、乙氧酰胺苯甲酯预混剂	250∶16	500	球虫病	9	产蛋期、种鸡禁用；高温慎用
甲基盐霉素预混剂	100	600～800	球虫病	5	产蛋期禁用；禁止与泰妙菌素、竹桃霉素并用
甲基盐霉素、尼卡巴嗪预混剂	80∶80	310～560	球虫病	5	产蛋期禁用；禁止与泰妙菌素、竹桃霉素并用
拉沙洛西钠预混剂	150 或 450	75～125（有效）	球虫病	3	
氢溴酸常山酮预混剂	6	500	球虫病	5	产蛋期禁用
盐酸氯苯胍预混剂	100	300～600	球虫病	5	产蛋期禁用
盐酸氨丙啉、乙氧酰胺苯甲酯预混剂	250∶16	500	球虫病	3	产蛋期禁用；B_1 过大明显拮抗
盐酸氨丙啉、乙氧酰胺苯甲酯、磺胺喹噁啉预混剂	200∶10∶120	500	球虫病	7	产蛋期禁用；每吨中 B_1 大于 10 g 时明显拮抗
氯羟吡啶预混剂	250	500	球虫病	5	产蛋期禁用

续表 4-11

品名	标准(g/kg)	用量(g/t)	用途	休药期(天)	备注
海南霉素钠预混剂	10	500～750	球虫病	7	产蛋期禁用
赛杜霉素钠预混剂	50	500	球虫病	5	产蛋期禁用
地克珠利预混剂	2或5	1(有效)	球虫病		产蛋期禁用
莫能菌素钠预混剂	100或200	90～110(有效)	球虫病	5	产蛋期禁用;禁与泰妙菌素、竹桃霉素并用
盐霉素钠预混剂		50～70(有效)	球虫病	5	产蛋期禁用;禁与泰妙菌素、竹桃霉素并用
硫酸黏杆菌素预混剂	20,40,100	2～20(有效)	G+引起肠道感染	7	产蛋期禁用
牛至油预混剂	25	900	下痢		
杆菌肽锌、硫酸黏杆菌素预混剂	50∶10	2～20(有效)	G+和G−抑菌	7	产蛋期禁用
土霉素钙	50,100,200	10～50(有效)	G+和G−抑菌		产蛋期禁用
吉他霉素预混剂	110,550,950	100～330(有效)	慢性呼吸道病	7	产蛋期禁用
金霉素(饲料级)预混剂	100,150	20～50	G+,G−抑菌	7	产蛋期禁用

续表 4-11

品名	标准(g/kg)	用量(g/t)	用途	休药期(天)	备注
恩拉霉素预混剂	40,80	1～10(有效)	G+抑菌	7	产蛋期禁用
磺胺喹噁啉、二甲氧苄啶预混剂	200∶40	500	球虫病	10	产蛋期禁用
越霉素 A 预混剂	20,50,500	5～10(有效)	鸡蛔虫病	3	产蛋期禁用
潮霉素 B 预混剂	17.6	8～12(有效)	鸡蛔虫病	3	产蛋期禁用
地美硝唑预混剂	200	400～2 500	禽组织滴虫病	3	产蛋期禁用
磷酸泰乐菌素预混剂	20,80,100,220	4～50(有效)	细菌、支原体感染	5	
盐酸林可霉素预混剂	8.8,110	2.2～4.4(有效)	G+菌感染	5	产蛋期禁用
氟苯咪唑预混剂	50,500	30(有效)	胃肠道线虫及绦虫	14	
复方磺胺嘧啶预混剂	125∶25	0.17～0.2	多种菌感染	1	产蛋期禁用
硫酸新霉素预混剂	154	500～1 000	禽的肠炎	5	产蛋期禁用

表 4-12　鸡饲料药物添加剂中生长促进剂使用规范

品名	标准（g/kg）	用量（g/t）	用途	休药期（天）	备注
氨苯砷酸预混剂	100	1 000	促鸡生长	5	
洛克沙胂预混剂	50,100	50(有效)	促鸡生长	5	产蛋期禁用
杆菌肽锌预混剂	100,150	4～40(有效)16 周内	促鸡生长	0	
维吉尼亚霉素预混剂	500	10～40	促鸡生长	1	
那西肽预混剂	2.5	1 000	促鸡生长	3	
盐霉素钠预混剂		50～70（有效）	球虫、促生长	5	产蛋期禁用;禁与泰妙菌素、竹桃霉素并用
硫酸黏杆菌素预混剂	20,40,100	2～20（有效）	革兰氏阴性菌感染、促生长	7	产蛋期禁用
牛至油预混剂	25	50～500	防治下痢、促生长		
杆菌肽锌、硫酸黏杆菌素预混剂	50：10	2～20（有效）	革兰氏阳性菌感染、促生长	7	产蛋期禁用

续表 4-12

品名	标准(g/kg)	用量(g/t)	用途	休药期(天)	备注
吉他霉素预混剂	22,110,550,950	5～11(促生长) 100～330(防治病)	防治病、促生长	7	产蛋期禁用
金霉素(饲料级)预混剂	100,150	20～50(10周内)	抑制细菌感染、促生长	7	产蛋期禁用
恩拉霉素预混剂	40,80	1～10	抑制革兰氏阳性菌感染、促生长	7	产蛋期禁用

(四)其他新型绿色饲料添加剂

1.卵黄抗体 所谓卵黄抗体,是指从免疫禽蛋中提取出的针对特定抗原的抗体。存在于禽卵黄中的免疫球蛋白主要是IgY,IgM、IgA和IgD含量极少。产蛋母鸡被免疫十天左右即产生相应的IgY,且较快达到高峰,可产生较长时间的免疫应答,效价可维持数月至一年以上。卵黄抗体化学性质稳定,产量高,成本低,便于规模化生产。鸡卵黄抗体作为替代抗生素的新型饲料添加剂之一,可以经口服而在小肠内局部发挥作用,不存在药物残留和耐药性的问题,而且卵黄抗体液是蛋白质,有促生长作用。

影响卵黄抗体产生的因素主要有:一是动物本身,蛋鸡的品种是影响卵黄抗体生产的重要因素;二是免疫抗原的特性、剂量及性质是影响机体对外来抗原物质免疫应答反应强度的重要因素之一;三是饲养条件,用于生产卵黄抗体的鸡群需要严格的环境控制,一般采用笼养,饲养密度不要过大,要给蛋鸡提供足够的活动空间。鸡群的防疫工作在卵黄抗体的生产过程中尤其重要。

在鸡卵黄抗体的应用上要注意如何提高抗体的防治效果和降低生产成本的问题;此外,卵黄抗体是高蛋白物质,营养丰富,但在生产过程中极易污染细菌;生产卵黄抗体没有统一的用于监测的质量标准。因此卵黄抗体的应用需一个科学论证和规范的过程。

2.寡糖 寡糖又叫寡聚糖、低聚糖,是相对于单糖和多糖而言的,它是指2～10个单糖通过糖苷键连接的小聚合物的总称,为短链带分枝的糖类碳水化合物。寡糖主要指异麦芽低聚糖、大豆低聚糖、低聚果糖、低聚甘露糖、低聚半乳糖和低聚木糖等,它有低热、稳定、安全无毒等良好理化性质。寡糖的基本功能主要有:①寡糖能促进动物肠道内有益菌增殖,提高动物健康水平。②寡糖能吸附并排出动物消化道的病原菌或抑制其生长,对动物起保健作用。③激活免疫系统,能刺激激活动物特异性免疫,提高其整体免疫功能。④寡糖添加剂既有抗生素的作用,又没有抗生素的抗药性和残留问题,而且也有抗生素不具备的

特性，它能有效破坏饲料中的黄曲霉毒素，消除此毒素对动物的有害影响。⑤提高饲料消化率。⑥作为甜味剂，它具有蔗糖的纯正甜味，能改善饲料的适口性，对畜禽起诱食作用。

我国上市的商品有低聚异麦芽糖、低聚果糖、低聚半乳糖、大豆低聚糖、水苏糖等，主要品种是低聚异麦芽糖。由于寡糖添加剂的应用效果受到寡糖种类、饲料组成和饲养条件等很多因素的影响而效果不恒定，目前该类添加剂尚处于初期阶段。

3. *中草药饲料添加剂*　中草药饲料添加剂具有纯天然性，价格低廉，来源广泛，能起到防病治病，促进生长发育的作用，其独特的优点是长期使用而无药物残留、无抗药性、药效不减和无毒副作用，是良好的"绿色"药物添加剂。中草药饲料添加剂的主要功能是：中草药所含的蛋白质、维生素等对动物机体有营养作用，提高非特异性免疫力；产生激素样作用，调整机体新陈代谢；抗应激作用；抗生素作用；中草药添加剂还能改善饲料适口性，增加食欲，促进消化吸收，抗饲料的氧化和霉变。在蛋鸡日粮中添加中草药饲料添加剂，可显著提高蛋鸡的产蛋率，降低料蛋比和鸡群的死亡率，破蛋率明显下降，种蛋受精率上升，抗应激能力增强，提高了蛋鸡在产蛋高峰期的生产性能。表 4-13 和表 4-14 介绍几种单味中草药和复方中草药饲料添加剂的用途及用量，仅供参考。

表 4-13　几种单味中草药添加剂的使用

名称	用　途	用量(%)	备注
大蒜	提高成活率，提高产蛋率；治球虫、蛲虫	3～5；10	连用 3 天
艾叶粉	可提高产蛋率 4%～5%，加深蛋黄颜色，提高鸡抗病能力	2～2.5	
松针粉	节省禽用维生素；可提高产蛋率 13.8%，加深蛋黄颜色	5～15	

续表 4-13

名称	用　途	用量(%)	备注
苍术	加苍术干粉，并加入适量钙粉，提高消化率，防病，还能加深蛋黄颜色	2～5	
蒲公英	添加蒲公英干粉，有健胃、增进食欲、促进生长等功效，并可预防消化道、呼吸道疾病，提高雏鸡成活率	2～3	
陈皮	添加陈皮干粉，提高消化能力，促生长，增强鸡抗病能力	2～3	
麦芽	能提高饲料适口性，可作为消食健胃添加剂	2～5	

表 4-14　几种复方中草药添加剂的配方及使用

配　方	用　途	用法、用量
穿心莲、昆布各 13.3%，苍术、麦芽、蒲公英各 6.7%，黄柏 33.3%，绿豆 20%，研成粉末	有促生长，提高饲料利用率，提高产蛋率的作用	每只 0.02～0.026 g/天
苦参、仙鹤草、地榆经粉碎后，加入鸡饲料	有较好的防治球虫病的效果	2%
自然铜、大黄、厚朴、胡黄连、黄柏、苍术各 12.5%，白芷 6.3%，乌梅 18.7%制成干粉	有防治禽霍乱的功用	每只 2.4 g/天
使君子、乌梅各 28.6%，苦陈皮、槟榔、鹤虱各 14.3%，同研成细粉	可用做驱蛔虫	以每公斤体重 1 g 拌入饲料，空腹饲喂，10 天后再喂一次

4. 生物肽添加剂　生物活性肽饲料添加剂是一种绿色营养型饲料添加剂，是根据分子生物学理论，应用现代生物工程和基因工程技术，以酶解法所得的具有生物活性并可促进动物生长和保健的有机物质，它是一类分子量小于 6 000 道尔顿的多肽和不到 10 个氨基酸组成的小肽。

(1)生理活性肽主要有：抗菌肽、神经活性肽、激素肽和调节激素的肽、酶调节剂和抑制剂、免疫活性肽、矿物元素结合肽等。

(2)抗氧化肽,人们最熟悉的是存在于动物肌肉中的一种天然二肽——肌肽。

(3)调味肽主要有:酸味肽、甜味肽、苦味肽、咸味肽、增强风味的肽等。

(4)营养肽,是以肽的形式供给动物氨基酸,具有更大的优越性,尤其在动物的快速生长阶段。

生物活性肽,具有抗菌、免疫、促生长及调味和改变饲料味觉等功能,且其本身是动物体天然存在的生理活性调节物,不会对环境造成任何不良影响,可以替代某些抗生素和生长促进剂。

生物活性肽在饲料工业中的应用仍处于初始阶段,目前主要应用于以下几个方面:①可替代部分抗生素。作为天然防腐剂,提高饲料品质。由于抗菌肽的热稳定性一般较高,这一特性使它们成为动物饲料中理想的防腐剂替代品。②作为矿物元素载体,促进机体对矿物质的吸收,防治相应的缺乏症。③改善饲料风味,提高饲料适口性。④满足畜禽的营养需要,促进机体生长。

5.有机微量元素　有机微量元素包括蛋白质螯合物、络合物和复合物。目前在市场上见到的有机微量元素的种类大体可分为三类:①单一氨基酸微量元素螯合物,这类产品组成固定,性质也比较稳定。②混合氨基酸或多肽微量元素螯合物,这类产品的组成不固定,稳定性差,生物学利用率较低。③含氮杂环羧酸微量元素螯合物。有机形式的微量元素与无机微量元素比较具有下列优点:稳定的化学性质,不吸潮结块,有利于预混生产;较高的生物学效价,改善金属元素的吸收利用,如有机锌和无机锌相比,以硫酸锌的生物学利用率为100%,则蛋氨酸-锌和氨基酸-锌的生物学利用率分别为121%和149%;毒性低、适口性好;具有抗干扰、抗应激作用;减轻饲料中营养元素被破坏的程度,不氧化破坏维生素,便于微量元素与维生素混合生产预混料;满足动物特殊时期的需要;维持机体内环境的稳定;安全环保作用。

用有机微量元素饲喂蛋鸡的效果是增加产蛋率(9.72%~12.51%),延长产蛋期,改善蛋的品质,特别是蛋壳的质量。还可以改善家禽的体重和饲料利用率，提高胸肉产量及蛋壳质量（用迪卡蛋鸡试验，试验组总产蛋重和产蛋率分别比对照组提高 21.02％和 12.8％，料蛋比和软、破蛋率分别降低 20.74％和 31.79％），增强机体的免疫力，此外也可以提高种禽受精率，提高孵化率（2.15％），繁殖率提高（繁殖率提高 1.6 ％，死胎率降低 1.45％），蛋壳强度得到改善。减少育雏死亡率。

6.微生物添加剂 关于微生物饲料添加剂的概念有多种说法，综合各种说法可理解为：可通过改善动物肠道菌群平衡而对动物起有益作用的活性微生物添加剂，微生物添加剂也称活菌制剂。农业部批准使用的饲用微生物添加剂共计 12 种（表 4-15）。目前以芽孢杆菌、乳酸杆菌研制为主，产品多为单一菌剂。

微生物添加剂按菌种可分为：①乳酸菌类添加剂，此类菌是动物胃肠道中存在的正常菌。各地所采用的乳酸菌主要有：嗜乳酸杆菌、乳酪乳杆菌、发酵乳杆菌、双歧乳杆菌、纤维二糖乳杆菌等。②芽孢杆菌类添加剂。目前上市的主要有：枯草杆菌、地衣多糖杆菌、蜡样芽孢杆菌和 Toyi 杆菌等的单一菌制剂和混合菌制剂。③酵母菌添加剂：当前上市的主要由产朊酵母、假菌丝酵母、酿酒酵母等制成的复合菌制剂。另外，还有按菌株组成划分、按作用机制划分等。

微生物添加剂能够在数量或种类上补充动物肠道内减少或缺乏的正常微生物、调整或维持肠道内微生态平衡，增强机体的免疫能力和机体的抗应激能力，减少动物疾病，提高生产性能，具有抗病、治病、促进生长多种功能。在微生物添加剂的实际应用中，由于微生物活菌制剂的化学稳定性和热稳定性较差，实际应用效果差距较大。黄文等人通过研究采用微胶囊技术包被微生物活菌制剂，生产出包埋率高、产品质量好的饲料添加剂，使微生物活菌制剂的应用更加广泛和有效。

7.酸化剂 通常把能提高饲料酸度（pH 值降低）的一类物质称作饲料酸化剂。常用的酸化剂种类有：柠檬酸、延胡索酸、乳酸、苹果酸、戊酸、山梨酸、甲酸、乙酸等。不同的酸化剂各有其特点，但使用最广泛、效果较好的是柠檬酸、延胡索酸和复合酸。

酸化剂的功能主要有:降低日粮的 pH 值,使胃 pH 值下降,提高酶的活性。改善胃肠道微生物区系。直接参与体内代谢,提高营养物质消化率。促进矿物质和维生素的吸收。除此之外,一些学者还认为日粮中加酸能直接刺激口腔内的味蕾细胞,使唾液分泌增多而增进食欲,有机酸具有独特芳香,可掩盖饲料中添加的合成药物、维生素、微量元素等不适气味,起到调味作用。

在众多文献资料中,添加酸化剂的效果差异很大,要使酸化剂的添加有确切的效果,必须注意以下几个方面的问题:①经大量试验证明,复合酸化剂的效果优于单一酸化剂,同时适量添加酸化剂才会有明显的效果。酸添加量不足,达不到把消化道 pH 值降到适宜程度的效果;酸添加量过量,可能导致适口性降低以及成本增加。②酸化剂添加于植物蛋白为主的日粮中,效果比较明显,而添加于动物蛋白或奶蛋白为主的日粮中,效果不明显。③酸化剂能降低日粮的 pH 值,但降低程度与饲粮的酸中和能力有很大关系。④与抗生素同时添加具有协同效应,效果更加明显。如在饲料中加入 0.2%～0.4%浓度的延胡索酸,可杀死葡萄球菌和链球菌;0.4%可杀死大肠杆菌;2%以上浓度对产毒真菌具有杀灭和抑制作用。

二、目前饲料添加剂使用中存在的主要问题

当前,饲料添加剂已被广泛应用于畜牧生产,但在实际应用中,一些农户对添加剂并不十分了解,致使应有的效果不能发挥,甚至在应用添加剂时出现问题。

(一)误认为价格越贵越好

一般价格贵的饲料添加剂的质量和效果确实较好,但也不能一味盲从价格;也不要图小利,一味求价格低廉;选择的关键还应是饲喂效果的好坏。要尽量选择信誉高、质量好的厂家的产品 ,一般知名厂家的产品质量较稳定,不易出现问题,购买时要货比三家,确保质优价廉。

(二)使用添加剂种类繁多,盲目混用多种添加剂

使用添加剂应依据畜禽种类、生长阶段及健康状况有目的地使用,否则会降低效果,甚至会出现中毒症状。盲目的多品种混合使用添加剂不但会使得一些营养素重复添加,造成严重超标和过量,而且,由于营养素间的拮抗作用,一些营养素会遭到破坏,如铁离子可迅速破坏维生素D和维生素K。因此,在使用饲料添加剂时要合理搭配,不能盲目滥用。

(三)不使用添加剂或使用目的不明确,不能做到因地制宜

使用饲料添加剂的目的是为了平衡饲料中各种营养素水平,只有各类营养素平衡的全价饲料才能获得最高的利用率。营养型饲料添加剂,如氨基酸类、微量元素类、多维素类等,其主要作用是补充饲料营养不足,满足家禽生长、发育和产蛋的需求;一般性饲料添加剂,如抗氧化类、防霉类、诱食剂等,其目的主要是改善饲料品质,减少养分损失,增强家禽食欲。要因地制宜,如在缺硒地区应选择含硒添加剂以促进生长,提高饲料利用率;不缺硒地区就不必补硒,否则不但提高了成本,而且硒的毒性很大,使用不当容易引起家禽中毒。

(四)使用添加剂不按照使用说明进行添加,认为添加的量越多越好

添加量过多,过剩的营养素会随粪便、尿液排泄或在机体沉积,既造成浪费,还会影响家禽的生产性能,如影响家禽的胴体品质或产蛋率,严重的还可造成中毒。如钙、磷只有在平衡时家禽才有较高的利用率,否则会造成浪费,氨基酸的平衡也是一样。所以,生产中添加剂的添加量一定要适宜。

(五)混合不均匀,造成有些鸡不能满足营养要求,有些食入过多,造成浪费,甚至引起中毒

由于添加剂的使用量很少,混合时,可先用少量饲料与添加剂第1

次混合，然后再用少量饲料进行第 2 次混合，这样逐级混合，直至完成，不可按照添加量一次完成。

（六）使用添加剂单一，整个饲养期只用一种添加剂

家禽不同阶段所需营养不同，不同类型添加剂所起作用不同，如蛋鸡用添加剂分为育雏期、育成期、产蛋期等。如在整个饲养期只使用一种添加剂，则达不到预期效果。

（七）不注意添加剂的使用方式，使用添加剂不规范、不合理

饲料添加剂除一些专门用于饮水的品种，如速溶多维素等，绝大多数一般只能混于干料中饲喂，添加于湿料或水中饲喂会大大降低使用效果。某些添加剂切忌煮沸使用，否则会使其分解、变质或变性而失效，如维生素、氨基酸、抗生素类。因此，不能随便改变饲料添加剂的使用方式。

（八）个别情况使用违禁的添加剂，造成对动物或人的影响

我国饲料添加剂的使用具有严格的规定，药物添加剂应严格按《兽药管理条例》执行，其他添加剂要按农业部允许使用的饲料添加剂品种的要求做。

表 4-15　允许使用的饲料添加剂品种目录

类　别	饲料添加剂名称
饲料级氨基酸 7 种	*L*-赖氨酸盐，*DL*-蛋氨酸，*DL*-羟基蛋氨酸，*DL*-羟基蛋氨酸钙，*N*-羟甲基蛋氨酸，*L*-色氨酸，*L*-苏氨酸
饲料级维生素 26 种	β-胡萝卜素，维生素 A，维生素 A 乙酸酯，维生素 A 棕榈酸酯，维生素 D_3，维生素 E，维生素 E 乙酸酯，维生素 K_3（亚硫酸氢钠甲萘醌），二甲基嘧啶醇亚硫酸甲萘醌，维生素 B_1（盐酸硫胺），维生素 B_1（硝酸硫胺），维生素 B_2（核黄素），维生素 B_6，烟酸，烟酰胺，*D*-泛酸钙，*DL*-泛酸钙，叶酸，维生素 B_{12}（氰钴胺），维生素 C（*L*-抗坏血酸），*L*-抗坏血酸钙，*L*-抗坏血酸-2-磷酸酯，*D*-生物素，氯化胆碱，*L*-肉碱盐酸盐，肌醇

续表 4-13

类 别	饲料添加剂名称
饲料级矿物质、微量元素 46 种	硫酸钠,氯化钠,磷酸二氢钠,磷酸氢二钠,磷酸二氢钾,磷酸氢二钾,碳酸钙,氯化钙,磷酸氢钙,磷酸二氢钙,磷酸三钙,乳酸钙,七水硫酸镁,一水硫酸镁,氧化镁,氯化镁,七水硫酸亚铁,一水硫酸亚铁,三水乳酸亚铁,六水柠檬酸亚铁,富马酸亚铁,甘氨酸铁,蛋氨酸铁,五水硫酸铜,一水硫酸铜,蛋氨酸铜,七水硫酸锌,一水硫酸锌,无水硫酸锌,氧化锌,蛋氨酸锌,一水硫酸锰,氯化锰,碘化钾,碘酸钾,碘酸钙,六水氯化钴,一水氯化钴,亚硒酸钠,酵母铜,酵母铁,酵母锰,酵母硒,烟酸铬,甲基吡啶铬,酵母铬
饲料级酶制剂 12 类	蛋白酶(黑曲霉,枯草芽孢杆菌),淀粉酶(地衣芽孢杆菌,黑曲霉),支链淀粉酶(嗜酸乳杆菌),果胶酶(黑曲霉),脂肪酶,纤维素酶(reesei 木霉),麦芽糖酶(枯草芽孢杆菌),木聚糖酶(insolens 腐质霉),β-聚葡糖酶(枯草芽孢杆菌,黑曲霉),甘露聚糖酶(缓慢芽孢杆菌),植酸酶(黑曲霉,米曲霉),葡萄糖氧化酶(青霉)
饲料级微生物添加剂 11 种	干酪乳杆菌,植物乳杆菌,粪链球菌,乳酸片球菌,枯草芽孢杆菌,纳豆芽孢杆菌,嗜酸乳杆菌,乳链球菌,啤酒酵母菌,产朊假丝酵母,沼泽红假单胞菌
饲料级非蛋白氮 9 种	尿素,硫酸铵,液氨,磷酸氢二铵,磷酸二氢铵,缩二脲,异丁叉二脲,磷酸脲,羟甲基脲
抗氧剂 4 种	乙氧基喹啉,二丁基羟基甲苯(BHT),丁基羟基茴香醚(BHA),没食子酸丙酯
防腐剂、电解质平衡剂 25 种	甲酸,甲酸钙,甲酸铵,乙酸,双乙酸钠,丙酸,丙酸钙,丙酸钠,丙酸铵,丁酸,乳酸,苯甲酸,苯甲酸钠,山梨酸,山梨酸钠,山梨酸钾,富马酸,柠檬酸,酒石酸,苹果酸,磷酸,氢氧化钠,碳酸氢钠,氯化钾,氢氧化铵
着色剂 6 种	β-阿朴-8′胡萝卜素醛,辣椒红,β-阿朴-8′胡萝卜素酸乙酯,虾青素,β-胡萝卜素-4,4-二酮(斑蝥黄),叶黄素(万寿菊花提取物)
调味剂、香料 6 种(类)	糖精钠,谷氨酸钠,5′-肌苷酸二钠,5′-鸟苷酸二钠,血根碱,食品用香料均可作饲料添加剂
黏结剂、抗结块剂和稳定剂 13 种(类)	α-淀粉,海藻酸钠,羧甲基纤维素钠,丙二醇,二氧化硅,硅酸钙,三氧化二铝,蔗糖脂肪酸酯,山梨醇酐脂肪酸酯,甘油脂肪酸酯,硬脂酸钙,聚氧乙烯 20 山梨醇酐单油酸酯,聚丙烯酸树脂Ⅱ
其他 10 种	糖萜素,甘露低聚糖,肠膜蛋白素,果寡糖,乙酰氧肟酸,天然类固醇萨洒皂角苷(YUCCA),大蒜素,甜菜碱,聚乙烯聚吡咯烷酮(PVPP),葡萄糖山梨醇

(九)添加剂或配制好添加剂的全价日粮存放时间过长

购买添加剂时要注意生产日期、保质期和储存条件,根据自己的需要量购买,不要一次购买过多,如发现有潮解、结块现象说明部分或全部失效,不宜购买。另外配制好添加剂的全价料应尽量缩短存放时间,一般夏天1周左右,冬天可长些,但也不要超过3周。

(十)多品种添加剂应用时不注意配伍禁忌

应用多品种添加剂时一定要考虑添加剂之间的协同与拮抗作用,要细心观察家禽,一旦发现异常现象,立即停饲。

1.常见添加剂的拮抗作用

(1)钙、磷在碱性环境中难以被吸收,所以钙、磷不能与碱性较强的胆碱同时使用。

(2)磷可降低机体对铁的吸收,所以补充铁制剂时,不宜添加过多的骨粉或磷酸氢钙。

(3)钙、镁、铁等微量元素不要与土霉素同时使用,否则会影响吸收。

(4)锌、钙之间有拮抗作用,所以添加硫酸锌时不要添加过多的钙制剂。

(5)铁、锌、锰、铜、碘等化合物可使维生素A、维生素K_3、维生素B_6和叶酸效价降低。

(6)维生素C过多时可减少铜在体内的吸收和储存。

(7)胆碱碱性较强,可使维生素B_1、维生素B_2、维生素B_6、维生素K_1、维生素K_2、维生素C和烟酸、泛酸等失效。

(8)铁制剂可加快机体维生素A、维生素E、维生素D的氧化破坏过程。

(9)维生素C可使维生素B_1、维生素B_2、维生素B_{12}和泛酸降低作用。

(10)钙过量时,可降低镁、碘、铜、锰、锌等元素的吸收和利用。

(11)钾过量时,影响铁的吸收和代谢,在饲喂含钾丰富饲料时,要防止含镁添加剂的不利影响。

(12)镁过多可降低磷的吸收利用。

(13)钼过多时,可引起铜不足症,钼也与锌存在拮抗作用。

(14)维生素 B_1 不能与青霉素同时使用。因为维生素 B_1 的水溶性呈弱酸性,会破坏青霉素的功效。

(15)磷酸钙不能与维生素 B_1、维生素 B_2、维生素 C、维生素 K_1、维生素 K_2 和泛酸、链霉素、土霉素同时应用。

2. 常见饲料添加剂的协同作用

(1)铁和铜都是血红蛋白合成和红细胞成熟所必需的元素,配合使用,可防治贫血。

(2)钙与磷配合时,才能发挥应有的作用,缺少一方或两方比例不当,都不能发挥应有的作用。

(3)钴是合成维生素 B_{12} 的重要原料之一,与维生素 B_{12} 配合应用时可大大提高功效。

(4)维生素 B_1 与维生素 B_2 配合可促进机体的糖和脂肪代谢。

(5)维生素 B_6 可增强维生素 B_1、维生素 B_2、泛酸和烟酸的作用。

(6)维生素 C 能促进三价铁还原为二价铁,有利畜禽对铁的吸收。

(7)维生素 E 与硒配合可保护机体组织免受过氧化物的损害和维持细胞的正常功能。

三、使用饲料添加剂的关键要求

1. 正确添加 饲料添加剂种类繁多,作用各不相同,要根据实际需要添加,切不可盲目添加,任何一种添加剂的使用作用都取决于使用方法和正确的饲养管理。

2. 准确计算和称量添加剂的用量 饲料添加剂的用量要严格按照说明书进行准确的计算称量,有些添加剂有效剂量和中毒剂量之间差距较小,用量过少效果不佳,用量过多增加成本甚至引起中毒。

3. 必须注意各种添加剂之间的作用　多种添加剂混合使用时，必须知道它们之间是否存在协同或拮抗作用，避免配合禁忌，充分利用协同作用，以发挥添加剂的效益。

4. 产品中不能有残留　抗生素等添加剂，用量极微，但并不排除鸡体内或产品中会有残留存在，但大多数残留极微的抗生素，多在冷藏和烹调中被破坏。因此，要控制好使用剂量，产蛋期间一般禁止使用。

5. 添加剂必须与饲料混合均匀后才能使用　为了安全有效使用添加剂，一般在使用前添加剂必须与扩散剂充分混合，称为预混料。也可生产预混料，按规定比例加入配合饲料后再进行混合。

6. 预先混合维生素或混合矿物质等所用的扩散剂不能过粗或过细　过粗使微量成分混合不匀，过细易硬结。注意维生素和矿物质不应预混在一起，以免某些维生素易被矿物质破坏。

7. 注意添加剂的使用范围　添加剂一般只能混于风干饲料中喂给，不能混于湿料和发酵的饲料中，更不能与饲料一起加工或煮沸使用。

8. 因地制宜　在使用添加剂时要根据有关资料进行添加，千万不可照抄、照搬别人的使用量。如在一些缺硒地区，硒的用量为每千克饲料中加 0.1～0.2 mg，但如不缺硒地区在饲料中添加同样用量会引起中毒。

第三节　无公害饲料的相关标准

无公害饲料的生产有下述基本要求：无农药残留；无有机或无机化学毒害品；无抗生素残留；无致病微生物；霉菌毒素不超过标准。因此，无公害饲料就是围绕解决畜产品公害和减轻畜禽粪便对环境污染等问题，从饲料原料的选购、配方设计、加工饲喂等过程，进行严格的质量控制和实施动物营养系统调控，以改变、控制可能发生的畜产品公害和环境污染而生产的低成本、高效益、低污染的饲料产品。

一、无公害饲料的卫生标准

(一)无公害饲料原料的卫生标准

对于无公害饲料,各国大都有严格标准,中华人民共和国新版《饲料卫生标准》已开始施行,新版《饲料卫生标准》与旧版《饲料卫生标准》相比,根据饲料产品的客观需要,增加、补充、修订了几种有毒有害元素在饲料、饲料添加剂中的允许量指标;补充规定了霉菌在几种饲料原料及鸡浓缩饲料中的允许量指标等。表 4-16 是根据中华人民共和国新版《饲料卫生标准》(饲料、饲料添加剂卫生指标)中有关产蛋鸡的饲料、饲料添加剂标准摘录整理。

(二)无公害饲料产品卫生标准

1. 产蛋后备鸡、产蛋鸡配合饲料

(1)感官指标。色泽一致,无发酵霉变、结块及异味、异臭。

(2)水分。北方:不高于 14.0%。南方:不高于 12.5%。符合下列情况之一时可允许增加 0.5%的含水量:①平均气温在 10℃以下的季节;②从出厂到饲喂期不超过 10 天者;③配合饲料中添加有规定量的防霉剂者(标签中注明)。

(3)加工质量指标。①成品粒度(粉料)。产蛋后备鸡(前期):配合饲料 99%通过 2.80 mm 编织筛,但不得有整粒谷物,1.40 mm 编织筛筛上物不得大于 15%。产蛋后备鸡(中期、后期):配合饲料 99%通过 3.35 mm 编织筛,但不得有整粒谷物,1.70 mm 编织筛筛上物不得大于 15%。产蛋鸡:配合饲料全部通过 4.00 mm 编织筛,但不得有整粒谷物,2.00 mm 编织筛筛上物不得大于 15%。②混合均匀度:配合饲料混合均匀,其变异系数(CV)应不大于 10%。

(4)营养成分指标。营养成分指标见表 4-17(仅供参考)。

表 4-16　蛋鸡饲料及饲料添加剂卫生指标(仅供参考)

序号	卫生指标项目	产品名称	指标	试验方法	备注
1	砷(以总砷计)的允许量(每千克产品中)/mg	石粉	≤2.0	GB/T 13079	不包括国家主管部门批准使用的有机砷制剂中的砷含量
		硫酸亚铁、硫酸镁			
		磷酸盐	≤20		
		沸石粉、膨润土、麦饭石	≤10		
		硫酸铜、硫酸锰、硫酸锌、碘化钾、碘酸钙、氯化钴	≤5.0		
		氧化锌	≤10.0		
		鱼粉、肉粉、肉骨粉	≤10.0		
		家禽配合饲料	≤2.0		
		家禽浓缩饲料	≤10.0		以在配合饲料中20%的添加量计
		家禽添加剂预混合饲料			以在配合饲料中1%的添加量计

续表 4-16

序号	卫生指标项目	产品名称	指标	试验方法	备注
2	铅(以 Pb 计)的允许量(每千克产品中)/mg	鸡配合饲料	≤5	GB/T 13080	
		产蛋鸡浓缩饲料	≤13		以在配合饲料中20%的添加量计
		骨粉、肉骨粉、鱼粉、石粉	≤10		
		磷酸盐	≤30		
		产蛋鸡复合预混合饲料	≤40		以在配合饲料中1%的添加量计
3	氟(以 F 计)的允许量(每千克产品中)/mg	鱼粉	≤500	GB/T 13083	
		石粉	≤2 000		
		磷酸盐	≤1 800	HG 2636	高氟饲料用 HG 2636—1994 中 4.4 条
		生长鸡配合饲料	≤250	GB/T 13083	
		产蛋鸡配合饲料	≤350		
		骨粉、肉骨粉	≤1 800		
		禽添加剂预混合饲料	≤1 000	GB/T 13083	以在配合饲料中1%的添加量计
		禽浓缩饲料	按添加比例折算后，与相应配合饲料规定值相同		

续表 4-16

序号	卫生指标项目	产品名称	指标	试验方法	备注
4	霉菌的允许量(每克产品中),霉菌数×10^3	玉米	<40	GB/T13092	限量饲用:40～100 禁用:>100
		小麦麸、米糠			限量饲用:40～80 禁用:>80
		豆饼(粕)、棉籽饼(粕)、菜籽饼(粕)	<50		限量饲用:50～100 禁用:>100
		鱼粉、肉骨粉	<20		限量饲用:20～50 禁用:>50
		鸡配合饲料、鸡浓缩饲料	<45		
5	黄曲霉毒素 B_1 允许量(每千克产品中)/μg	玉米	≤50	GB/T 17480 或 GB/T 8381	
		花生饼(粕)、棉籽饼(粕)、菜籽饼(粕)			
		豆粕	≤30		
		雏鸡配合饲料及浓缩饲料	≤10		
		生长鸡、产蛋鸡配合饲料及浓缩饲料	≤20		

续表 4-16

序号	卫生指标项目	产品名称	指标	试验方法	备注
6	铬(以 Cr 计)的允许量(每千克产品中)/mg	皮革蛋白粉	≤200	GB/T 13088	
		鸡配合饲料	≤10		
7	汞(以 Hg 计)的允许量(每千克产品中)/mg	鱼粉	≤0.5	GB/T 13081	
		石粉	≤0.1		
		鸡配合饲料			
8	镉(以 Cd 计)的允许量(每千克产品中)/mg	米糠	≤1.0	GB/T 13082	
		鱼粉	≤2.0		
		石粉	≤0.75		
		鸡配合饲料	≤0.5		
9	氰化物(以 HCN 计)的允许量(每千克产品中)/mg	木薯干	≤100	GB/T 13084	
		胡麻饼、粕	≤350		
		鸡配合饲料	≤50		
10	亚硝酸盐(以 $NaNO_2$ 计)的允许量(每千克产品中)/mg	鱼粉	≤60	GB/T 13085	
		鸡配合饲料	≤15		

续表 4-16

序号	卫生指标项目	产品名称	指标	试验方法	备注
11	游离棉酚的允许量(每千克产品中)/mg	棉籽饼、粕	≤1 200	GB/T 13086	
		生长鸡配合饲料	≤100		
		产蛋鸡配合饲料	≤20		
12	异硫氰酸酯(以丙烯基异硫氰酸酯计)的允许量(每千克产品中)/mg	菜籽饼、粕	≤4 000	B/T 13087	
		鸡配合饲料	≤500		
13	恶唑烷硫酮的允许量(每千克产品中)/mg	生长鸡配合饲料	≤1 000	GB/T 13089	
		产蛋鸡配合饲料	≤500		
14	六六六的允许量(每千克产品中)/mg	米糠	≤0.05	GB/T 13090	
		小麦麸			
		大豆饼、粕			
		鱼粉			
		生长鸡配合饲料	≤0.3		
		产蛋鸡配合饲料			

续表 4-16

序号	卫生指标项目	产品名称	指标	试验方法	备注
15	滴滴涕的允许量(每千克产品中)/mg	米糠	≤0.02	GB/T 13090	
		小麦麸			
		大豆饼、粕			
		鱼粉			
		鸡配合饲料	≤0.2		
16	沙门氏杆菌	饲料	不得检出	GB/T 13091	
17	细菌总数的允许量(每克产品中),细菌总数×10^6 个	鱼粉	<2	GB/T 13093	限量饲用:2～5 禁用:>5

注:1. 该表指标仅供参考。

2. 所列允许量均为以干物质含量为 88%的饲料为基础计算;

3. 浓缩饲料、添加剂预混合饲料添加比例与本标准备注不同时,其卫生指标允许量可进行折算。

表 4-17　蛋鸡饲料营养成分指标

产品名称		指标							
		粗脂肪不低于（%）	粗蛋白不低于（%）	粗纤维不高于（%）	粗灰分不高于（%）	钙（%）	磷不低于（%）	食盐（%）	代谢能不低于（MJ）
后备鸡	前期	2.5	18.0	5.5	8.0	0.70～1.20	0.60	0.30～0.80	11.72
	中期	2.5	15.0	6.0	9.0	0.60～1.10	0.50	0.30～0.80	11.30
	后期	2.5	12.0	7.0	10.0	0.50～1.00	0.40	0.30～0.80	10.88
产蛋鸡	高峰	2.5	16.0	5.0	13.0	3.20～4.40	0.50	0.30～0.80	11.50
	前期	2.5	15.0	5.5	13.0	3.00～4.20	0.50	0.30～0.80	11.30
	后期	2.5	14.0	6.0	13.0	2.80～4.00	0.50	0.30～0.80	11.09

注：各项营养成分含量以87.5%干物质为基础计算。

2. 产蛋鸡商品性微量元素预混合饲料 微量元素预混合饲料是指一种或多种微量元素化合物加有载体或稀释剂的均匀混合物。

(1)技术要求。①感官指标。色泽一致,无发霉变质、结块及异味、异臭。②水分。使用无机载体或稀释剂时不高于5%,使用有机载体或稀释剂时不高于10%。③加工质量指标。粉碎粒度:全部通过40目分析筛,80目分析筛筛上物不得大于20%。混合均匀度:混合应均匀,经测试后其均匀度之变异系数应不大于7%。④有毒有害物质。含铅量不高于30 mg/kg,含砷量不高于10 mg/kg。⑤营养成分指标(按日粮中添加比例1%计算),见表4-18。

表4-18 营养成分指标 mg/kg

产品名称	锰	锌
产蛋鸡	≥2 500	≥5 000

(2)标志。① 产品应标明微量元素含量的保证值、微量元素化合物的化学名称与分子式,使用载体或稀释剂的名称,同时注明钙、总磷、食盐的含量,以利于用户掌握使用。②凡在预混合饲料中添加含硒化合物者,一律注明硒的添加量,并在商品名称后加"(加硒)"字样。③预混合饲料中铜的含量超过5 000 mg/kg(以按日粮添加1%计)者,必须在商品名称后加"(高铜)"字样,并注明含量。产蛋鸡的预混合饲料中含铜量不得超过15 000 mg/kg。

3. 产蛋鸡商品性维生素预混合饲料 维生素预混合饲料是指一种或多种维生素加入载体或稀释剂的均匀混合物。

(1)技术要求。①感官指标。色泽一致,无发霉变质、结块及异味、异臭。②水分。不得高于10%。③加工质量指标。粉碎粒度:全部通过16目分析筛,30目分析筛筛上物不得大于10%。混合均匀度:混合应均匀,经测试后其均匀度之变异系数应不得大于7%。④有毒有害物质。含铅量不高于30 mg/kg,含砷量不高于10 mg/kg。⑤营养成分指标(按日粮中添加比例1%计算)见表4-19。

表 4-19　营养成分指标

产品名称	维生素 A 万 IU/kg	维生素 D_3 万 IU/kg	维生素 E 万 IU/kg	维生素 K_3 mg/kg	维生素 B_2 mg/kg	维生素 B_{12} mg/kg
产蛋鸡	≥40	≥5	≥500	≥50	≥200	≥0.3

(2)标志。产品应标明维生素含量的保证值，维生素制剂的化学名称与来源、使用的载体、抗氧化剂的名称和用量，同时还需列出产品的出厂日期及有效储藏期，以利用户掌握使用。

4. 产蛋鸡商品性复合预混合饲料　复合预混合饲料是指两类或两类以上的微量元素、维生素、氨基酸或非营养性添加剂等微量成分加有载体或稀释剂的均匀混合物。

(1)技术要求。①感官指标。色泽一致，无发霉变质、结块及异味、异臭。②水分。不高于 10%。③加工质量指标。粉碎粒度：全部通过 16 目分析筛，30 目分析筛筛上物不得大于 10%。混合均匀度：混合应均匀，经测试后其均匀度之变异系数应不大于 7%。④有毒有害物质。含铅量不高于 30 mg/kg，含砷量不高于 10 mg/kg。⑤有效成分。维生素的有效成分同产蛋鸡维生素预混合饲料质量标准中的规定。微量元素的有效成分同产蛋鸡微量元素预混合饲料质量标准中的规定。

(2)标志。①凡含有维生素或微量元素添加剂者，必须符合饲用维生素、饲用微量元素等质量标准中的有关规定，还应标明其他主要营养成分如氨基酸、钙、总磷、食盐的含量。②凡含有非营养性添加剂者，应注明我国主管部门的批准文号、用量、用法、禁忌、使用范围、注明事项及有效期。并必须符合我国饲料管理条例中的有关细则规定。

5. 产蛋鸡浓缩饲料　浓缩饲料系由蛋白饲料、矿物质饲料、预混合饲料组成的，按一定比例掺入能量饲料后，能满足动物主要营养需要的一种均匀混合物。

(1)技术要求。①感官指标。色泽一致，无发霉变质、结块及异味、异臭。②水分。北方：不高于 12%。南方：不高于 10%。③加工质量指标。粉碎粒度：全部通过 8 目分析筛。16 目分析筛筛上物不得大于

10%。混合均匀度:混合应均匀,经测试后其均匀度之变异系数应不大于10%。④营养成分指标(按日粮中添加比例30%计算)见表4-20。

表4-20 营养成分指标 %

指标产品名称	粗蛋白	粗纤维	粗灰分	钙
产蛋鸡	≥30	≥8	≥38	10～12.7

指标产品名称	总磷	食盐	蛋氨酸
产蛋鸡	1.3～2.3	0.83～1.33	≥0.7

(2)标志。①产品中所含的微量元素和维生素符合国家有关质量标准。②产品应标明所列营养物质的保证值代谢能,并对能量饲料的种类、质量、配比提出要求。③所有产品不得掺用稻壳粉、花生壳粉等对鸡无实际营养价值的粗饲料;按说明书的规定用量折算成配合饲料中的含量及饼粕类中的有毒有害物质不得超过国家的有关规定。

二、无公害饲料对鸡蛋品质的影响

鸡蛋品质包括外部品质和内部品质。生产者和消费者最关注的鸡蛋品质是蛋重、蛋壳品质、蛋黄颜色和功能特性等。

(一)饲料对蛋成分的影响

蛋的主要成分,如蛋白质、脂肪和水分等,受饲料的影响很小。但在一定范围内,蛋中的一些微量成分的含量受饲料的影响比较明显。在饲料中增加维生素A、维生素D或一些B族维生素,均可使它们在蛋中的相应含量得到提高。蛋中的铁、铜、碘、锰和钙等矿物元素的含量,也可因其在饲粮中的含量的变化而有相应地改变。蛋中的维生素和矿物质元素的含量,对于商品蛋,影响其食用价值,对种蛋,则影响其孵化性能和雏禽健康及生长发育。

(二)饲料对蛋壳质量影响

影响蛋壳质量的营养因素主要有：日粮钙含量、钙的颗粒大小、钙的来源、日粮含磷量、磷来源、钙磷比例、日粮电解质平衡以及食盐进食量等。

1. 钙和磷　饲料中缺钙时，蛋壳的厚度和强度均降低。当日粮钙为2.0%时，蛋壳强度和蛋壳厚度分别为3.06 kg/蛋和0.350 mm，而当日粮钙为3.6%时，蛋壳强度和蛋壳厚度分别是3.43 kg/蛋和0.369 mm。所以产蛋鸡的饲料中应含有充足的钙。当钙水平增高，钙的存留率有降低趋势，即当钙进食量有一降低回报的水平，此时对进一步提高蛋壳质量收效不大。贝壳粉和石粉是应用最为普遍的钙质补充饲料。试验证明，两种钙质饲料对维持蛋壳品质具有基本相同的效果，或者前者略优于后者。这两种饲料的粒度对其利用效果也有影响。一般情况下，颗粒较大时，效果更好。

在一定标准以上，饲料中磷含量过高则会降低蛋壳品质。据报道，当日粮磷为0.5%时，蛋壳强度为3.427 kg/cm^2，蛋的密度为1.78；当日粮磷为1.0%时，蛋壳强度为3.295 kg/cm^2，蛋的密度是1.076。由此可见，日粮的钙磷比例不是一个定数，在产蛋高峰期钙磷比例要高一些。

2. 维生素　维生素D与钙磷的代谢关系密切，所以，对蛋壳的品质影响较大。蛋壳的强度和厚度常常会因饲粮中维生素D的不足而下降。维生素C可促进骨中矿物质的代谢，增加血浆钙的浓度，因而，在一定程度上可改善蛋壳品质。在饲粮钙水平较低时，这种作用更明显。

3. 电解质　日粮电解质对于蛋壳质量也有影响。在一定范围内，随日粮氯水平的增加，蛋壳强度下降，所以氯化物对蛋壳质量有负面影响。当日粮钠水平恒定，日粮氯水平从0.40%增加到0.94%，蛋壳强度和蛋壳厚度的指标都有所下降。

4. 影响蛋壳质量的其他因素　核苷酸对提高蛋壳厚度，改善蛋壳品质有一定促进作用。镁和锰对蛋壳的形成也很重要。铜的缺乏会使蛋壳膜不完整，当矿化这些不完整的膜时，导致蛋壳起皱褶或形成畸形蛋。锌和锰同时添加到蛋鸡日粮中可提高蛋壳质量。

(三)饲料对蛋味道的影响

有些气味较浓的饲料，如葱、鱼等，其气味可直接影响蛋的味道。有些饲料被食入后，在消化代谢过程中形成的一些产物也会使蛋产生异味。如在鸡饲粮中广泛应用的鱼粉、菜籽饼和胆碱，在消化道内受微生物作用产生三甲胺，如产生三甲胺过多时，一部分就会进入蛋黄中，使蛋产生异味。

(四)饲料对蛋黄颜色的影响

蛋黄的颜色变动幅度很大，一般金黄色和橘黄色的蛋比较受消费者所喜爱。影响蛋黄颜色的因素很多，饲料是其中的一个重要方面。

1.饲料中色素的影响　蛋黄的颜色是由它所含的色素即叶黄素所产生的。而叶黄素的来源则是饲料。如果饲料中缺乏叶黄素，蛋黄的颜色就会变淡。蛋黄颜色不仅受饲料色素的影响，而且也受色素性质的影响。玉米面筋中的色素对蛋黄的着色效果比苜蓿草粉和干藻粉的效果更佳。其原因是由于玉米所含的色素中玉米黄素的相对比例较高所致。虽然人工合成色素对蛋黄着色有较好的效果，但我国允许使用的饲料着色剂只有6种(见第三节)。

2.脂类和抗氧化剂的影响　叶黄素溶解于脂类，其在肠道中的吸收可能与脂类的吸收相伴随，所以在饲料中添加油脂可提高蛋黄颜色，特别是在饲粮色素含量低时，效果明显。常见饲料原料中以万寿菊花瓣粉、天椒粉、细肋球藻粉等含叶黄素较高，与之相比玉米含量低很多。色素被氧化后就失去着色能力。因而饲粮中加入抗氧化剂可防止色素的氧化，提高色素对蛋黄的着色作用；维生素E和乙氧喹在这方面都有效，尤其在饲料中加入不饱和脂肪酸时，效果更佳。

3.其他饲料因素的影响　过量的维生素A和钙均可使蛋黄颜色

下降;有些饲料含有某种或某些影响蛋黄颜色的未知因子,如细稻糠和大麦在产蛋鸡饲料中的添加量达到一定水平时(稻糠 20%,大麦 50%)就会明显降低蛋黄颜色。

(五)饲料对蛋品质的其他影响

蛋重在一定程度上受饲粮蛋白质水平的影响。提高饲粮蛋白质,特别是动物性蛋白质水平,有助于蛋重的增加。一些微量元素与蛋内部品质的改变有关。黄曲霉毒素会使蛋黄与蛋重变小。饲料中添加铁、铜、锌和硒可提高蛋的哈氏单位。如果饲料受农药或重金属等有毒物质污染,也会影响蛋的品质。严重缺碘的产蛋鸡所产的鸡蛋,其孵化率极低。

三、农户自配饲料常见问题及配合原则

(一)农户自配饲料常见问题

当前,商品蛋鸡养殖专业户多以自配饲料为主,在饲料配制过程中,受许多因素的影响使养殖户自配饲料存在许多问题。主要有:安全、原料质量、配方、加工、储存等问题,尤其对安全问题重视不够,甚至置国家法律于不顾,单纯追求经济利益的人为因素对饲料安全构成严重威胁。除此之外一些非人为因素在饲料安全问题中也是常见的。

1. 安全问题　所谓饲料安全,通常是指饲料产品(包括饲料和饲料添加剂)中不含有对饲养动物健康造成实际危害,而且不会在养殖产品中残留、蓄积和转移的有毒、有害物质或因素;饲料产品以及利用饲料产品生产的养殖产品,不会危害人体健康或对人类的生存环境产生负面影响。

(1)饲料中添加违禁药品。少数养殖户为片面追求经济效益,置国家法律法规于不顾,在饲料生产和养殖过程中使用违禁药物,如盐酸氯丙嗪、乙烯雌酚、肾上腺素、盐酸克伦特罗等,给人体健康带来严重

后果。

(2)超范围使用饲料添加剂。农业部规定除饲料级氨基酸、饲料级维生素、饲料级微量元素等173种(类)营养性饲料添加剂和一般性饲料添加剂之外,未经新饲料添加剂评审并公告的或未办理进口饲料添加剂登记的,均属于超范围使用的饲料添加剂。但仍有些人将未经审定公布的饲料添加剂用于饲料生产,具有很大的潜在安全问题。

(3)不按规定使用药物饲料添加剂。农业部规定了57种饲料药物添加剂的适用动物、用法与用量、停药期及注意事项等。然而,不少养殖场(户)不严格执行规定,超允许品种添加、超限量添加药物添加剂,不遵守休药期规定等现象比较普遍地存在,还有的不遵守配伍禁忌等规定,致使属于配伍禁忌的几种药物被同时使用。由此导致饲料中的药物成分在养殖产品中积蓄残留,产生耐药性,对人体产生不良影响,并对环境造成污染。

(4)污染及霉变造成的饲料卫生指标超标。从我国的实际情况来看,环境对饲料及饲料原料的污染主要有两个途径:一是工业生产中排放的各种有毒有害气体、污水、残渣等;二是农业生产中化肥特别是农药的广泛使用。同时,由某些微生物滋生所引起的饲料霉变问题也不容忽视。引起饲料霉变的微生物主要有曲霉菌、青霉菌、镰刀霉菌等。特别是黄曲霉菌对饲料原料造成的污染最为严重。我国广大地区(尤其是南方)饲料霉变问题相当严重,不少饲料厂家和养殖场(户)甚至把已经严重霉变、不能食用的粮食产品喂给养殖动物。

(5)动物源性饲料产品质量问题严重。鱼粉中掺杂使假。骨粉和肉骨粉生产企业设备简陋,生产工艺不合理,产品污染现象普遍。原料来源不清,混合收购,存在诸多隐患。对于动物源性饲料产品质量要严格按照农业部《动物源性饲料产品安全卫生管理办法》有关规定执行。

2. 原料质量　对于饲料原料质量重视不够。选用原料一定要知道来源、产地,看色泽是否正常,有无掺假、结块、霉变和其他污染现象,是否干燥、有无受潮,有无异味、霉变等,有条件的要进行检测,以确保原料质量(具体可参见第二节选购饲料原料应注意事项)。

3.配方不科学

(1)营养过剩,配方标准超过了畜禽营养需要,造成能量、蛋白质含量过高,营养物质造成浪费,甚至引起消化系统疾病。

(2)营养不足,达不到营养需要,引起生长缓慢、抵抗力下降等。

(3)营养不平衡,片面强调蛋白质、能量,而忽视了氨基酸、维生素和微量元素等综合平衡,甚至造成钙磷比例失调,影响家禽的正常生长发育。

(4)添加剂使用不当,不注意添加剂之间的协同与拮抗,造成某些成分过多或不足。

(5)只考虑饲料理论营养值,而忽视原料本身的毒性物质。例如:棉籽饼中的棉酚、菜粕中的芥苷等,会引起家禽中毒,严重者引起死亡,这些原料都必须经过处理后才能适量喂用。另外,豆饼应熟喂,不能生喂。饲养户必须严格按照家禽不同种类、生长阶段的营养需要,根据有关饲养标准和原料营养成分科学配方。

(6)日粮的相对稳定性较差,饲料配方变化较大,饲料原料质量稳定性差。

(7)不能做到对配合日粮进行营养成分的分析,只知道配合日粮中计算的营养成分,不知道实际的营养成分,以至于对误差无法进行及时调整。

(8)不按生长需要对配方进行适当调整。要知道鸡不同生长阶段营养需要有一定差异,有些养殖户一旦制定配方,从生长到产蛋一成不变,这是极不科学的。

4.加工条件简陋,设备简单

(1)不能去除原料中的石块、细铁丝、麻绳等杂物,影响饲料质量及家禽健康。

(2)粗细度不合要求,有的需粉碎原料未粉碎或粉碎过粗,造成家禽消化不良,不易吸收造成浪费。

(3)配比不准,添加剂估计剂量误差较大。

(4)拌和不匀,均匀度达不到要求,粉碎粒度过大,使鸡采食困难,影响鸡的正常生长发育。幼鸡饲料粒度为1 mm以下，中鸡饲料粒度为1～2 mm，成鸡饲料粒度为2～2.5 mm。因此，有条件的专业户，一定要增添必要的加工设备，尤其对微量元素、维生素及药物添加剂一定要拌匀，以充分发挥其作用。

5.贮存太久　不能做到随加工随使用，加之储存条件限制，使饲料易受潮、雨淋发霉、变质和营养成分的损耗。

6.适口性差、成本过高或过低　在配合饲料过程中，既要注意饲料的适口性，又要考虑饲料的成本。

（二）农户自配饲料应掌握的原则

目前，养殖业对配合饲料的需求量越来越多，对配合饲料的质量要求也越来越高。如何设计、筛选饲料配方，配制出营养成分完善、平衡且价廉的全价饲料是养殖户的迫切需求。

1.配合日粮时，以鸡的饲养标准为依据　一般饲养标准推荐的不同营养成分的含量是为满足鸡正常的生理、生长发育或生产的最低营养需要量。要结合生产实践经验，根据家禽状况、饲料品种、饲养管理、环境条件、饲料加工方法等实际情况，灵活运用，制定出符合要求的最佳日粮配方，满足家禽对各种营养的需要量。如环境温度高时，应适当降低能量饲料的含量；平养鸡比笼养鸡对能量的需求量大；断喙、转群、运输等情况下，应饲喂营养全面、富含维生素的饲料。配合日粮时，除满足家禽对各种营养成分的需要外，还要注意各种营养成分之间的平衡。如能量蛋白质比例要符合饲养标准的规定，日粮中能量高，蛋白质的含量也应高些；能量低，蛋白质的含量也相应低些。还要注意氨基酸之间的平衡，特别是必需氨基酸的平衡。同时也应注意饲料成分之间的拮抗作用。

2.根据鸡的生理特点，选择适宜的饲料搭配　在配合日粮时必须对各类饲料的特性有所了解，对所选饲料的营养成分要清楚，只有在这个基础上才能根据饲养标准进行畜禽饲料配合。如要限制粗纤维含量，因鸡消化利用粗纤维的能力较低，饲料中粗纤维的含量：雏鸡不超

过 3%,育成鸡及种蛋鸡应小于 7%。有条件的地方应利用自己分析得到的营养成分数据,否则计算值和实际值可能不符,影响配合饲料的质量。

3.搭配日粮应注意饲料种类的多样化　尽量多用几种饲料原料进行配合,这样不仅有利于配制成营养全面的日粮,充分发挥各种饲料蛋白质、氨基酸及其他营养成分的互补作用,还有利于提高各种营养物质的消化率和利用率。

4.配制的日粮应具有良好的适口性　如果饲料品质不良或适口性差,即使在计算上符合饲养标准,而实际上并不能满足家禽的营养需要。对于那些有不良特性和适口性差的原料如血粉、菜饼(粕)、糟渣等要先进行加工处理并限制其在饲料中的使用量,并可加调味剂来增加鸡的食欲。

5.日粮配方要保持相对稳定　雏鸡及产蛋鸡对日粮的变化十分敏感,配合好的饲料不要轻易变更,如果确需改变配合比例时,必须逐渐变换,一般需要 7 天左右,给鸡一个适应的过程。同时要根据不同季节、不同生产水平、不同生产阶段与饲料市场价格变化,适当调整日粮配方。

6.配合日粮时,必须考虑家禽采食量与饲料容积及饲料养分浓度之间的关系　如果配出的日粮容积过大,养分浓度低,就会造成营养物质的不足;若是容积过小,养分浓度高,在自由采食时又会出现过饲的情况。正常的情况应当是通过配合后供给畜禽每日的饲料,不仅能够吃得下去,而且养分也能够满足需要。

7.配制日粮要充分利用当地饲料资源　养鸡生产中,饲料占成本比重约 70%,配合日粮时必须结合当地的饲养经验和本地的自然条件,充分利用当地饲料资源,利用营养丰富、价格低廉的饲料来搭配日粮,以便制定出适合本地的畜禽饲料配方,以降低生产成本,提高经济效益。

第四节 无公害饲料的配制

一、饲养标准

家禽对各种营养物质的需要量受许多因素的影响，主要有：家禽的生理状况；遗传因素；环境因素；管理方法；应激和饲料等，实际饲养中要根据不同情况适当调整。目前一些国家都制定了各自家禽饲养标准，我国也制定了鸡的饲养标准，目前国内养鸡多采用我国颁布的《中华人民共和国鸡的饲养标准》和美国国家研究委员会制定的《NRC 家禽饲养标准》。表 4-21 至表 4-27 是我国蛋鸡饲养标准，表 4-28 是国外标准。

表 4-21 生长期蛋用鸡的代谢能、粗蛋白、氨基酸、钙、磷及食盐需要量

项目	生长鸡周龄					
	0～6		7～14		15～20	
代谢能(MJ/kg)	11.92		11.72		11.30	
粗蛋白(%)	18.0		16.0		12.0	
蛋白能量比(g/MJ)	15		14		11	
钙(%)	0.8		0.7		0.6	
总磷(%)	0.7		0.6		0.5	
有效磷(%)	0.4		0.35		0.3	
食盐(%)	0.37		0.37		0.37	
氨基酸种类	含量(%)	代谢能(MJ/g)	含量(%)	代谢能(MJ/g)	含量(%)	代谢能(MJ/g)
蛋氨酸	0.30	0.25	0.27	0.23	0.20	0.18
蛋氨酸＋胱氨酸	0.60	0.50	0.53	0.45	0.40	0.35

续表 4-21

氨基酸种类	含量(%)	代谢能(MJ/g)	含量(%)	代谢能(MJ/g)	含量(%)	代谢能(MJ/g)
赖氨酸	0.85	0.71	0.64	0.55	0.45	0.39
色氨酸	0.17	0.14	0.15	0.13	0.11	0.10
精氨酸	1.00	0.84	0.89	0.76	0.67	0.59
亮氨酸	1.00	0.84	0.89	0.76	0.67	0.59
异亮氨酸	0.60	0.50	0.53	0.45	0.40	0.35
苯丙氨酸	0.54	0.45	0.48	0.41	0.36	0.32
苯丙氨酸＋酪氨酸	1.00	0.84	0.89	0.76	0.67	0.59
苏氨酸	0.68	0.57	0.61	0.52	0.37	0.33
缬氨酸	0.62	0.52	0.55	0.47	0.41	0.36
组氨酸	0.26	0.22	0.23	0.20	0.17	0.15
甘氨酸＋丝氨酸	0.70	0.59	0.62	0.53	0.47	0.42

表 4-22　蛋用鸡的代谢能、粗蛋白、氨基酸、钙、磷及食盐需要量

项目	产蛋鸡及母鸡的产蛋率(%)					
	≥80		65～80		≤65	
代谢能(MJ/kg)	11.50		11.50		11.50	
粗蛋白(%)	16.50		15.00		14.00	
蛋白能量比(g/MJ)	14.00		13.00		12.00	
钙(%)	3.50		3.40		3.20	
总磷(%)	0.60		0.60		0.60	
有效磷(%)	0.33		0.32		0.30	
食盐(%)	0.37		0.37		0.37	
氨基酸种类	含量(%)	代谢能(MJ/g)	含量(%)	代谢能(MJ/g)	含量(%)	代谢能(MJ/g)
蛋氨酸	0.36	0.31	0.33	0.29	0.31	0.27
蛋氨酸＋胱氨酸	0.63	0.55	0.57	0.49	0.53	0.46
赖氨酸	0.73	0.63	0.66	0.57	0.62	0.54

续表 4-22

氨基酸种类	含量（%）	代谢能（MJ/g）	含量（%）	代谢能（MJ/g）	含量（%）	代谢能（MJ/g）
色氨酸	0.16	0.14	0.14	0.12	0.14	0.12
精氨酸	0.77	0.67	0.70	0.61	0.66	0.57
亮氨酸	0.83	0.72	0.76	0.66	0.70	0.61
异亮氨酸	0.57	0.49	0.52	0.45	0.48	0.42
苯丙氨酸	0.46	0.40	0.41	0.36	0.39	0.34
苯丙氨酸＋酪氨酸	0.91	0.79	0.83	0.72	0.77	0.67
苏氨酸	0.51	0.44	0.47	0.41	0.43	0.37
缬氨酸	0.63	0.55	0.57	0.49	0.53	0.46
组氨酸	0.18	0.16	0.17	0.15	0.15	0.13
甘氨酸＋丝氨酸	0.57	0.49	0.52	0.45	0.48	0.42

表 4-23 产蛋期蛋鸡及种母鸡的维生素、微量元素需要量

营养成分	0～6 周龄	7～20 周龄	产蛋鸡	种母鸡
维生素 A(IU)	1 500	1 500	4 000	4 000
维生素 D_3(IU)	200	200	500	500
维生素 E(IU)	10	5	5	10
维生素 K(mg)	0.5	0.5	0.5	0.5
硫胺素(mg)	1.8	1.3	0.8	0.8
核黄素(mg)	3.6	1.8	2.2	3.8
泛酸(mg)	10.0	10.0	2.2	10.0
烟酸(mg)	27	11	10	10
吡哆醇(mg)	3	3	3	4.5
生物素(mg)	0.15	0.10	0.10	0.15
胆碱(mg)	1 300	500	500	500
叶酸(mg)	0.55	0.25	0.25	0.35
维生素 B_{12}(mg)	0.009	0.003	0.004	0.004
亚油酸(g)	10	10	10	10

续表 4-23

营养成分	0～6 周龄	7～20 周龄	产蛋鸡	种母鸡
铜(mg)	8	6	6	8
碘(mg)	0.35	0.35	0.30	0.30
铁(mg)	80	60	50	60
锰(mg)	60	30	30	60
锌(mg)	40	35	50	65
硒(mg)	0.15	0.10	0.10	0.10

注:1. 该表为每千克日粮中的建议添加量。

2. 胆碱在 7～14 周龄为 900 mg。

表 4-24　轻型白来航母鸡生长期的体重及耗料量

周龄	周末体重(g/只)	每两周耗料量(g/只)	累计耗料量(g/只)
出壳	38		
2	100	150	150
4	230	350	500
6	410	550	1 050
8	600	720	1 770
10	730	850	2 620
12	880	900	3 520
14	1 000	950	4 470
16	1 100	1 000	5 470
18	1 220	1 050	6 520
20	1 350	1 100	7 620

表 4-25　京白生长鸡日粮的建议营养水平

项　目	生长鸡周龄	
	0～8	9～18
代谢能(MJ/kg)	11.92	11.72
粗蛋白(%)	19.0	15.0
钙(%)	1.0	0.8
有效磷(%)	0.4	0.37

续表 4-25

项　　目	生长鸡周龄	
	0～8	9～18
蛋氨酸(%)	0.38	0.33
蛋＋胱氨酸(%)	0.64	0.53
赖氨酸(%)	0.95	0.80
精氨酸(%)	1.0	0.89
色氨酸(%)	0.17	0.17

表 4-26　京白种母鸡的建议营养水平

项　　目	产蛋率(%)		
	18 周龄<5	5～高峰>65	<65
代谢能(MJ/kg)	11.52	11.51	11.51
粗蛋白(%)	16.5	17.5	15.5
钙(%)	2.0	3.5	3.7
有效磷(%)	0.37	0.42	0.38
蛋氨酸(%)	0.33	0.35	0.32
蛋氨酸＋胱氨酸(%)	0.58	0.65	0.60
赖氨酸(%)	0.75	0.83	0.80
精氨酸(%)	0.83	0.97	0.92
色氨酸(%)	0.16	0.18	0.17

注:18 周龄<5 指 18 周龄到产蛋率 5%时;5～高峰>65,指产蛋率从 5%到高峰,然后从高峰降到 65%时。表 4-27 同。

表 4-27　京白鸡维生素、微量元素需要量

项　　目	生长鸡周龄		产蛋鸡产蛋率(%)		
	0～8	9～17	18 周龄<5	5～高峰>65	<65
维生素 A(IU)	12 000	7 500	7 500	12 000	12 000
维生素 D_3(IU)	2 000	2 000	2 000	3 000	3 000
维生素 E(IU)	10	5	5	20	20
维生素 K(mg)	2	1.5	1.5	2	2
硫胺素(mg)	2	1.5	1.5	1.5	1.5

续表 4-27

项　目	生长鸡周龄		产蛋鸡产蛋率(%)		
	0～8	9～17	18 周龄＜5	5～高峰＞65	＜65
核黄素(IU)	4	2	2	4.5	4.5
泛酸(IU)	8	6	6	10	10
烟酸(IU)	20	15	15	20	20
吡哆醇(mg)	3	3	3	3	3
生物素(mg)	0.1			0.1	0.1
胆碱(mg)	500	400	400	500	500
叶酸(mg)	1.0	0.25	0.25	0.5	0.5
维生素 B_{12}(mg)	0.02	0.01	0.01	0.015	0.015
锰(mg)	60	60	60	60	60
锌(mg)	50	50	50	50	50
铁(mg)	25	25	25	25	25
铜(mg)	5	5	5	5	5
钴(mg)	0.1	0.1	0.1	0.1	0.1
碘(mg)	0.5	0.5	0.5	0.5	0.5
硒(mg)	0.2	0.2	0.2	0.2	0.2

注:该表为每千克日粮中的建议添加量。

表 4-28　迪卡蛋鸡(笼养条件下)最低日营养需要量

项　目	产蛋率(%)		
	≥87	80～87	＜80
粗蛋白(g)	20.0	19.0	18.0
钙(g)	4.0～4.4	3.9～4.3	4.1～4.5
有效磷(g)	0.52	0.51	0.51
钠(g)	0.21	0.21	0.21
亚油酸(g)	1.59	1.57	1.45
赖氨酸(mg)	860	850	800
蛋氨酸(mg)	420	415	390
蛋氨酸＋胱氨酸(mg)	740	730	685
色氨酸(mg)	220	215	205
异亮氨酸(mg)	1 005	985	930
缬氨酸(mg)	860	850	800

续表 4-28

项 目	产蛋率(%)		
	≥87	80～87	<80
苯丙氨酸(mg)	920	905	855
苏氨酸(mg)	740	730	685
精氨酸(mg)	1 005	985	930
亮氨酸(mg)	1 505	1 480	1 390
组氨酸(mg)	400	395	370
代 16℃(J)	1 494	1 473	1 473
谢 22℃(J)	1 381	1 360	1 360
能 28℃(J)	1 268	1 247	1 247

二、饲料的配制技术

饲料配方的计算方法主要有:试差法、交叉法和计算机设计法。试差法又称为凑数法或加减法,是较为普遍采用的方法之一。它是根据产品设计方案,有关标准与法规、饲料资源等先粗略的拟定一个配方,计算其各种营养成分含量,将所得结果与标准对照,按多退少补的原则,反复核算,逐一调整,直到其营养指标全部符合或接近标准为止。采用计算机设计饲料配方,具有降低成本、节约饲料资源的优点,是现代化配方设计的重要标志。目前,饲料配方设计要求采用多种饲料原料,同时考虑多种营养指标,设计出营养成分合理、价格最低的饲料配方,仅靠手工计算,相当繁琐,所以,常常借助计算机。计算机设计也只能作为一辅助设计,因有些条件计算机难以全部考虑到,如家禽的生理特性和饲料的某些特性等。设计时要对饲料原料用量给出一个适宜范围,一些适口性差、含有毒有害物质的饲料要限量。由于诸多因素影响,计算机设计后仍需有经验的专家进行修订。计算机设计目前应用较广,市场有专门的饲料配方软件。

三、蛋鸡典型饲料配方

表 4-29　轻型蛋鸡(来航鸡)的饲料配方 1

饲料配比(%)(风干基础)	周龄 0～6		7～20		21～72	
	1	2	1	2	1	2
玉米	60.0	60.0	54.0	54.0	60.0	60.0
大豆饼(粗蛋白 48%)	10.0	20.0	9.0	18.0	10.0	20.0
小麦麸	15.0	14.5	23.5	22.0	10.0	10.0
秘鲁鱼粉(粗蛋白 60%)	10.0		9.0		10.0	
槐叶粉	4.0	3.0	3.5	3.5	2.0	2.0
贝壳粉	0.3	1.4	0.3	1.4	7.2	6.5
磷酸氢钙	0.4	0.5	0.4	0.5	0.4	0.9
食盐	0.2	0.4	0.2	0.4	0.3	0.4
dl-蛋氨酸		0.1		0.1		0.1
每千克饲料添加						
混合微量元素添加剂(上海产,g)	1.0	1.0	1.0	1.0	1.0	1.0
亚硒酸钠(mg)	0.22	0.22	0.22	0.22	0.22	0.22
禽多维(上海产,g)	0.15	0.15	0.15	0.15	0.15	0.15
营养水平						
代谢能(MJ/kg)	11.80	11.59	11.38	11.13	11.34	11.21
粗蛋白(%)	17.5	15.3	17.2	15.2	16.5	14.6
钙(%)	0.81	0.77	0.78	0.78	3.2	2.87
总磷(%)	0.77	0.52	0.80	0.57	0.71	0.54
赖氨酸(%)	1.01	0.75	0.97	0.73	0.96	0.70
蛋氨酸(%)	0.34	0.32	0.33	0.32	0.32	0.30
蛋氨酸+胱氨酸(%)	0.70	0.62	0.62	0.63	0.59	0.58

注:1.此配方为东北农学院畜牧系配制。

2.表中混合微量元素和多种维生素可参考微量元素和维生素添加剂预混料的配制或微量元素及维生素预混料通用配方。

表 4-30　轻型蛋鸡的饲料配方 2

饲料配比(%)	周龄							
(风干基础)	0～6	7～14	15～18	19～20	21～24	25～35	36～48	49～72
黄玉米	52.50	60.00	60.78	62.18	58.00	60.00	60.00	60.00
高粱	8.0	4.0	6.0	6.0	4.0			
麦麸	2.11	11.0	22.75	14.00	4.25			
苜蓿粉	4.00	4.47	7.00	3.00				
国产鱼粉(粗蛋白 53.4%)	4.0							
菜籽饼(粗蛋白 32.7%)	6.0	6.0		2.0	8.0	4.0	4.0	4.0
棉仁饼(粗蛋白 32.6%)	7.0	4.0		2.0	5.0	3.0	3.0	3.0
葵仁饼(粗蛋白 32.3%)	13.00	8.00	1.00	2.15	12.37	9.20	9.20	9.20
骨粉	0.75	1.00	1.00	3.00	2.50	2.50	3.00	3.00
脱氟磷酸氢钙	2.0	1.0	1.0					
食盐	0.25	0.25	0.25	0.25	0.25	0.25	0.25	0.25
dl-蛋氨酸	0.09	0.12	0.12	0.12	0.04	0.05	0.05	0.05
l-赖氨酸盐酸盐	0.30	0.16	1.00	0.10	0.09			
蛎粉				5.2	5.5	6.0	5.5	5.5
槐叶粉						1.0	1.0	
黑豆饼(粗蛋白 39.6%)						14.0	14.0	14.0
每 100 kg 饲料添加 硫酸铜(g)	1.57	1.57	1.57	1.57	1.57	1.57	1.57	1.57

续表 4-30

饲料配比(%)（风干基础）	周龄							
	0～6	7～14	15～18	19～20	21～24	25～35	36～48	49～72
碘化钾(mg)	45.70	45.70	45.70	45.70	45.70	45.70	45.70	45.70
硫酸亚铁(g)	40.0	40.0	40.0	40.0	19.90	19.90	19.90	19.90
硫酸锰(g)	24.0	24.0	24.0	24.0				
硫酸钠(mg)	33.0	33.0	33.0	33.0	8.50	8.50	8.50	8.50
硫酸锌(g)	17.70	17.70	17.70	17.70	17.60	17.60	17.60	17.60
亚硒酸钠(mg)					22.0	22.0	22.0	22.0
禽多维(上海产,g)	20.0	10.0	10.0	10.0	20.0	20.0	20.0	20.0
主要营养水平								
代谢能(MJ/kg)	11.84	12.05	10.63	11.30	11.50	11.63	11.63	11.67
粗蛋白(%)	16.5	13.4	10.1	10.0	14.0	16.0	16.0	16.1
钙(%)	1.02	0.69	0.65	3.01	3.00	3.60	3.22	3.16
总磷(%)	0.90	0.74	0.70	0.71	0.70	0.75	0.75	0.74
有效磷(%)	0.66	0.44	0.42	0.50	0.39	0.45	0.49	0.49
赖氨酸(%)	0.94	0.66	0.50	0.48	0.56	0.82	0.71	0.70
蛋氨酸(%)	0.35	0.31	0.25	0.26	0.25	0.30	0.28	0.28
蛋+胱氨酸(%)	0.61	0.55	0.44	0.44	0.49	0.54	0.58	0.57

注:此配方为中国农业科学院畜牧所、山西农业科学院畜牧所的配方。

表 4-31 中型蛋鸡(褐壳蛋鸡)的饲料配方 1

饲料原料配比(%)	育雏料		育成料		蛋鸡料	
	0～6周龄	7～11周龄	12～16周龄	17～18周龄	19～45周龄	45周以后
玉米	56.20	55.80	58.05	60.53	60.60	62.30
麦麸	11.26	21.75	24.34	12.36	3.33	3.82
豆粕	29.19	19.25	14.01	21.00	26.38	23.38
食盐	0.35	0.35	0.35	0.35	0.37	0.37
磷酸氢钙	2.65	2.30	2.30	1.80	1.88	1.89
石粉	1.41	1.40	1.88	4.80	3.94	4.20
贝壳粉					4.49	4.79
蛋氨酸	0.15	0.09	0.05	0.11	0.12	0.13
赖氨酸	0.12	0.15	0.17			
氯化胆碱	0.12	0.12	0.12	0.10	0.10	0.10
多维	0.02	0.02	0.02	0.02	0.02	0.02
微量元素	0.50	0.50	0.50	0.50	0.50	0.50
主要营养水平						
代谢能(MJ/kg)	11.87	11.37	11.29	11.62	11.62	11.33
粗蛋白(%)	18.7	16.0	14.4	15.8	16.7	15.7
钙(%)	1.1	1.0	1.1	2.2	3.4	3.59
有效磷(%)	0.55	0.50	0.50	0.40	0.40	0.40
脂肪(%)	3.95	3.80	3.87	3.71	3.67	3.58
粗纤维(%)	3.82	4.21	4.19	3.54	3.02	2.90
每千克饲料中加入						
维生素 A(IU)	10 000	10 000	10 000		9 000	
维生素 D_3(IU)	2 200	2 000	2 000		2 000	
维生素 B_1(IU)	1.0	0.5	0.5		0.5	
维生素 B_2(IU)	4.0	4.0	4.0		4.0	
泛酸(mg)	10	8	8		8	
烟酸(mg)	30	30	30		25	
维生素 E(mg)	20	15	15		15	
维生素 K_3(mg)	2.5	2.0	2.0		2.0	
维生素 B_{12}(mg)	0.020	0.015	0.015		0.015	
叶酸(mg)	0.5	0.5	0.5		0.4	
维生素 B_6(mg)	2.5	2.0	2.0		2.0	
生物素(mg)	0.2	0.1	0.1		0.1	

续表 4-31

饲料原料配比（%）	育雏料		育成料		蛋鸡料	
	0～6周龄	7～11周龄	12～16周龄	17～18周龄	19～45周龄	45周以后
锰(mg)	70	70	70		70	
锌(mg)	50	50	50		50	
铜(mg)	6.0	6.0	6.0		6.0	
铁(mg)	70	60	60		60	
碘(mg)	0.75	0.50	0.50		0.50	
硒(mg)	0.15	0.10	0.10		0.10	

注：此配方来自于北京芦城种鸡场。

表 4-32 中型蛋鸡(褐壳蛋鸡)的饲料配方 2

饲料配比(%)（风干基础）	周龄		
	0～5	6～20	29～45
玉米	30.0	32.0	40.0
大麦	27.0	23.0	10.0
碎米	15.0	16.0	10.0
麸皮	5.5	12.0	5.5
豆饼	15.0	7.0	10.0
鱼粉	6.0	5.0	8.0
苜蓿粉		3.5	10.0
贝壳粉	0.55	0.55	3.0
食盐	0.25	0.25	0.2
添加物(%)			
磷酸氢钙	0.5	0.5	0.2
微量元素(本场产)	0.1	0.1	0.1
强化复维(本场产)	0.01	0.01	0.01
氯化胆碱(本场产)	0.1	0.1	0.05
蛋氨酸			0.01
营养水平			
代谢能(MJ/kg)	12.17	12.01	11.46
粗蛋白(%)	18.9	15.9	18.1
钙(%)	0.75	0.74	2.79

续表 4-32

饲料配比(%)(风干基础)	周龄		
	0～5	6～20	29～45
总磷(%)	0.64	0.61	0.58
赖氨酸(%)	0.91	0.72	0.93
蛋氨酸(%)	0.29	0.25	0.39
蛋氨酸+胱氨酸(%)	0.58	0.50	0.64

注:此配方为上海市新杨种畜场配方。

四、添加剂预混料的配制

饲料配方的好坏,直接关系到饲养效果,而添加剂预混料是配合饲料的核心,是饲料质量好坏的关键因素之一。市场购置的预混料添加剂都使用载体。养殖户自配饲料时,如现配现用添加剂预混料,可不加载体。

(一)微量元素添加剂预混料的配制

1. 微量元素的最低需要量和最大耐受量　动物必需的微量元素都具有营养性和毒性。最低需要量是防止家禽缺乏症的需要量,最高耐受量是安全剂量的上限,两者之间就是适宜供给量。鸡对微量元素的需要量及中毒量见表 4-33。

表 4-33　鸡对微量元素的需要量及中毒量　mg/kg

微量元素	需要量	最大安全量	中毒量	中毒致死量
铁	40～60	1 000	1 000 以上	
锌	50～100	400	900～1 700	1 700 以上
锰	40～100	1 000	2 460～4 920	
铜	5～15	100	100 以上	
钴	0.1～0.2	30	30 以上	
碘	0.2～0.5	30	50～200	
硒	0.1～0.2	3	3～5	
钼	0.5～1	6	50～100	

2.微量元素预混料的配制　微量元素预混料即按照动物的需要，将各种微量元素按一定比例配合，再加入一定的载体或稀释剂配制而成的预混料。国外微量元素预混料一般制成较高浓度产品，通常以0.05%～0.50%的比例添加到全价配合饲料中。国内生产的微量元素预混料浓度较低，常包含有常量元素补充料，在配合饲料中的添加量一般为0.5%～2%。微量元素预混料配制步骤如下。

(1)根据饲养标准确定微量元素用量，表4-34为我国制定的产蛋鸡产蛋期微量元素需要量。

表4-34　产蛋鸡产蛋期微量元素需要量　mg/kg

微量元素	铜	碘	铁	锰	锌	硒
需要量	6	0.3	50	30	50	0.1

饲料原料也含有微量元素，但因其含量甚微，实际生产中不予考虑，只作为安全量。

(2)原料选择。根据含量、粒度、结晶水、有毒有害元素含量、价格等因素确定好适当原料，可参见表4-35。

表4-35　常用矿物质饲料中的元素含量表

矿物质元素	名称	化学式	矿物质含量(%)
钙	碳酸钙	$CaCO_3$	Ca:40
	石灰石粉		Ca:34～38
钙、磷	煮骨粉		P:11～12,Ca:24～25
	蒸骨粉		P:13～15,Ca:31～32
	磷酸氢二钠	$Na_2HPO_4 \cdot 12H_2O$	P:8.7,Na:12.8
	亚磷酸氢二钠	$Na_2HPO_3 \cdot 5H_2O$	P:14.3,Na:21.3
	磷酸钠	$Na_3PO_4 \cdot 12H_2O$	P:8.2,Na:12.1
	焦磷酸钠	$Na_2P_2O_7 \cdot 10H_2O$	P:14.1,Na:10.3
	磷酸氢钙	$CaHPO_4 \cdot 2H_2O$	P:18,Ca:23.2
	磷酸钙	$Ca_3(PO_4)_2$	P:20,Ca:38.7
	过磷酸钙	$Ca(H_2PO_4)_2 \cdot H_2O$	P:24.6,Ca:15.9

续表 4-35

矿物质元素	名称	化学式	矿物质含量(%)
钠、氯、铁	氯化钠	$NaCl$	Na:39.7,Cl:60.3
	硫酸亚铁	$FeSO_4 \cdot 7H_2O$	Fe:20.1
	碳酸亚铁	$FeCO_3 \cdot H_2O$	Fe:41.7
	碳酸亚铁	$FeCO_3$	Fe:48.2
	氯化亚铁	$FeCl_2 \cdot 4H_2O$	Fe:28.1
	氯化铁	$FeCl_3 \cdot 6H_2O$	Fe:20.7
	氯化铁	$FeCl_3$	Fe:34.4
硒	亚硒酸钠	$Na_2SeO_3 \cdot 5H_2O$	Se:30
	硒酸钠	$Na_2SeO_4 \cdot 10H_2O$	Se:21.4
铜	硫酸铜	$CuSO_4 \cdot 5H_2O$	Cu:25.5
	氢氧化铜	$Cu(OH)_2$	Cu:65.2
	氯化铜(绿色)	$CuCl_2 \cdot 2H_2O$	Cu:37.3
	氯化铜(白色)	$CuCl_2$	Cu:64.2
锰	硫酸锰	$MnSO_4 \cdot 5H_2O$	Mn:22.8
	碳酸锰	$MnCO_3$	Mn:47.8
	氧化锰	MnO	Mn:77.4
	氯化锰	$MnCl_2 \cdot 4H_2O$	Mn:27.8
锌	碳酸锌	$ZnCO_3$	Zn:52.1
	硫酸锌	$ZnSO_4 \cdot 7H_2O$	Zn:22.7
	氧化锌	ZnO	Zn:80.3
	氯化锌	$ZnCl_2$	Zn:48
碘	碘化钾	KI	I:76.4

(3)各原料有效成分计算见表 4-36。

表 4-36 常见的几种饲料级微量元素原料纯度及含量

原料商品名	五水硫酸铜	碘化钾预混剂	七水硫酸亚铁	五水硫酸锰	七水硫酸锌	亚硒酸钠预混剂
纯度(%)	85	1	85	98	98	1
纯品中微量元素含量(%)	25.5	76.4	20.1	22.8	22.7	45.65
原料中有效成分含量(%)	21.675	0.764	17.085	22.344	22.250	0.456 5

(4)根据选定的标准,确定每吨饲料中各原料的添加量(表4-37)。

表4-37　根据选定标准确定每吨饲料中各原料添加量

元素	需要量(mg/kg)	原料	用量(g/t全价料)
铜	6	五水硫酸铜(85%)	27.68
碘	0.3	碘化钾预混剂(1%)	39.27
镁	50	七水硫酸亚铁(85%)	292.65
锰	30	五水硫酸锰(98%)	134.26
锌	50	七水硫酸锌(98%)	224.72
硒	0.1	亚硒酸钠预混剂(1%)	21.91
共计			740.49

自配家禽微量元素预混料也可参考表4-38的通用配方。

表4-38　家禽通用微量元素预混料配方(每吨加入量)

元素	化学式	元素含量(g)	建议用量(g)
铁 Fe	$FeSO_4 \cdot 7H_2O$	20.1	300
铜 Cu	$CuSO_4 \cdot 5H_2O$	25.5	32
锰 Mn	$MnSO_4 \cdot 5H_2O$	22.7	242
锌 Zn	$ZnSO_4 \cdot 7H_2O$	22.7	386
碘 I	KI	76.4	0.5
硒 Se	$NaSeO_3$	45.6	0.33

注:1. 如使用氧化锰需加入含锰77.4%的MnO 71 g。
2. 如使用氧化锌需加入含锌80.3%的ZnO 81 g。

(二)维生素添加剂预混料的配制

维生素预混料是一种或多种维生素与载体稀释剂按一定比例配制的均匀混合物。目前我国市场上的禽用维生素,在日粮中添加量为0.01%～0.50%的高浓度制剂,一般不加氯化胆碱。

1. 维生素的需要量、供给量和添加量

(1)需要量。需要量可分为最低需要量和最适需要量。最低需要量是指可以预防动物产生某种维生素缺乏症的需要量;最适需要量是指能充分发挥家禽遗传潜力，达到最佳生产能力的需要量。

(2)供给量。是指实际供给动物的某种维生素的量，包括两部分，基础日粮中该维生素的含量和添加量。

(3)添加量。就是通过添加剂预混料添加的量，它是设计维生素预混料的依据。

2. 维生素预混料配方的设计　由于维生素含量分析复杂，加工储存条件要求较高，因而，不同人配制的维生素预混料，可能存在较大差异。实际中，有条件的地方，最好使用知名的专业厂家生产的维生素预混料。如果自己配制可参考下面方法。

(1)确定添加量。我国已制定家禽营养标准，给出了维生素的需要量，但实际生产中，添加时往往超出标准的许多倍，许多公司给出了推荐量，见表 4-39。

表 4-39　蛋鸡产蛋期每千克饲料中维生素需要量和实际推荐量

项目	我国营养标准需要量	法国某公司推荐量	德国某公司推荐量	瑞士某公司推荐量	国内某预混剂厂
维生素 A(IU)	4 000	8 000	12 000	10 000	15 000
维生素 D_3(IU)	500	2 400	2 400	2 000	3 850
维生素 E(IU)	5	10	20	30	20
维生素 K(mg)	0.5	2	1	2	2
硫胺素(mg)	0.8	1.5	2	3	2.2
核黄素(mg)	2.2	4	6	6	6.6
泛酸(mg)	2.2	5	8	15	13
烟酸(mg)	10	20	30	40	45
吡哆醇(mg)	3	2	4	5	2.2
生物素(mg)	0.10		0.06	0.20	0.15
胆碱(mg)	500	500	500	1 100	1 300
叶酸(mg)	0.25	0.4	0.8	1.5	1.0
维生素 B_{12}(mg)	0.004	0.01	0.02	0.015	0.015

(2)原料的选择与计算。当饲料原料纯度在 99%以上时，一般可

按 100%计算。

(3)根据含量计算每吨全价料所需原料量(注明有效成分含量)。具体计算见表 4-40。

表 4-40　预混料中维生素的计算

维生素	纯度	每千克全价料中含量	全价料中添加量(g/t)
维生素 A 醋酸酯	50 万 IU/g	8 000	16
维生素 D_3	50 万 IU/g	2 400	4.8
维生素 E	50%	10	20
维生素 K	50%	2	4
硫胺素	98%	1.5	1.53
核黄素	96%	4	4.17
泛酸	98%	5	5.10
烟酸	99%	20	20
吡哆醇	98%	2	2.04
叶酸	80%	0.4	0.5
维生素 B_{12}	1%	0.01	1

以维生素 A 醋酸酯的需要量为例说明计算方法。按要求每千克全价饲料中含维生素 A 醋酸酯 8 000 IU,每吨则应含 800 万 IU,所用原料 50 万 IU/g,故每吨应添加此种纯度的维生素 A 醋酸酯 16 g(800 万 IU÷50 万 IU/g);维生素 D_3 计算同上。其他维生素注意其含量。农户也可参考维生素预混料的通用配方(表 4-41)。

表 4-41　维生素预混料通用配方(每吨添加)

维生素	需要量	建议配方量
维生素 A(IU)	4 000 000	8 000 000
维生素 D_3(IU)	500 000	800 000
维生素 E(IU)	10 000	20 000
维生素 K(g)	0.55	0.5
核黄素(g)	3.8	0.8
硫胺素(g)	1.8	0.8

续表 4-41

维生素	需要量	建议配方量
泛酸(g)	10	10
烟酸(g)	27	27
吡哆醇(g)	4.5	4.5
生物素(g)	0.15	0.15
叶酸(g)	0.55	0.55
维生素 B_{12}(g)	0.009	0.009

对于农户，不论是微量元素预混料，还是维生素预混料，配制好后，要立即使用，否则还要加入载体储存。

(三)复合预混料

是由微量元素、维生素、氨基酸和一般性添加剂中任何两类或两类以上的组分与载体或稀释剂按一定比例配制的均匀混合物。由于各种添加剂之间的相互影响，尤其维生素易被破坏，加工要求条件较高，养殖户没必要自己配制复合预混料，故在此不做介绍。

小结

本章简述了蛋鸡饲养标准、蛋鸡典型饲料配方、用试差法和计算机设计进行饲料的配制、添加剂预混料的配制。详述了无公害家禽饲料原料、无公害饲料添加剂、我国无公害饲料原料的卫生标准、饲料产品卫生标准。重点介绍了选购饲料原料及饲料添加剂应注意的事项、目前饲料添加剂使用中存在的主要问题及使用饲料添加剂的关键要求、无公害饲料对鸡蛋品质的影响、农户自配饲料常见问题及配合原则。

提示问答

1. 你在购买饲料原料及饲料添加剂时如何判断其质量？以往是否出现过质量问题？今后你是否可避免这些问题的发生？

2. 你原来养鸡饲喂的是自配饲料还是购置商品饲料？通过本章学

习，是否掌握了饲料配制方法？分析比较自配饲料和商品饲料在养殖中的效益。

3. 对国家规定的无公害饲料原料和饲料添加剂的要求是否有了清楚了解？能否正确使用饲料添加剂？是否注意到了饲料添加剂之间的协同与拮抗？你配制的饲料能否达到国家无公害饲料产品卫生标准？

第五章

蛋鸡无公害饲养管理

阅读指南 本章按照无公害标准化的原则，结合我国养鸡生产的现实，对蛋鸡生产的不同饲养阶段的饲养管理进行了详尽的阐述，并对鸡蛋的收集、包装、运输进行了简单介绍，为促进蛋鸡标准化生产技术的推广，对蛋鸡的生产记录和档案管理做了一些探讨，并对养鸡生产中常见的问题进行了分析。

第一节 蛋用雏鸡的饲养管理

一、雏鸡的生长发育特点

0～8 周龄为育雏阶段，雏鸡具有以下生理特点。

(1)体温调节机能不完善。初生雏鸡较成年鸡体温低 2～3℃，

10 日龄方可达到成年鸡体温。3 周龄，体温调节机能逐渐趋于完善，7～10 周龄才具有适应外界温度变化的能力。

(2)生长迅速，代谢旺盛。蛋用雏鸡 2 周龄体重约为出生时的 2 倍，4 周龄体重为出生时的 10 倍，8 周龄体重为出生时的 15 倍。随着日龄增长逐渐减慢，雏鸡代谢旺盛，心跳快，每分钟可达 250～350 次。安静时，单位体重耗氧量与排出的二氧化碳量是家畜的一倍以上。所以，饲养上要满足营养，管理上要供给新鲜空气。

(3)羽毛生长快。3 周龄的羽毛为体重的 4%，7 周龄为体重的 7%，其后保持不变，从出生到 20 周龄羽毛要脱 4 次，羽毛中蛋白质含量为 80%～82%，所以雏鸡日粮中蛋白质含量较高，以满足雏鸡快速生长的需要。

(4)胃容积小，消化机能不健全。胃容积小，采食量少，消化道内缺乏某些消化酶，因此，饲料应符合高能量、高蛋白、低纤维的特点，且选择蛋白质原料应易消化吸收。

(5)敏感性强。幼雏对饲料中营养物质缺乏或药物的过量会反映出病理状态。

(6)抗病力差。幼雏由于对外界环境适应性差，对各种疾病的抵抗力也差，因此，要严格按雏鸡饲养管理要求进行饲养。

(7)群居性强、胆小。雏鸡喜欢群居，离群则鸣叫不止，胆小，缺乏自卫能力，因此，育雏环境要安静，防止各种异常声响和噪声以及新的颜色入内，舍内还应有防兽害的措施。

二、育雏的必备条件

雏鸡生长发育快，对外界环境条件适应性差，如管理不当，就会造成雏鸡生长发育不良，发病率增加，从而降低雏鸡的成活率。因此，育雏的关键就是为雏鸡创造良好的条件、给予丰富的营养、精心的管理。根据蛋鸡饲养管理准则(NY/T 5034—2001)的要求，在育雏的环境条件中，满足雏鸡对温度、湿度、通风换气、光照、密度和卫生等条件的需要。

1. 温度适宜 适宜的温度是育雏最重要的条件之一，育雏最适宜温度为：第一周 33～35℃，第二周 31～33℃，第三周 28～31℃，四周后逐渐恢复到常温。判断温度是否适宜的标准是：温度适宜时，雏鸡在育雏笼内均匀分布，活泼好动，反应敏捷，采食饮水正常；温度过高，则雏鸡远离热源，翅膀张开，张口呼吸，饮水增加，采食减少；温度过低，雏鸡接近热源，扎堆，发出鸣叫，不愿活动，发生白痢。育雏室应悬挂温度计，温度计悬挂于与雏鸡相平行的高度，一般冬季育雏温度较其他季节稍高些，一天中凌晨温度稍高些。

2. 湿度适中 舍内相对湿度在 1～2 周龄为 65%～70%，3 周龄以后为 55%～60%。实际育雏中，因室内温度高，水分蒸发快，常在舍内放水盆，以保持一定的湿度，也可通过喷雾消毒，既增加了舍内湿度又起到了消毒灭菌的作用。如果湿度过小，雏鸡又不能及时饮水，雏鸡可能发生脱水，表现为绒毛发脆且大量脱落，脚趾干瘪，雏鸡食欲不振，饮水频繁，易患感冒。如果湿度大、温度低，雏鸡将感觉寒冷，影响雏鸡采食和运动，易引起雏鸡体弱和生病；湿度大、温度高时，影响雏鸡体热与水分的正常蒸发，产生闷热不舒服的感觉。湿度的大小在不同季节可做适当调整，夏季越湿越热，冬季越湿越冷，育雏时应引起高度注意。要掌握好湿度，就要使用干湿球温度计。干湿球温度计上不包纱布的为干球，表示温度；包有纱布，而且纱布的另一端浸在清水瓶里的为湿球，表示湿度。

3. 通风良好 保持良好的通风是保证雏鸡健康生长的必备条件。高温、高密度饲养条件下，室内产生的氨气、二氧化碳、羽毛粉尘很容易造成鸡的呼吸道传染病。因此，每天中午应半开窗扇（冷空气不能直接对着雏鸡，以防感冒），使舍内通风换气。在无公害生产中，室内有毒有害气体含量应符合 NY/T 388 的要求。如二氧化碳的浓度不应超过 0.5%，氨气的浓度不应超过 20 mg/kg，鸡舍内粉尘控制在 4 mg/m^3，微生物数量应控制在 25 万个/m^3。氨、二氧化碳超标，能使中枢神经受到强烈刺激，易发呼吸道病，饲料报酬降低，性成熟延迟，免疫机能下

降，传染病发生率增加。表 5-1 是二氧化碳浓度与雏鸡状态间的关系。

表 5-1 二氧化碳浓度与雏鸡的生理状态

CO_2 浓度(%)	雏鸡状态	CO_2 浓度(%)	雏鸡状态
4.0	无显著影响	8.6～11.8	忍耐、明显痛苦状
5.8	轻微痛苦状	15.2	昏睡
6.6～8.2	呼吸次数增加	17.4	致死

在通风时要注意，天气特别 W 冷不能开窗，以防鸡着凉而发生白痢，一般在中午开窗 1～1.5 小时，开窗前将舍内温度提高 1～2℃；另一种方法是在窗的上部起开一块玻璃，设一活动卷帘，根据需要确定通风量和通风时间。雏鸡舍的通风量见表 5-2。

表 5-2 雏鸡舍的通风量

周龄	通风量(m^3/只·分钟)	
	一般型	中型
2	0.012	0.015
4	0.021	0.029
6	0.032	0.044

4. *光照适度* 所谓光照适度是指光照强度和光照时间适度。光照适度对雏鸡的活动、采食、饮水、繁殖等都有重要作用。光照分为自然光照和人工光照。自然光照指日光，日出前半小时至日落后半小时为自然光照时间。光照方案根据鸡舍类型确定。

(1)封闭式鸡舍：光照时间第一周为 23～24 小时，2～18 周为 8～9 小时，光照强度第一周 20 lx，一周以上 5 lx。

(2)开放式鸡舍：根据鸡的生理特点，12 周后，增加光照时间可促进鸡性成熟，造成鸡开产过早、蛋重小、产蛋高峰期短、死淘率增加。因此，18 周龄以前，光照只能恒定或递减。光照强度过大，鸡易产生啄癖。

(3)光照方案：恒定光照制度，从进雏之日到 20 周龄，查出此阶段内日照最长的一天，以此光照时数为1～20周的光照时长，20周龄后，再按成年鸡光照方案处理；光照渐减法：如果进雏后到20周龄，正好赶上日照逐渐减短（即夏至到冬至）可采取自然光照，如果进雏之日到第20周赶上日照逐渐延长，则按该段时间内最长一天日照时数再增加1小时，作为育雏第二周光照时数，以后逐渐递减，直到日照最长的那一天。

(4)光照应注意的问题：①育雏初期应给予较强的光照，以促使雏鸡及早饮水啄食；②育成期光照宜短不宜长，尤其12周龄以后；③产蛋期光照应恒定，维持在16～17小时。

5. 密度合理　密度过大，鸡群拥挤，采食不均，体质健壮的采食多，生长快，体质弱的采食少，生长慢，造成鸡群生长不均，影响开产后的产蛋率；密度小，育雏面积大，既不利保温，又增加育雏成本。饲养密度应根据鸡的品种、日龄及育雏方式来确定：一般网上平养，0～6周，13～15只/m^2，7～18周，8～10只/m^2；立体笼养，1～2周，60只/m^2；3～4周，40只/m^2；5～7周，34只/m^2；8～11周，24只/m^2；12～20周，14只/m^2。

6. 槽位足够　饲料槽和饮水器的数量应当根据雏鸡的数量来决定，一般以每只鸡都能吃到饲料为原则。料槽和饮水器位置应恰当，防止饲料浪费或有些鸡吃不到饲料，要经常检查饲槽、水槽的采食饮水位置是否够用，规格是否需要更换，并通过喂料的机会观察雏鸡对给料的反应、采食的速度、争抢的程度。槽位不足，体壮的鸡采食多，体弱的鸡则吃不到饲料，时间长了可造成鸡的大小不均，影响开产时间，延缓产蛋率高峰的时间，甚至没有高峰期。每只鸡所需采食和饮水位置见表5-3。

表5-3　鸡需采食和饮水的位置表　　cm/只

周龄	1	2	3	4	5	6
采食位置	2.5	2.5	2.5～3.8	3.8～7.5	6～7.5	6～7.5
饮水位置	1～2.5	1～2.5	1～2.5	1～2.5	1～2.5	1～2.5

7. 断喙　为了预防鸡发生啄癖，一般在育雏的第7～10天对雏鸡进行断喙，以防止发生啄羽、啄肛、啄趾等现象。发生啄癖的原因比较复杂，饲养密度大、光照强、温度高、饲料营养不平衡、通风不良等都有可能造成啄癖的发生。某些特定品种尤其是轻型鸡，在开放饲养情况下，更易发生啄癖。断喙的方法及时间：断喙一般使用断喙器，目前市售断喙器品种很多，用户可根据自己的养殖规模、生产情况等来决定断喙器的型号和种类。断喙器上有三个孔，断喙时根据日龄选择使用，7～10日龄为4.4 mm，10日龄后为4.8 mm。在断喙时，接通电源后，刀片变得亮红时，即可开始操作，上喙切去二分之一，下喙切去三分之一。断喙烧灼时间为1～2秒，以达到完全止血的目的。为减少应激，断喙前后两天饮水中可添加电解多维；为防止出血，饲料中可添加维生素K_3，每千克饲料添加2 mg。断喙时，左手抓住鸡腿部，右手拇指放在鸡头部位，食指放在咽下，使鸡缩舌，在离鼻孔2 mm处断，为使上喙短些(切1/2)，下喙长些(切1/3)，喙插入孔时，头稍向下倾斜即可。

8. 环境卫生　在育雏过程中，必须贯彻"预防为主"的方针。在实行严格消毒，经常保持环境卫生的同时，还要按免疫程序做好各种疫苗的接种工作，这些都是保持雏鸡健康的重要措施。根据有关资料统计，育雏期(1～5周)造成雏鸡死亡的原因及主要疾病所占的比例见表5-4。

表5-4　造成雏鸡死亡的原因及主要疾病所占的比例　　%

病种	白痢	脐炎	脱水	感冒	维生素缺乏	鼠害	啄死
占死亡率的百分数	51.5	23.4	9.9	1.8	4.7	4.3	4.8

三、育雏前的准备

雏鸡引进前，应做好以下各项准备工作：育雏室及设备、选择育雏方式、制定育雏计划、鸡舍及用具的消毒、育雏舍加温、药品和饲料的准备。

(一)育雏舍及设备

1. 育雏舍　要求保温性能良好,同时具备良好的通风条件,但通风不能直吹雏鸡,以防感冒,做到保证空气流通又不影响室温为宜。育雏舍距其他鸡舍的距离至少应有 100 m,以防止疾病的相互传播。育雏舍分开放式和封闭式两种,可根据当地条件选定。进雏前应对鸡舍进行维修、检查,一查是否有鼠洞,防止老鼠危害雏鸡;二查门窗是否能关严,以保障室内恒定的温度;三查通风道是否畅通,确保育雏时通风良好;四查加温设备、烟筒是否漏烟、阻塞,以防煤气中毒,电加温时应检查线路是否畅通,是否有漏电、断路等情况。

2. 育雏设备

(1)育雏笼。目前常用的有三种,一是层叠式电热育雏笼,该设备由三部分组成,一组电加热笼,一组保温笼,一组运动笼。当雏鸡有冷感时,即可进入保温笼内。层叠式电热育雏笼多为四层式,该设备饲养密度大,占地面积小,饲养密度可达每平方米 30~50 只。由于笼养和加温为雏鸡提供了适宜的空气、温度、湿度,鸡粪直接落入接粪盘,减少了疾病传播感染机会,便于管理。这种育雏方式,既减轻了劳动强度、节约能源,又提高了雏鸡成活率。采用此设备应注意检查温度,根据需要随时调整温控仪,根据鸡的日龄,调整育雏笼内鸡的密度,防止密度过大过小。密度过大,笼内拥挤,影响雏鸡采食,使鸡大小不均,影响育雏整齐度,从而对以后产蛋造成不良影响。照明应注意各层采光均匀,第一周可适当加大照明瓦数,可用 45 瓦或 60 瓦灯泡,可在笼内放小食盘,以便雏鸡采食。如采用笼内放水盘,要定时清洗,消毒。二是叠层式育雏笼,适用于 1~8 周龄雏鸡饲养,该设备结构紧凑,占地面积小,与叠层式加热笼相比,减少了加热部分,对整室加温的育雏舍使用效果较好,缺点是:上层温度高,下层温度低。三是一次育成笼,从 1~120 日龄整个育成阶段在笼内饲养,一次育成笼配有食槽、水槽,可人工喂料、清粪,适用于整室加温的鸡舍。

(2)供暖设备。雏鸡一般在 0~8 周内都需要人工给温,常用的给

温设备有以下几种。

①暖气供暖:在育雏舍内安装暖气,锅炉设在其他房间内,根据舍内温度,确定供暖次数。该方法室内温度恒定,清洁卫生,适用于大型鸡场应用。

②煤炉供暖:这是我国特别是北方地区常用的供暖设备,保温良好的房舍,20～30 m^2 放一个煤炉即可。该方法简单易行,又可降低育雏成本。在安装烟筒时,由热源到烟筒引出室外的一段距离,应稍有向上的坡度,以防煤烟倒灌。在规模较小的鸡场常用此种加热方法,该方法缺点是室内空气污染,温度不易恒定。

③红外线供暖:红外线发热原件有两种主要形式,即明发热体和暗发热体。两种都要装在金属反射罩下,明发热体用灯泡为 250 瓦,可给 100～250 只雏鸡保温;暗发热体,只发出红外线不发光,因此,使用时要配照明灯,该发热体功率为 180～500 瓦。红外线供暖器离地面高度应根据育雏季节和雏鸡日龄决定。寒冷季节距地面 35 cm,炎热季节距地面 40～50 cm,饲料及饮水器不应放在发热体正中。发热体的育雏数与室温有关,该方法适用于地面平养或网上平养。

(二)选择育雏方式

育雏方式的确定可根据育雏的数量和设备条件来确定,常用育雏方式有以下几种。

1. 平面育雏　根据育雏数量的不同,平面育雏可选择保温伞育雏、火炕育雏、热水管育雏。

(1)保温伞育雏。为一种伞状保温器,保温的热源可用电炉丝、石油液化气、煤炉等,育雏的只数根据保温伞的热源面积而定,一般为 300～500 只,优点:雏鸡可在伞下自由进出,选择合适温度,换气良好,育雏效果较好。缺点是育雏费用高,同时还应在舍内另有整室加温设备。

(2)火炕育雏。即靠火炕的增温,把雏鸡饲养在火炕的炕面上,用烧火的大小调节育雏温度。优点是舍温稳定,鸡脱温安全,不受电控制，育雏成本低，缺点占地面积大，育雏数量少，不适宜较大规模的育雏。

(3)热水管育雏。在育雏舍配置锅炉，将热水管通向育雏舍内，热水管安在墙壁周围下部，距地面 30 cm 处，在热水管上方 50～60 cm 处，设 1.2～1.5 m 宽的保温棚，控制棚下达到育雏温度。这种方法舍内清洁、温度稳定，育雏效果好。

2. 网上育雏　在育雏舍内距地面 70～80 cm 的高度，架设育雏网，网的四周设高 30～40 cm 的围栅。现在市售有塑料网和丝网两种，网上设放饮水器和料槽，其面积的大小，可根据育雏数量的多少和育雏舍面积来确定。如果数量大，网上可加设隔栅，以 300～500 只为一栅较合适。此方法的优点是粪便可落到地面，育雏环境较卫生。

3. 立体笼养　已在育雏前准备中叙述。

随着养鸡生产标准化、专业化、规模化的发展，地面平养和网上育雏占用面积大，管理不方便，雏鸡易患病，已经很少使用，绝大部分鸡场都采用立体笼养式育雏，省工省力、管理方便、节省饲料，雏鸡成活率高。

(三)制定育雏计划

根据全年鲜蛋生产计划及场地设施、饲养管理等条件制定育雏计划。每批进雏数量应与育雏舍、成鸡舍的容量大体一致。不能盲目进雏鸡，进雏数量超过实际育雏能力，造成密度大，影响鸡群的发育，增加死亡。进雏数量太少则造成房屋设备的浪费，增加育雏成本，降低经济效益。进雏数量的确定具有一定规律，一般进雏数由当年计划培育的新母鸡数来确定，在此基础上增加育雏育成期死亡淘汰数，即为当年所需购进的雏鸡数。比如本年需新增鸡 10 000 只，计划育雏育成期成活率为 95%，则实际进雏数为 10 000＋10 000×5%＝10 500 只。

(四)鸡舍及用具的消毒

做好消毒工作是贯穿整个养鸡过程的一个非常重要的环节，对于

防止传染病的发生，保障鸡群健康起着至关重要的作用。进雏前，育雏舍及用具要进行严格消毒。

1.用具的消毒　对水盘、食槽、托粪盘及易于搬运拆装的部分，用10％石灰乳进行浸泡消毒，然后用清水冲洗干净，晾干备用。

2.育雏舍消毒　首先对育雏舍进行清扫，对地面、墙壁、屋顶及育雏器支架上的污物、灰尘等进行彻底清扫。其次用清水对地面、笼架等进行冲洗，用0.1％的新洁尔灭溶液进行喷雾消毒。最后根据育雏舍体积的大小进行熏蒸消毒。熏蒸消毒前，要把育雏所用物品全部放入育雏舍，并把所有窗户、通气孔密封，然后进行熏蒸。具体方法是每立方米空间使用14 g高锰酸钾、28 mL甲醛进行消毒，高锰酸钾与甲醛的比例是1∶2。如果鸡舍污染严重，可加大消毒剂的用量，如每立方米空间使用30 g高锰酸钾、60 mL甲醛。在此过程中要注意以下几点。

(1)熏蒸消毒用具要大一些，以防消毒液外溅。

(2)操作中要先放高锰酸钾，然后将甲醛慢慢放入高锰酸钾内，迅速离开并封密房间。

(3)消毒效果与温度和湿度有关。温度越高、湿度越大，消毒效果越好，因此在进行消毒之前，应适当提高育雏舍内的温度和湿度，一般室内温度不应低于15～20℃。

(4)密闭时间不应少于24小时。

(5)消毒结束后，应打开所有门窗，至少保持一周通风时间，以消除舍内的异味，因此熏蒸消毒最好在进雏前半月进行。过早会降低消毒效果，过晚则异味不能排净。

(五)育雏舍加温

进雏前2～3天，要对育雏舍进行加温。根据育雏要求，舍内温度应达到32～33℃，经过一个昼夜测温，符合要求后才能进雏、育雏。

(六)药物和饲料的准备

要在进雏前,根据不同鸡品种的营养需要,配制好雏鸡饲料。如购进的是全价饲料,应对饲料的品种、营养标准逐项核对、落实。雏鸡刚刚引进时,由于环境应激(环境改变、长途运输等)以及各种生理功能尚未正常等原因,机体抵抗能力较差,为了预防疾病发生,应准备好相应药品,如口服补液盐、常用抗菌药物、消毒药物等,以备急用。

(七)其他工作

制定科学规范的饲养管理制度,实行标准化生产。要根据本场实际,制定一整套标准化的操作管理规程,如育雏室入口要有消毒设施,并经常更换消毒药品,以保证消毒效果。检查修理好育雏舍门窗、隔栅、围栅等,防止兽害。管理人员应严格监督各项制度的落实。加强对饲养人员的技术培训。鸡场内要按 NY 5043《无公害食品 蛋鸡饲养管理准则》的要求合理配置技术及生产管理人员,所有人员要一律实行凭证(培训证)上岗制度。要定期对生产技术人员进行无公害食品生产管理等知识的继续培训教育,切实提高人员素质。

四、育雏季节的选择

在密闭式鸡舍育雏,环境条件可人工控制,一年四季均可育雏。如为开放式鸡舍,应根据不同地区、不同环境条件选择合适的育雏季节。实践证明:自然条件下,春雏育雏效果最好(3～5 月份孵出的雏鸡),一是此时气候适宜,种鸡性欲旺盛,种蛋孵出的雏鸡生活力强。二是空气干燥,阳光充足,气温渐高,适合雏鸡生长发育,雏鸡生长快、成活率高。三是进入产蛋高峰时为 8～9 月份,温度环境各方面都适宜,可利用秋季产蛋鸡淘汰,鲜蛋供应短缺的空档,另外适宜的温度可延长产蛋高峰期,从而提高蛋产量,增加效益。秋季育雏(9～11 月份雏鸡)次之。因为育雏时外部条件适宜雏鸡生长,但育成鸡正好赶上日照逐渐延长阶

段，性成熟早、开产时体重往往达不到标准，造成蛋重轻，产蛋高峰持续时间短。因此，秋季育雏在管理上要注意保持鸡的性成熟与体成熟的一致性。冬季育雏（12 月份至翌年 2 月份），由于冬季外界气温低，给温时间长，缺乏充足阳光（日照时间短），因此饲料、能源消耗高，育雏成本较高。若管理不当，次年秋季又会休产换羽。夏季育雏（6～8 月份），此时环境温度高，雏鸡多病，成活率低，因此不易育雏。

通过上述分析，各鸡场选择育雏时间除应考虑以上因素外，还应考虑鸡场全年生产计划和市场行情。不论何时育雏，通过科学的管理都能取得较好的经济效益。

五、雏鸡的选择与运输

(一)雏鸡的选择

种蛋品质的好坏，直接关系到雏鸡的质量，一般选择雏鸡应考虑种鸡的状况，高产健康的种鸡所产的种蛋是生产健壮雏鸡的基础。选择健康的雏鸡是提高育雏成活率，培养优良蛋鸡的关键。选择雏鸡可通过查、看、听、摸四种方法来进行综合选择。

1. 查　查供雏企业的整体素质和种鸡群的健康水平。了解鸡的免疫情况和抗体水平，种鸡饲料的营养水平，机关管理制度是否完善。查品种的纯度和生产性能，看三证是否齐全（动物防疫合格证、引种证明及种畜禽生产许可证）；查生产记录，看生产性能是否稳定，是否符合产蛋曲线规律；同时还要了解其孵化记录，如孵化率、出壳时间，若孵化率不高或出壳过早、过晚，雏鸡质量就差，从而影响育雏成活率。

2. 看　一看雏鸡的精神状态，健康雏鸡一般活泼好动，眼大有神，羽毛整洁光亮，腹部柔软，卵黄吸收良好；弱雏一般是缩头闭眼，羽毛蓬乱不洁，腹大松弛，脐口愈合不良带血等。二看外貌是否符合品种要求。三看鸡喙、腿、翅、趾有无残缺等。

3. 听　主要听鸡叫声，健康的鸡叫声洪亮脆短，病雏叫声低微，嘶哑或鸣叫不休，有气无力。

4.摸　健康雏鸡握在手中体态均称，有弹性，挣扎有力，腹部大小适中，柔软，脐孔愈合良好，手感温暖。病雏握在手中，体轻、松软、挣扎无力、腹部膨大、肚子硬、卵黄吸收不良等。

(二)初生雏的运输

根据供货单位通知的接鸡时间，准时赶到孵化场，并尽快将雏鸡运回育雏场。接运初生雏鸡的方法是否得当，这对于雏鸡的日后生长发育和生产性能的发挥至关重要。若接运鸡苗的方法不当或不小心，往往会造成压死、闷死等事故的发生，为了确保接运鸡苗的安全健康，在接运鸡苗环节中应注意以下问题。

1.运具和用具等彻底消毒　运前要注意对运雏的车辆、容器、垫料、工作人员的衣帽等进行认真彻底的清洗和消毒，以控制各种疫病感染。

2.接运鸡苗要注意选用富有接运经验的人员进行押运　装运前要认真清点鸡苗的数量并对雏鸡质量进行认真的检查，雏鸡箱要码放好，经检查确认无问题后方可起运。

3.注意选择接运鸡苗的最佳时间　接运鸡苗的适宜时间是越早越好，一般从出壳开始至出壳后 36 小时内，这段时间为最佳。同时，接雏前还要注意天气预报，以避免因天气不佳造成雏鸡发病、死亡等经济损失。

4.运输雏鸡要用专用的运雏箱　运输时箱外要注明品种、雏鸡数、出雏时间，运输箱要在四周或顶盖开通风孔，以防雏鸡窒息，箱内用隔板分成四块，每块 25 只雏鸡，防止挤压。接运雏鸡的数量要与运雏箱面积相适宜。冬季、早春或晚秋，运雏箱外可用棉毯或棉被包裹好，以防贼风吹入受凉，致使雏鸡感冒死亡。雏鸡箱两侧要留有气孔，不要盖严，途中运输超过半小时以上的，应打开棉被进行检查和通风换气。在保温的同时，不能忽视通风换气，以防缺氧而导致雏鸡窒息死亡。装车时，箱与箱之间要留有空隙，并用木架隔开，而且鸡箱不要码得太高，一

般三层为宜。

5. 运输最好使用保温车或普通客车　接运车厢要注意平稳，车的轮胎内气不要太足，途中车速要稳，起动和行车要平稳，要避免颠簸、急刹车、急转弯和过大倾斜，以免雏鸡压堆造成死亡。上下坡时要及时进行检查，并注意途中防雨和预防阳光直晒。

6. 运输途中要注意不断地进行检查　每隔半小时左右，就要用手伸入箱内雏鸡间感觉是否闷热，雏鸡身上是否有水汽和潮湿，根据检查箱内的温度升降情况，随时进行调节，以避免雏鸡受热、受闷、受风和受寒。温度过高时，要扩大通气孔，加快换气和降温，或采取倒箱的方法，使温度降下来，若温度过低，应采取加盖棉被保温，使箱内温度上升。

7. 接运时间要注意宜短不宜长　要避免中途延误和停留，以尽快达到目的地。

8. 雏鸡到达目的地后要先休息　搬运雏鸡箱时，动作要轻、稳，同时注意防风和防寒。雏箱从车上卸下后，要先放在育雏舍的暗处休息一段时间，然后进行开食前的饮水，3～4 小时后，再投料饲喂，这时可转入正式育雏。

9. 运雏箱要注意严格消毒　运雏箱如果是一次性、非塑料或非金属材料制作，雏鸡运至目的地后，应全部进行销毁。若用塑料周转运雏箱，应进行严格的清洗和消毒，以免因接雏带进疫情造成经济损失。

六、雏鸡的标准化饲养

培育体质健壮的雏鸡，可为无公害鸡蛋的生产打下良好基础，因此，在育雏过程中，必须实行标准化饲养管理。

(一)饮水

刚出壳的雏鸡，卵黄囊内还有部分卵黄尚未吸收完，尽早利用卵黄囊内营养物质，对幼雏发育有明显效果，饮水可加速卵黄物质被吸收利用；此外路途运输，可使雏鸡丧失部分水分，饮水可及时补充丧失的水分;三是育雏室内温度高,空气干燥,雏鸡呼吸、排粪丧失大量水分,也需补充水分来维持机体水代谢平衡,防止脱水。

雏鸡运到目的地后,要先将雏鸡分散放于育雏舍内让其休息10分钟,然后点清数量,均匀放在育雏笼内。雏鸡第一次饮水称为“开饮”,第一次饮水最好饮用凉开水,水温保持在15～18℃为宜,第一次饮水可在水内加口服补液盐(每1 000 g水加氯化钠3.5 g、碳酸氢钠2.5 g、氯化钾1.5 g、葡萄糖17.5 g),饮用水应符合NT 5027—2001标准。

饮水器每天要刷洗并更换1～2次,饮水要充足,初饮时每100只雏鸡应有1个2～3 L的饮水器,并均匀分布在育雏笼的不同位置。饮水器随雏鸡日龄增大而调整,一般来说雏鸡的饮水量为采食量的2倍,雏鸡饮水量突然发生变化,往往是鸡群出现问题的前兆。若饮水增加,或采食减少,则可能是球虫病、肾型传染性支气管炎、传染性法氏囊、腹泻性疾病发生,或由于盐分过高、温度过高等引起。雏鸡饮水量的变化可参见表5-5。

表5-5 雏鸡1～8周饮水 mL

周龄	1～2	3	4	5	6	7	8
饮水/天·只	自由饮水	40～50	45～55	55～65	65～75	75～85	85～90

(二)开食

雏鸡第一次喂料称为“开食”,一般饮水2～3小时后即可开食(孵出后24～36小时),此时60%～80%的雏鸡有了啄食表现。若开食过早,影响卵黄的吸收;过晚会消耗雏鸡体力,使之变得虚弱,生长发育缓慢,增加雏鸡死亡数。

1. *开食方法* 第一周用浅型料盘或硬纸板放在笼内,将饲料均匀散在盘内或纸上(2～3天即可用外挂料槽),当第一只鸡开始啄食后,其他鸡相互模仿。为了使初生雏鸡容易看见和接触到饲料,室内应增加光照强度并提高温度,放置的饲料应均匀,使雏鸡易看到和吃到。开食第一次可用碎米或碎玉米粒,每100只雏鸡加一只煮熟的鸡蛋,将其

搓烂之后与饲料混匀即可饲喂，这样有助于防止饲料粘嘴和因蛋白质过高使尿酸盐沉积而糊住肛门，第二次饲喂即可改为全价配合饲料。食槽分布要均匀，要与水槽相间而放。

2. 饲喂时间　一般每天喂 6～7 次，其中白天 4～5 次，晚上 1～2 次，一周后可减少到 5～6 次。喂料要定时，每次喂料时间间隔要均匀，喂料量随日龄增加而逐渐增加。其具体需要量见表 5-6。

表 5-6　不同周龄饲料喂量

周龄	每天每只料量(g)	每周每只料量(g)	累计料量(kg)
1	10	70	0.07
2	18	126	0.19
3	26	182	0.38
4	33	231	0.60
5	40	280	0.88
6	47	329	1.21
7	52	364	1.52
8	57	399	1.98
9	61	427	2.40
10	64	448	2.98
15	70	490	5.23
20	77	539	7.81

3. 饲料　喂雏鸡的饲料要求新鲜，按营养标准配制，且符合 NT 5042—2001 标准。第一周粗蛋白含量应达 20%，并使用鱼粉、膨化大豆等营养高易消化吸收的蛋白质原料。由于雏鸡生长较快，除按标准配制饲料外，还要及时补充矿物质和维生素。

(三)病死鸡处理

当鸡场发生疫病或怀疑发生疫病时，要依据《动物防疫法》采取以下措施：及时报告有关兽医确诊，并按规定向所在地区动物防疫监督机构报告疫情，如确诊发生高致病性疫病时，要配合动物防疫监督机构，对鸡群实施严格的隔离、扑杀措施；发生新城疫等疫病时，要对鸡群实施清群和净化措施；病死鸡或淘汰鸡的尸体，要在官方兽医监督下，按GB 16548《畜禽病害肉尸及其产品无害化处理规程》的要求做无害化处理，并对鸡舍及有关场地、用具等进行严格的消毒。

七、啄癖的预防

啄癖亦称异食癖、恶食癖、互啄癖，是由于多种营养物质缺乏及其代谢障碍所致的非常复杂的味觉异常综合征。各种日龄、不同品种鸡均能发生。鸡群一旦发生互啄以后，即使诱发因素消失，往往也将持续这种恶癖，致使鸡只伤、残、死、淘，造成一定的经济损失。

(一)啄癖发生的原因

啄癖发生的原因很复杂，归纳起来主要有以下几方面。

1. 品种　不同品种发生啄癖的几率不同，一般轻型鸡多发，而中、大型鸡发生啄癖较少。

2. 环境因素　鸡舍内光线过强，温度过高，舍内氨气过浓，饲养密度过大，停水断料，寄生虫侵袭等，都易引起啄癖的发生。

3. 日粮因素　营养严重不平衡，蛋白质含量低、氨基酸缺乏、粗纤维含量低、维生素及微量元素缺乏、食盐不足等都可能造成啄癖发生。

4. 激素因素　鸡开产初期血液中含的雌激素和孕酮量增加，促使啄癖倾向增强。

(二)啄癖发生的类型

1. 啄肛　啄肛是最严重的一类，如不能及时发现，常造成产蛋鸡死亡，多见于开产初期和高产的鸡群。诱发因素主要是初产期性成熟和体成熟不一致，性成熟早，体成熟滞后，排蛋努责时间长，造成脱肛或肛门撕裂，啄肛损失的多为高产鸡。另外鸡长期腹泻，肛门的腥气味也诱发啄癖发生。

2.啄羽癖　鸡自食或相互啄食羽毛,啄的皮肉暴露出血后,发展为啄肉癖,多与含硫氨基酸、维生素 B_1 的缺乏有关。若鸡发生虱、螨等外寄生虫病也能造成自啄。

3.啄蛋癖　母鸡刚产下蛋,或自啄或由其他鸡啄,其原因是饲料的缺钙或蛋白质含量不足,啄蛋癖与产薄壳蛋和软蛋有关。

(三)防治措施

防止啄癖的发生,首先要排除啄癖发生的原因,根据病因,采取相应的防治措施。

1.发生啄癖倾向强的鸡可单独饲养　实践中发现,一个鸡笼内啄癖强的鸡,常把本笼和相邻笼内鸡全部啄死。对被啄的鸡,可涂擦异味强的物品,如清凉油、废机油等。为防止啄部感染,可涂些龙胆紫。

2.正确及时断喙　在7～10日龄断喙,造成的应激小,且容易操作,效果较好。在12周龄或开产前对断喙不良的再进行修补,这样既能防止啄癖发生,又可减少饲料浪费。

3.光照不可过强　以3瓦/m^2 的光照明强度为上限,光照时间严格按照光照管理程序执行。对发生啄癖的鸡,可换成红光灯照明或在窗户上设置黑色遮挡物,以防止光照过强。在夏天使用透气的遮阳膜,冬季可用黑塑料或鱼粉袋,通过降低室内光线亮度,可有效预防啄癖发生。

4.降低饲养密度　为鸡只提供足够空间,可减少啄癖发生的几率。

5.改善通风条件　定时清除鸡粪,最大限度减少鸡舍内氨、硫化氢等有害气体浓度,提高舍内空气清新度。现有市售的氨、硫化氢定量测定仪,鸡舍内可定期检测,以便及时掌握舍内空气质量,保证空气新鲜、洁净。

6.提供平衡的全价饲料　按照鸡的品种和不同的生长阶段,配制全价饲料,特别要注意氨基酸和微量元素的平衡。饲料中添加0.2%蛋氨酸,补充3%的生石膏粉,可有效制止啄癖的发生。缺盐引起的啄癖可在饮水中加1%食盐饮用3～4天,但不能长期饮用,以免引起食盐中毒。

八、雏鸡死亡原因分析和提高成活率的措施

(一)胚胎病和孵化不良所引起的疾病

种禽营养不良,饲料不全价,不能满足卵细胞和胚胎发育的需要,从而造成鸡胚生命力和抵抗力下降,甚至死亡,出生后多为弱雏,雏鸡的许多疾病实际在胚胎期就已发生了。

1.营养性疾病 常见的有维生素缺乏症,特别是维生素A、维生素E、维生素K、维生素B_1、维生素B_2以及维生素B_{12}不足;矿物质和微量元素不足,主要是钙、磷不足或不平衡;微量元素锌、锰、硒缺乏;蛋白质及氨基酸缺乏;某些营养在特定环境下缺乏等。

2.传染性胚胎病 有些疾病可垂直传播,由于父母代种鸡患某种传染病,可引起种蛋带菌(毒),直接传染给雏鸡。常见有沙门氏菌、支原体、螺旋体等。有些病原体还能通过蛋壳进入蛋内,常见的有葡萄球菌、大肠杆菌、绿脓杆菌、副伤寒杆菌及许多霉菌等。这些病主要发生在种蛋收集、储存、运输或孵化过程中,病原微生物可能引起胚胎死亡或出生后雏鸡发病,如鸡的肠炎、白痢、支原体病、大肠杆菌病等。

3.孵化过程中管理不善造成雏鸡体弱多病 孵化过程中温度过高过低,通风换气不足致使胚胎出壳过早或过迟,雏鸡体弱,都可引起鸡只易患各种疾病而造成大批死亡。这种雏鸡个体小,卵黄吸收不良,脐孔未愈合,精神差,站立困难,多在育雏期五日内死亡。这些先天或后天感染的疾病在胚胎期不易诊断,只能采取综合性预防措施:①搞好种鸡饲养管理,喂给全价配合饲料。②做好种鸡防疫卫生工作。③种蛋在储存、运输、入孵过程中,要做好清洁卫生,搞好消毒,防止污染。④在选种时,淘汰病弱鸡。⑤做好孵化中各项管理。

4.消毒不严格造成脐部感染 种蛋、孵化器、育雏室及各种器械用具消毒不严,存在各种致病微生物可因脐孔闭合不好而进入卵黄中,形

成脐部感染。感染此病的雏鸡50%死于育雏头3天，90%的雏鸡于10日内死亡。严格做好消毒工作是预防发病最有效的措施。消毒可用甲醛熏蒸法，刚出壳的鸡用一个标准浓度，种蛋用2个标准浓度，其他器具用3个标准浓度(注：每立方米空间用14 mL甲醛、7 g高锰酸钾为一个标准浓度)。熏蒸消毒时应注意：①种蛋在孵化器里消毒时应避开21～96小时胚龄的种蛋；②高锰酸钾与甲醛反应很强烈，又有腐蚀性，应使用容积较大的陶瓷盒。在盆内先加少量温水再加入高锰酸钾，最后加入甲醛，注意不要伤及皮肤和眼睛。另外也可使用过氧乙酸加温煮沸消毒，用量为40～60 mL/m^3。或使用16%的过氧乙酸40～60 mL，加高锰酸钾4～6 g熏蒸15分钟。也可用红霉素溶液浸泡种蛋，既可消灭细菌，又能杀灭蛋内支原体。

5. 预防鸡白痢等细菌性疾病　雏鸡白痢是造成2周内雏鸡死亡的最主要原因，占雏鸡死亡的50%以上，一般因种鸡群净化不彻底引起的白痢多发生于第1周，因环境污染感染的白痢多发生于育雏的第2周，此病的预防除做好种禽净化和种蛋消毒外，可在雏鸡饲料加入0.1%的氟哌酸饲喂，或在饮水中加入庆大霉素、阿莫西林、恩诺沙星等抗菌素混饮，都可有效预防此病。注意：选择雏鸡应来自有关部门验收的父母代种鸡场或专业孵化厂，要查看其种禽生产许可证和动物防疫合格证，并出具鸡白痢、支原体、鸡白血病等种蛋传播病疾有关净化证明，切忌从疫区购进雏鸡。

(二)饲料不全价、营养失衡

雏鸡消化器官容积小，消化力差，因此要供给全价饲料，并采用一些高质量蛋白质饲料。6周龄前，饲料粗蛋白水平需在18%以上，最好前3周粗蛋白水平达到20%。

(三)保障良好的生活环境

育雏室内温度要恒定，通风要良好，这样才能保障雏鸡健康生长。

(四)搞好疾病预防工作

要按照预先制定的免疫程序,按要求的剂量、时间接种各种疫苗。育雏舍要严格卫生管理,坚持定期消毒,防止有害微生物的侵入。

(五)预防各种中毒死亡

使用各种药物预防疾病时,要严格按说明使用,使用剂量过大、混合不均匀可造成雏鸡的药物中毒。饲料中添加药物,应先预混,然后再加入整个饲料中。对使用火炉加温的鸡舍,一定要经常检查给温设备,要保证烟道畅通,添煤不能过多,添加至出烟孔以下即可。

(六)预防各种应激

突然停电,窜进野兽以及各种惊吓都可引起雏鸡骚动,要严防扎堆、挤压造成雏鸡死亡。停水、断料都会对雏鸡产生不利影响。

九、检验育雏效果

育雏结束时,要对育雏的结果进行评价,衡量饲养管理水平和育雏效果,主要检查以下几项指标。

1. 成活率　育雏结束时,舍内存栏鸡只数占进雏时入舍鸡数的百分比为成活率。成活率与以下因素有关。

(1)鸡的品种不同,成活率不同。一般配套系生产的雏鸡适应性好,抗病力强,成活率高,相对纯种鸡成活率低一些。

(2)饲养管理水平不同,成活率不同。按标准化生产要求进行管理,为雏鸡生活创造良好舒适的环境(适宜的温度、湿度,合理的密度,适当通风,舍内空气清新,搞好卫生消毒,定时、定量喂给全价饲料等),可提高雏鸡成活率。

(3)雏鸡品质也很关键,父母代种鸡健康,孵化过程中管理周到,卫生消毒制度严格,孵出的雏鸡健康活泼、灵敏,则育雏成活率高。在实

际生产中，实行科学的方法育雏，育雏成活率一般为 1 周龄 99.5%以上。

2. 健康状况　育雏期间未发生各类疾病，如白痢、球虫、传染性法氏囊、传染性支气管炎、慢性呼吸道等。雏鸡健壮，食欲旺盛，反应灵敏，手握有弹性，挣扎有力，骨骼结实。

3. 体形结构符合品种要求　体重、胫骨长(胫骨长指从跖关节到脚底第三趾与第四趾之间的垂直距离)达到相应指标，8 周龄时，体重和胫骨长能否达到品种要求，直接关系到蛋鸡开产后的产蛋性能，因此应定期称重和测量胫骨长，根据实际测量结果，调整饲养管理。

4. 均匀度　均匀度是指整个鸡群每个个体的体重在标准体重±5%范围，如：8 周龄时，鸡标准体重为 650 g，凡体重在 650±5%范围内(611～683 g)的鸡都为达到了标准体重。如养 1 000 只鸡，611～683 g 的有 950 只，则均匀度为 95%，有 850 只达此标准则均匀度为 85%。均匀度越高，开产后产蛋性能越好，开产整齐，产蛋高峰来得快，维持时间长，因此要采取一切措施使雏鸡达到较高的均匀度。

第二节　育成鸡的管理

从 9～18 周龄这一阶段称为育成鸡，育成鸡的生理特点是：体温调节能力和生活能力都已健全，对环境适应性加强，生长迅速，发育旺盛，骨骼肌肉迅速生长，后期生殖系统开始发育。这一时期管理的重点是使鸡体成熟，性成熟同步进行，协调发育，达到适时开产的目的。尤其要注意开放式鸡舍，光照逐渐延长期的育成鸡，要对鸡适当限制饲养、控制光照，防止鸡过早性成熟。养殖户要改变忽视育成期管理的错误观念，育成期管理的好坏，同样关系到整个产蛋期的产蛋率和生产性能。

一、育成鸡的培育

(一)转群前的准备工作

首先要对育成舍(或蛋鸡舍)和设备进行维修,检查水管是否畅通,有无漏水、漏料等现象。之后对鸡舍清扫、清洗、消毒,三个过程缺一不可,按顺序进行,这样才能够更有效地杀灭鸡舍内的致病微生物。消毒时应选择对人和鸡安全,对设备没有破坏性,没有残留毒性,其成分不会在肉或蛋内产生有害积累,且符合无公害食品蛋鸡饲养允许使用的消毒剂品种。

(二)转群前后的注意事项

1.喂饲料要有过渡期　转群后应再喂1周左右的雏鸡料作为过渡,按照青年料三分之一、雏鸡料三分之二喂三天,然后青年料、雏鸡料各一半喂三天,青年料三分之二、雏鸡料三分之一喂三天,最后再全部饲喂青年鸡料。

2.转群前在食槽和水槽内备好饲料和饮水　雏鸡转群是一个较大的应激,要让雏鸡到达新鸡舍后,马上能够吃上新鲜的饲料,喝上清洁的饮水。

3.选择转群时间　寒冷季节要在天气晴朗的中午时转群,气温较高时要在早晨或晚上天气凉爽时转群。

4.强弱雏分别饲养　转群时要点清鸡数,把弱雏和壮雏分笼饲养,从而培育更整齐、均匀的鸡群。

5.注意观察,发现问题及时解决　从雏鸡舍转到育成舍(或蛋鸡舍)的环境改变,鸡群要有一个适应过程。一是建立新的群体位次,在这个过程中,个体之间不可避免地发生争斗,对受伤的鸡要及时隔离。二是对因个体小而跑到笼外的鸡要及时抓回,对卡住头、翅、腿的鸡要及时解除。三是要检查鸡是否都能喝上饮水,对漏水的水嘴及时进行

修理等。

(三)后备母鸡的培育要求

1.体重适中　每个品种都有标准的体重要求。在饲养管理过程中,应根据品种的要求,通过定时称重不断调整鸡群和饲料配方,使其达到标准要求的体重。

2.骨骼发育充分　鸡的生产性能的高低在一定程度上决定于骨骼发育程度,骨骼的发育与将来母鸡的蛋重、蛋壳强度呈正相关。骨骼是蛋壳中钙的重要来源之一,鸡群如果体重达标而骨骼发育迟缓,说明鸡体内沉积过量脂肪,进入产蛋期后生活力、耗料、产蛋量和蛋壳质量都会有问题。应在第4,6,12,18周龄用游标卡尺测量胫骨长度,以检查鸡骨骼的发育情况。以轻型鸡为例:4周龄胫骨长度平均为52.5 mm,6周龄为63.8 mm,8周龄为72.8 mm,10周龄为80.6 mm,12周龄为84.6 mm,18周龄为84.7 mm。

3.体质健壮　后备母鸡的健康水平,直接关系到鸡的适时开产、高峰期长短及产蛋鸡的死淘率,因此,要在育成期按免疫程序进行免疫接种,定期进行抗体监测,做好周围环境消毒和鸡舍内的带鸡消毒,预防各种传染病的发生。

4.适时开产　每个品种都有自己的标准开产日龄。在实际饲养过程中,一些养鸡户总希望鸡早开产、早见效益,但实际情况并非如此,往往是过早开产的鸡群蛋重小、产蛋高峰期短、鸡群死亡率高,反而降低养鸡的经济效益。因此,要在培育过程中使体成熟和性成熟同步达到,适时开产,这样的鸡群才能获得较好的经济效益。常见品种鸡的开产日龄(开产:指整个鸡群达50%产蛋率的日龄)见表5-7。

表5-7　常见品种鸡的开产日龄

品种	尼克珊瑚粉	宝万斯高兰	来航鸡	海兰灰	新红褐
开产日龄	147～150	143～145	155～160	151	133～140

5.开产日龄整齐　开产日龄整齐可使鸡群迅速达到产蛋高峰,要

做到开产日龄的整齐，就必须培育出体重均匀度高，体质发育整齐的鸡群。因此，一定要坚持育成期称体重和测胫骨长的制度，以便随时对饲料配方，饲养管理方法进行调整，使鸡群性成熟、体成熟协调统一，从而获得更好的经济效益。

（四）育成鸡的体重与定期称重

育成鸡处于生长发育阶段，体重在不断变化，每个品种的不同发育时期都有标准体重，育雏、育成期的鸡只生长发育的好坏，直接影响到将来产蛋鸡能否充分发挥其生产性能。体重是育成鸡发育好坏的最重要指标，育成鸡符合标准体重生长曲线，将来产蛋就多，蛋重就大，残蛋率低；体重过大或过轻，产蛋成绩就差。因此建议育成期每 2 周称一次体重，称重鸡只数为饲养鸡数的 5%，一般不低于 100 只，小群也不应少于 50 只，数量过少不能代表鸡群的整体状况。

对称重的鸡，要采取随机抽样的办法，笼养鸡最好选择不同部位、不同层次鸡笼内的鸡只。称重时，一个笼内的鸡要逐只称重，逐只记录，如果一秤称多只鸡，平均体重看起来基本接近标准体重，好像是发育适度，但也可能大小不一，不很整齐。称重后，要把称重记录的数据绘成曲线，与鸡品种的标准体重进行比较，按照前文所述如果均匀度在 90%以上，则说明鸡群发育良好，培育整齐；如果整齐度低于 80%，则要查找原因，采取针对性措施及时纠正。体重过大的，应采取限制饲养的方法，控制体重增长，体重大小不均的则应实行分群饲养，分别进行管理。

二、育成鸡的饲养

（一）育成鸡的营养标准

育成鸡的发育与雏鸡的生长发育有所区别。雏鸡相对生长快，0～8 周龄，从初生时的 33 g 增加到 550 g，体重增加了近 15 倍；9～20 周

龄，体重相对生长较慢，从 550 g 增加到 1 600 g 左右，只增长 3.3 倍多。前期生长速度快，体重小，采食的饲料用于维持需要少，用于增重比例多；在生长后期，体重大，维持需要就多，用于增重的比例就小。如果任由鸡自由采食，鸡可能过肥，而培育后备母鸡是以多产蛋为目的，因此，不能使之过肥，也不能使之生长过快。必须通过调整饲养标准，限制饲养来控制其生长，按照其品种的要求进行饲养管理，使性成熟和体成熟同步，这样才能达到最佳的生产性能。

（二）限制饲喂与过渡饲养

1. 限制饲喂　一是限制其采食量，根据鸡的体重仅使其采食自由采食量的 70%或 80%，一般为 80%；二是降低饲料的蛋白质水平，粗蛋白含量从 14 周龄以前的 15%降到 14 周龄以后的 13%，使鸡采食饲料所含营养物质的量下降，通过限制其蛋白质的采食量而降低鸡的生长速度；三是降低蛋白质的质量，使其氨基酸不平衡，将日粮中的豆粕部分改为质量较差的棉粕、菜粕、羽毛粉，饲料中蛋白质的含量虽达 15%，但消化吸收率降低，不足以维护正常生长。以上三种方法中的第一种方法现在广泛采用，如原来一日喂 3 次，现在可一日喂 2 次，总量较自由采食少 20%。第三种方法浪费蛋白质资源，不提倡使用。采用限制饲养，即使 20 周龄也达不到标准体重，延迟了开产，但整个产蛋期的产蛋性能仍能达到较理想的水平。几个品种鸡各周龄的标准体重，见表 5-8。

表 5-8　不同品种鸡各周龄标准体重　　g

周龄	来航	尼克珊瑚粉	宝万斯高兰	海兰灰	新红褐
8	0.67	660	610	630	665
9	0.77	760	690	730	760
10	0.87	855	770	830	850
11	0.97	945	850	930	940
12	1.04	1 025	935	1 020	1 050
13	1.12	1 095	1 020	1 100	1 200

续表 5-8

周龄	来航	尼克珊瑚粉	宝万斯高兰	海兰灰	新红褐
14	1.20	1 160	1 110	1 180	1 250
15	1.26	1 225	1 200	1 250	1 380
16	1.32	1 290	1 300	1 310	1 590
17	1.36	1 355	1 400	1 380	1 680
18	1.41	1 420	1 500	1 450	1 750
19	1.45	1 490	1 600	1 510	1 800
20	1.49	1 560	1 900	1 560	1 830

(1)限饲的时间。限制饲养的目的是控制鸡的生长发育,根据鸡的体重和不同的品种,可灵活掌握使用,一般限饲从 9 周龄开始,18～20 周龄结束。同时要结合光照控制,否则,光照时间太长则造成鸡性成熟早而早产,影响整个产蛋期的生产性能。限饲结束时,使鸡的体重比正常鸡减少 10%左右为宜。太少达不到限饲的目的,太多则造成开产太迟,产蛋减少,死亡率增加。

(2)饲喂次数。①定时限喂。把配合好的饲料,按限制量和规定的时间分若干次喂给,一般每天 3～4 次。但此方法一定要保证足够的槽位,否则弱鸡不能及时采食,造成鸡均匀度下降。②隔日饲喂指把 2 天的饲料合在一起喂料,早晨一次喂完,第二天不喂料只供给饮水。这样,一次投给的饲料多,弱鸡可吃到应得的份额,缺点是容易造成饲料浪费。

(3)限饲的注意事项。①对鸡群进行限饲前,要将病鸡、弱鸡严格挑出,此部分鸡不能限制饲养,相反应加强饲养。对选好的鸡群按体重的大小分群,以便于限饲。限饲的依据是体重,每 2 周定时抽取鸡群的 5%,进行空腹称重。当鸡的平均体重低于标准时,要停止限饲,高于标准时,可增加限饲的量,因此鸡的称重要作为一项制度长期坚持,根据鸡的体重来调整饲料的营养水平,这样才能获得较高的经济效益。②保持限饲鸡的均匀度,通常以该品种标准体重±5%范围的鸡占鸡存栏总数的百分比来统计鸡群的均匀度。一般均匀度要求在 85%以上,

均匀度越高，鸡群开产越整齐，产蛋高峰来得快，保持时间长，产蛋率平稳。③足够的槽位：限饲时要保证全部鸡都能吃上料，否则鸡采食饥饱不均，体质越壮采食越多，体质弱的鸡则不能采食足够饲料从而造成鸡体大小不均，影响整齐度。④当鸡出现疾病或免疫接种时应停止限饲。鸡的体重恢复正常后，再行限饲。⑤要供给充足的新鲜饮水。限饲期间要保证水的充足供应，要经常检查有无漏水、断水现象。

2.鸡群的过渡饲养　鸡群在18周龄后，进入过渡饲养阶段，该阶段应做好以下几项工作。

(1)逐渐增加营养供给。到18周后的青年母鸡应逐渐提高饲料中的营养水平，尤其是逐渐增加饲料中钙的含量，这样可使母鸡体内逐渐沉积钙，为产蛋做好供应钙的准备。到20周龄，要按照产蛋鸡饲养标准配制饲料，并让鸡自由采食。

(2)做好开产前的准备工作。青年鸡性成熟前后，冠、肉髯开始鲜红、膨大，此时要根据鸡的体重、强弱、有无疾病进行筛选，淘汰残次鸡。

(3)及时转群。育成期结束后，要及时把鸡转移到产蛋鸡舍进行饲养管理。转群在18周龄进行，最迟不晚于20周龄。采用一段式育成的，则不用转群，但要按蛋鸡饲养管理程序进行管理。

(三)光照制度

光照时数和光照强度是控制蛋鸡性成熟的重要手段，在整个育成期要严格控制光照时间和光照强度。过长的光照会使鸡在各系统未发育成熟的情况下，生殖器官过早地发育，未达到体成熟，先达到性成熟。特别是骨骼、肌肉系统未得到充分发育就过早产蛋，体内沉积的钙、磷不充分，饲料中钙、磷和蛋白质又不足，导致母鸡出现早产早衰，甚至造成母鸡在产蛋期过早停产换羽。光照强度过大，还会促使鸡群中啄癖的形成，提高鸡群死亡率。育成鸡的光照管理原则是：光照时数由长变短或者保持恒定不变，光照时间不能增加。所以对密闭式鸡舍，光照应恒定为8～11小时，光照强度由强变弱。如果为开放式鸡舍，则根据进雏时的具体情况来确定光照时数(详见第一节鸡的光照原理)。应避免出现育成期光照时数逐渐延长，这样，会造成鸡群提前达到性成熟，对整个产蛋期产生不良影响。

三、育成鸡的日常管理

育成期管理的好坏，直接影响产蛋性能的发挥。因此，在育成期的管理过程中，要克服麻痹思想，不能存在松一口气的想法，应进一步抓好日常的饲养管理。

1. 观察鸡群　每天认真观察鸡群，从鸡的各种表现了解鸡群的健康状况，每天在饲喂上料时观察最为合适。健康的鸡啄食快、敏捷，病鸡不上槽，或在槽内呆立而不采食。晚上鸡安静时要经常听一听，有无呼吸道症状，早晨观察鸡群粪便有无异常。

2. 抽测体重　定期抽测体重，测量胫骨长，根据抽测结果来决定饲养方案。

3. 注意通风　特别是冬季通风尤为重要，搞好通风可有效预防呼吸传染病的发生。表 5-9 为育成鸡 8～20 周龄通风量。

表 5-9　育成鸡 8～20 周龄通风量　　m^3/只·分

周龄	轻型鸡	中型鸡
8	0.045	0.042
10	0.058	0.076
12	0.069	0.088
14	0.080	0.100
16	0.088	0.116
18	0.092	0.122
20	0.101	0.131

4. 分群饲养　根据鸡的强弱、体重大小适当分群，分别饲养管理，以提高鸡群的均匀度。

5. 定期消毒　按照管理制度的消毒程序对鸡舍周围环境及用具，

定期进行消毒，减少致病微生物的数量，预防疾病的发生。

四、育成鸡疾病的防治

1. 免疫接种　按照制定好的免疫程序，按时完成各种传染病的预防注射。

2. 隔离　对病鸡要及时隔离治疗，死鸡深埋或焚烧，做无害化处理。

3. 预防球虫病　夏季高温多雨要做好球虫病的预防工作。

4. 及时进行预防性投药　育成鸡每个月预防性投服抗生素，抗菌药使用品种应符合无公害生产的要求，一般每次投药要喂3～4天，这样就可有效预防各种疾病的发生。

五、适宜的密度

要保证鸡群发育均匀一致，就要按照要求保持鸡群适宜的密度。正常条件下，9～18周龄青年鸡，每平方米鸡舍面积以10只为宜。笼养条件下，保证每只鸡有270～280 cm^2 的笼位。饲养密度过大，鸡活动空间小，呼出二氧化碳和排粪也多，使鸡舍空气污浊，鸡只易患呼吸道传染病，同时也易发生啄癖。由于密度过大，使每只鸡占有的食槽、水槽位置不足，鸡不能同时进食，造成鸡均匀度下降，影响整个产蛋鸡群的生产性能。

第三节　产蛋鸡的饲养和管理

育成鸡培育到20周龄转入产蛋期，产蛋鸡一般指21～72周龄鸡，大约一年左右时间。产蛋鸡饲养管理的主要任务是：充分利用现有设备条件，发挥人的主观能动性，最大限度地消除各种对产蛋鸡的不利影响，创造一个有利于蛋鸡健康和高产的外部环境。采用科学的饲养管理方法，充分发挥品种高产的遗传性能，使其尽早进入产蛋高峰期，并使高峰期长，产蛋曲线平稳，产出量多质优的鸡蛋，同时尽量降低饲料消耗，提高蛋鸡的成活率，以最少的投入获得最佳的经济效益。

一、产蛋鸡的生理特征

1. 冠、髯等第二性征变化明显　从 18～22 周龄这段时间内冠、髯迅速生长，冠、髯在增大的同时变得富有弹性，颜色由黄变红。进入高峰期的鸡，冠、髯、脸部皮肤颜色鲜红，厚实而富有弹性，这是观察鸡是否高产的一个重要生理特征。相反，冠、髯萎缩变薄，发硬而无弹性，颜色变白或发黄都是疾病或寡产的特征。

2. 体重的变化　每个鸡品种都有自己标准的体重要求，以白来航鸡为代表的轻型鸡，开产时的标准体重为 1.4～1.5 kg，配套型鸡开产时的体重为 1.5～1.6 kg，而重型鸡开产时体重为 1.6～1.8 kg。这时初产鸡虽已开产，但体重仍在缓慢增长，直到 28 周龄左右，鸡才完全达到成年鸡的体重标准。产蛋鸡每四周左右要抽样测定鸡群的体重，根据体重的变化，及时调整饲料和其他饲养管理措施，使鸡群始终处于良好的状态，保证鸡群高产和高成活率。

3. 生殖系统的变化　进入产蛋期，生殖机能逐步完善。从育成末期到开产初期，蛋鸡的生殖系统发育旺盛，逐步成熟，这是产蛋鸡与育成鸡最明显的区别。18 周龄时鸡卵巢的平均重量为 2 g，20 周龄时卵巢重量达 25 g。进入这一阶段，卵巢中初级卵泡开始发育，逐渐形成大小不等的生长卵泡，其中 4～6 个生长特别快，经过 9～14 天便可发育成成熟卵泡，并开始排卵。鸡达到 24 周龄时，鸡卵巢重量达 60 g 左右，其生殖激素有关的分泌机能也进入最活跃时期，产蛋率迅速上升，鸡群进入产蛋高峰期。

4. 鸡叫声的变化　即将开产的鸡经常发出咯咯的叫声，这说明鸡

已进入产蛋期，此时，管理更应细心周到，预防各种应激的发生，定时饲喂，经常观察。同时光照应逐渐增加到16小时，饲料逐步过渡到产蛋鸡饲料。

5.采食饮水迅速增加　由于进入产蛋初期，鸡还未达到体成熟，随着增长体重和开始产蛋，需要的营养物质迅速增加，18周龄鸡每天采食量一般为90 g左右，而24周龄时鸡采食量达120 g。饮水也迅速增加，因此，在这一时期，一方面要供给充足的饲料和饮水让鸡自由采食，另一方面在饲料营养上不仅要达到品种要求的标准，而且应提高饲料的质量，以保障产蛋需求和鸡的健康，获得更好的产量和经济效益。

6.皮肤的变化　黄色皮肤品种的鸡从开始产第一枚蛋，由于色素在蛋黄中沉积，鸡皮肤的黄色也开始消退，依次顺序为：眼周围、耳周围、喙部、腿部。根据这一特点，我们在淘汰寡产鸡时，可根据不同部位颜色的变化来判断，凡喙、腿变黄的多为停产鸡。

7.耻骨和泄殖腔的变化　泄殖腔变得大而湿润、膨胀而柔软，耻骨间距增加，宽度可达三个手指。

二、转群前的准备工作

1.对鸡舍进行清扫消毒　转群前应把蛋鸡舍及其用具进行清扫、清洗、消毒。首先清除鸡舍内积粪，然后对房舍、用具及其他设备进行清洗，最后采用熏蒸的方法对鸡舍及用具进行消毒。

2.对鸡舍进行检修　包括供水、供电、通风设备、鸡笼、食槽等都要进行检查维修，安装好门窗玻璃，对鸡舍外围环境进行灭鼠，填堵鼠洞，更换好照明用的灯泡。鸡群一旦进舍，就要尽量减少对鸡的惊扰，保持安静的环境。

3.对鸡群进行健康检查　了解鸡群的整体发育水平，由管理人员将体重过轻、病、弱、残鸡挑出淘汰，对断喙效果不好的转群前重新断修一次。

4.做好免疫接种　按照制定的免疫程序，将未完成新城疫、减蛋综合征、禽流感等疫苗接种的在转群前全部做完，进入蛋鸡舍后，为了保障鸡群的稳产、高产，尽量不再接种各种疫苗。

5. 预防应激　转群是一个较大的应激，既要捉鸡，又改变环境，因此转群前后 2～3 天，应在饮水中加入电解多维及维生素 C 等药物，以减小转群带来的应激反应。

三、转群

转群时间，冬天应选择中午气温高时，夏天应选择早晚天气凉爽时，避开风雨天。入舍前应在料槽中准备好蛋鸡饲料，并供给充足饮水，转群前鸡停喂 4～5 小时，转群时尽量按照原来的群体位次装笼，相近笼鸡放在一块，以便于管理。

四、转群后一周的管理

育成鸡转入产蛋鸡舍后，是蛋鸡发育最重要的时期。一方面还未达到体成熟，另一方面，生殖系统迅速发育，为进入产蛋高峰做准备。随着产蛋率的增加，蛋重也一天比一天大，因此，一定要保证饲料中充足的营养，同时加强饲养管理，以保证最高的产蛋率和最长的产蛋高峰期。

1. 使用预产期饲料　为适应鸡生长发育和钙的需要，进入产蛋舍后，就要更换预产期饲料，一般粗蛋白质含量为 15.5%～16.5%。要增加钙的饲喂量，钙的需求可按 2.0%计算，代谢能以 11.6 MJ/kg 为宜，维生素用量应稍高于蛋鸡饲料，当产蛋率达到 20%左右时即可全部换为产蛋鸡饲料。

2. 逐渐延长光照时间　应根据预先制定的光照程序，逐渐延长光照时间。一般方法是：在原来光照时间的基础上，第一周延长光照 1 小时，以后每周延长半小时，直到光照时间达到 16 小时为止。但如果鸡群发育还未达到品种要求的体重，也可根据情况，适当延缓给光的

时间。

3.日常管理 刚转群的鸡对环境要有一适应过程，因此，应多观察，勤巡视，发现卡腿、卡脖的鸡要及时解救，啄伤的鸡及时处理。

4.检查水嘴和食槽 修理漏水的水嘴，调整食槽的高度，使其尽快适应新的环境，减少转群应激造成的不良影响。

5.鸡舍环境要良好 注意保持鸡舍良好的通风，安静的环境，适宜的温度，使鸡群尽快达到产蛋高峰。

五、开产前期的管理要点

开产前期指从18～24周龄。在这一阶段，要结合鸡的生理特点和生产要求，不仅要使其按品种要求适时开产，达到产蛋高峰，而且要使其体重达到品种要求，培育出健康的鸡群，以达到整个产蛋期的稳产高产。在管理上要抓好以下几点。

1.定期称重 开产前、后定期称重，并与标准体重相对照，这是经常性的并且意义非常重大的工作。称重可以让我们了解鸡群的整体发育状况和均匀程度，通过调整饲料配方和改善管理等方式对鸡群进行调整，使其在开产前不仅达到应有的体重标准，而且均匀整齐。通过称重，还可以调整光照制度，使其性成熟和体成熟更加协调。

2.由限制饲养改为自由采食 在开产前后，鸡对营养的需求极高，尤其在开产后，采食量迅速增加。资料显示，一只母鸡的产蛋总重量为自身的8～10倍，采食为体重的20倍。根据这一特点，产蛋鸡应采取自由采食的饲养方式，一直到产蛋高峰结束后(一般为42周龄)。

3.补钙 钙是蛋鸡的一种重要营养物质，特别是在产蛋高峰期的母鸡对钙的需要量特别高，若钙的供给量不足，要想获得高的产蛋量是不可能的。一般来说，母鸡每产一枚中等大小的蛋，随蛋壳排出2.0～2.2 g钙，而饲料中钙的吸收率为50%～60%，故每产一枚蛋约需4.0～4.4 g钙。但是，给鸡喂钙并不是越多越好，日粮中含钙量过高会降低饲料适口性，影响采食量，摄入钙量不足又会影响蛋壳质量和产蛋率。解决这一矛盾的关键是适时合理给蛋鸡补钙。

(1)适时补。母鸡在临近开产时，血钙水平稳定升高，大量的钙沉积在骨骼中。当蛋鸡饲料中钙质缺乏时，就会动用骨骼中的钙源。为使多产蛋，母鸡应在开产前半个月就开始补钙质饲料，产蛋鸡日粮中钙的含量一般以3%为好，在产蛋高峰期(产蛋率85%以上)日粮中钙含量可增加到3.5%～4.0%。

(2)午后喂。蛋鸡对钙质的吸收因气候、光照、钙质来源、品种以及个体对钙的吸收等因素的差别而异。一般在产蛋后8～10小时内暂不需要钙质，只是到了夜间蛋壳形成时需要大量吸收钙质以促进蛋壳形成。母鸡对钙的存留能力有限，存留率仅50%左右，特别是粉状的钙，采食后除被吸收利用一部分外，多余的很快排出体外。根据产蛋鸡生理生化规律及试验证明，每天12:00～18:00时给鸡补饲钙质效果最佳，且最好喂给粉状钙质饲料，因其在消化道内溶解慢，可留存到夜间蛋壳实际形成的时候，将所含的钙质释放到血液中而被利用，不致因钙质不足而动用骨骼中的钙，以保持产蛋鸡稳产高产。

(3)科学补。注意补充光照，以促进维生素D的吸收；注意蛋鸡饲料的钙、磷比例适当。钙与磷是构成骨组织的重要元素，必须使钙、磷保持相对平衡的比例，若钙、磷比例不协调，会引起产蛋率下降。钙、磷和维生素D三种物质的代谢有着密切的关系，维生素D可促进钙、磷的吸收并起着调节钙、磷比例的作用。可见，在补钙的同时，应喂给适量骨粉或磷酸氢钙，以使鸡饲料中钙、磷比例保持在4∶1的平衡状态。从转入产蛋鸡舍后，鸡体要大量补充和储备钙，为产蛋期做好准备。因此，在这一阶段，要不断加大钙的补充量，饲料中的钙可每周增加0.5～1.0个百分点。应当注意，补钙不能一次到位，量过大或补钙过早不仅影响鸡的食欲，而且还会影响其他微量元素的吸收或造成尿酸盐沉积。

4.定期调整鸡群　将体弱的、体重轻的、发育不良的鸡挑出集中饲养，适当提高饲料的营养水平，使其尽快达到正常鸡发育水平。

5.防止发生啄癖　开产期是啄癖发生的高峰期，一旦形成就很难

消除,因此,要采取多种措施,防止啄癖的发生。光照不宜过强,光照强度大、光照时间长是发生啄癖的一个重要原因。密度不能过大,密度不仅是指每个笼内每只鸡所占的面积,还包括鸡舍内每只鸡所占的空间,因为空间的大小,决定着室内空气的新鲜程度、温度、湿度等。饲料中供给充足的蛋白质和含硫氨基酸,增加B族维生素的用量。供给充足的饮水和自由采食的饲料。防止鸡过肥造成脱肛和产道出血。制定好各种规章制度,按标准化生产的要求,制定好卫生消毒制度、防疫制度、日常巡视制度、饲料饲喂制度、光照制度,使饲养员和管理者都有章可循。

6.做好各种记录　记录能够使有关人员及时了解鸡群情况,总结经验,找出缺点,指导生产,常用的生产记录包括免疫记录、疫病治疗记录、鸡群淘汰死亡记录、产蛋记录、耗料等。这些是检验经营管理水平的重要依据。

六、产蛋高峰期的饲养管理

正常情况下,150日龄的鸡群产蛋率应达到50%,到180日龄产蛋率应达到80%～90%,这时就进入了产蛋高峰期。要使鸡只充分发挥共遗传潜力,达到理想的产蛋水平,实现最佳的经济效益,就必须通过延长产蛋高峰期,降低饲料消耗,降低鸡只死亡率等一系列措施来完成。目前,一些品种鸡的产蛋高峰期可维护5个月以上,这一时期要实行稳定、精细的管理,避免一切不利因素的影响。从生理角度讲,产蛋高峰一旦过去就不会再有。

(一)产蛋曲线及高峰期的界定

1.标准　不同的品种,有不同生产标准。对于相同品种来说,管理科学、精细的鸡群产蛋率多高于标准,而管理不善的鸡群则很有可能低于标准。气温、饲料、应激、死亡率、笼养密度以及其他许多因素都会影响产蛋率。饲养者就要按照生产标准来确定日常管理的要求,衡量管理水平的高低，并根据鸡的生产情况，不断调整和改进饲养管理方法。

2. 产蛋曲线　每个品种都有自己标准的产蛋曲线，我们把标准的产蛋曲线和实际生产的产蛋曲线进行比较，就能衡量出该鸡群的生产水平，检验饲养管理是否合理到位，并根据产蛋曲线的变化来寻找管理中存在的问题和不足。产蛋曲线的变化特点是：产蛋初期，鸡群从产第一个蛋开始产蛋率迅速上升，这种上升的速度越快，曲线越陡，说明生产管理水平高，饲养管理到位。一般鸡群从产第一个蛋到达到高峰大约需要4周左右时间。开产大约在20周或21周，24～25周进入产蛋高峰（产蛋率80%以上），到26～27周产蛋曲线上升到最高点（产蛋率90%以上），每周产蛋率成倍增加，即：5%，10%，20%，40%，直到产蛋率达90%以上。进入产蛋高峰期，产蛋率相对稳定。这段时间根据不同的品种、不同的饲养管理条件、外界环境及疫病发生情况，其长短各不一样，一般应维持6～15周不等，当产蛋率低于80%时，产蛋高峰结束。我们管理的目的就是要尽量延长高峰期维持的时间，这样就能达到更好的生产性能，取得良好的经济效益。产蛋后期产蛋开始缓慢下降，这一时期管理目的就要减缓产蛋下降的速度，对蛋鸡实行限制饲养，限饲的时间大概在42周龄左右，限饲量以不使产蛋率有大的波动为原则。

在产蛋期产蛋曲线出现大的波动，往往是由于饲料、饲养管理出现问题，或发生大的应激或重大疫病。因此在日常的管理中要尽量避免这些情况的发生，给鸡创造一个舒适安静的环境，使鸡发挥最好的遗传潜能，产更多的蛋，取得更好的经济效益。当产蛋率达到90%以上时，不仅要提高营养水平，还应提高营养物质的质量，饲料中能量应达11.5 MJ/kg，粗蛋白应达17%，钙应达到3.5%～3.8%，其他维生素和微量元素也应在饲养标准的基础上增加一定用量，以保证鸡的营养需要。在原料的品质上，蛋白质饲料应占饲料25%～30%，其中豆粕的用量应在15%～17%之间，鱼粉可添加0.5%～1.0%。另外选择原料时，要特别注意原料的品质。一要从有信誉的原料厂购进；二要有检验报告；三要检查有无发霉、虫蛀等现象。

(二)产蛋高峰期的管理关键

1. 恒定光照　产蛋期光照越恒定越好，在密闭式鸡舍每天光照16小时，开放式鸡舍在自然光照的基础上要补足16小时。对突然的停电应有应急措施，准备好自备的发电机，没有发电机的，要准备一些蜡烛。发生突然停电而无人工光照，对产蛋率影响很大。另外鸡舍的灯泡要经常擦拭，以保证达到需要的光照强度。产蛋鸡舍灯距2.5～3.0 m，距地面高度2.0～2.1 m，按每平方米2瓦来计算灯泡的功率。蛋鸡的光照时间每天最长不能超过17小时。时间过长既耗电，鸡又容易疲劳，蛋的破损率易增高。无论光照时间怎样安排，蛋鸡必须保证有8小时的黑暗时间休息。

补充光照时间和开灯与关灯的时间要有规律，不可随便改变，以免打乱鸡的生活习惯，引起不安，甚至惊群。蛋鸡光照应逐渐延长，不能缩短，否则会出现产蛋下降。光照时间增加过快时，发育差的鸡会过早开产，或在生理上承受不起负担，在产蛋早期死亡。增加光照与饲喂制度要有机结合。单给光照不给饲料鸡只会出现疲劳，尤其是冬季，在光照下无料可吃，鸡不断活动，能量消耗更多，因此更应注意。

实施光照方案时，要视产蛋率的升降程度调节。产蛋率自然上升时光照增加时间宜缓慢，如产蛋上升慢或不上升时才增加光照时间。光照亮度不可过强过弱，过强耗电多，易发生啄癖，过弱起不到光照应有的作用。同一幢鸡舍中不能饲养不同日龄的鸡，否则无法执行正确的光照制度。鸡的品种不同对光照的要求也有所差异，不同鸡种均有不同的饲养管理指南，应结合各鸡场的具体条件灵活运用。

2. 调整鸡群　在产蛋高峰期，鸡群应每月称重一次，根据体重的平均数来调整饲料配方及饲养管理方法，每半个月左右要对鸡进行一次挑选，把病鸡、停产及寡产鸡淘汰，以保持鸡群较高的产蛋率。具体方法是：记录每天的产蛋量，连续记录7天(天数过少，不能反应该笼鸡的真实产蛋率)，对连续产蛋75%以下的笼内鸡在早晨进行检查，用手触摸子宫后部有无待产鸡蛋，然后根据鸡的耻骨间距、体重及冠髯色泽、弹性,喙、腿是否发黄等来挑选,标准如下。

趾骨间距:产蛋鸡趾骨间距可容纳 3 个手指,停产鸡趾骨间距小,可容 1～2 个手指。

体重:产蛋鸡体重适中,体重符合品种标准,体重特轻或过重的鸡产蛋少或不产蛋。

冠及肉髯:产蛋鸡冠及肉髯大而高,富有弹性,颜色鲜红;寡产鸡冠苍白、发硬或萎缩。

喙及腿的颜色:产蛋鸡喙及腿多为无色,停产鸡喙、腿多为黄色。

换羽:鸡开产后,一般每年换一次羽,但如果产蛋期间发生换羽现象,就应从疾病、营养等方面考虑。换羽期间产蛋下降或停止,会对整个产蛋期的产蛋率发生影响。

3. 创造良好的产蛋环境

(1)适宜的温度。产蛋鸡最适宜的环境温度为 13～23℃,18～23℃为最佳温度值,在这一温度范围内既有益产蛋又节省饲料。温度过高、过低都会对产蛋产生影响,临界温度低于 5℃或高于 30℃,就会对产蛋产生不利影响。

(2)合适的湿度。产蛋期间鸡代谢旺盛,排出的粪尿也较多,夏季高温、高湿则对产蛋产生非常不利的影响,产蛋鸡舍最适应的湿度范围为 50%～60%。

(3)搞好通风环境。要注意改善鸡舍空气环境,经常测定鸡舍内氨气、硫化氢的浓度。保持通风的措施有:鸡舍上部开天窗,鸡舍两端安装排风扇等,尤其在冬季,要特别注意处理好保温和通风的关系,适当的通风可有效预防呼吸道疾病的发生。在春末或秋末,气候变化强烈的季节更应加强通风管理,当大风降温时,要注意关闭通风孔,而气温上升较高时,又要注意打开通风孔。

(4)经常清理鸡粪。经常清理粪尿不仅有利于保持室内合适的温度,也有利于保持室内空气的新鲜,一般夏天每周清理鸡粪 2 次,冬季每周 1 次。

(5)预防各种应激反应。产蛋鸡进入高峰期要保持管理的稳定性、

连续性，喂料、检查、消毒、捡蛋等都要按照预定的时间、程序来进行，饲料的改变，疾病的发生，天气的突变，严重的惊吓如放炮，生人进入鸡舍，进入猫、狗、鼠，突然的停水停电等都会对产蛋造成重大影响。一旦产蛋下降就很难恢复到原来的产蛋率。发生应激时，要通过增加维生素用量、添加抗应激药物来减缓应激造成的不利影响。

(三)产蛋期生产质量动态分析及技术措施

要保障产蛋期获得较好的产蛋成绩，就必须时刻掌握鸡群的健康状况，及时发现存在的问题，认真分析问题存在的原因，研究解决的办法，掌握其变化规律。做到早发现，早解决。

1. *死淘率异常的原因分析*　正常情况下产蛋鸡的死淘率每月在0.5%左右。也就是说饲养10 000只鸡，每个月死淘鸡数应在50只左右，如果死淘率高于正常死淘率水平，就应分析其发生的原因。在生产实践中造成鸡群死淘率增高，主要有以下原因。

(1)疾病防治因素。①某些疾病净化不完善。按照有关规定，有些传染病在种鸡场就应净化消火，但由于种种原因，净化不完善。如：沙门氏杆菌、鸡支原体等，接雏时这些疾病被带入商品鸡场，并在鸡群中长期存在，因而使鸡群死淘率增加。②不同日龄鸡只混养造成疾病横向传播。某些鸡场因场地不足，或考虑商业原因，没有实行全进全出的饲养管理制度，同一鸡场或同一鸡舍饲养不同来源、不同品种、不同日龄的鸡只，使某些传染病在鸡群中传播，从而造成死淘率升高。③免疫出现漏洞。免疫过程中，鸡群的某些个体由于疾病原因，免疫无应答，或由于免疫方法不当(如通过饮水免疫的疾病，因消毒不当、饮水量过多过少造成疫苗失效或有的鸡不能得到足够的加入疫苗的饮水)，疫苗保存、运输过程出现问题，所有这些原因都可造成免疫整体水平的参差不齐或鸡群整体抗体水平低，造成某种疾病的传播。④消毒制度不健全，环境卫生管理差。传染病的发生都需要三个环节，即：传染源、传播途径、易感动物，严格的消毒制度可有效切断传染病的传播途径，从而预防传染病发生。而有些鸡场，恰恰忽略这一点。由于观念上的错误认识或意识的不到位，或根本没有消毒制度，或有制度而实际中执行较差或消毒方法不当、消毒剂选择不合理等原因而造成病源的传播，从而提高鸡群死淘率。

（2）营养方面因素。①长期饲喂质量低的饲料，由于营养物质的缺乏和饲料的不全价，使鸡群处于一种营养应激状态，可增加鸡的死淘率。② 钙、磷比例不平衡，维生素缺乏等。实际中常发生的为钙过量，磷不足，维生素含量不足，尤其是维生素 AD_3 缺乏使鸡群中某些个体发生瘫痪、痛风疾病。③蛋白能量比不合理。能量过多、蛋白质过低，再加上氯化胆碱缺乏，鸡过量采食使鸡体内沉积脂肪过多，造成脂肪肝综合征或难产造成脱肛，因而提高鸡的死淘率。④营养不平衡造成啄癖。饲料中蛋白质缺乏，氨基酸不平衡，尤其是缺乏含硫氨基酸或微量元素、维生素缺乏是造成啄癖发生的原因。⑤饲料发霉后，引发霉菌性疾病。

（3）管理方面因素。①鸡舍环境因素。夏季高温，降温措施不合理，通风不良，鸡发生热应激；气候突然变化，保温措施不到位，或冬季通风不良造成鸡感染呼吸道疾病。②其他应激因素。频繁更换饲养管理人员、突然的声响、野兽的进入惊吓鸡群，造成卵黄性腹膜炎。

2.产蛋率异常原因分析　产蛋率异常指按照产蛋曲线，产蛋率出现不符合产蛋曲线变化规律的现象，如产蛋上升期，产蛋上升停止，产蛋高峰期产蛋率突然下降，或产蛋高峰期过短等。造成产蛋异常的原因主要有以下几个方面。

（1）疾病原因。一些传染病的存在可引起产蛋率下降，其中病毒性疾病有传染性支气管炎、传染性喉气管炎、新城疫和产蛋下降综合征等，其中值得注意的是最近两年产蛋下降综合征的发生有增加趋势，细菌性疾病有支原体、大肠杆菌病、传染性鼻炎等，其中危害严重的为支原体、大肠杆菌病。

（2）营养方面因素。饲料营养不全、蛋白质不足、维生素缺乏、饲料霉变都可造成产蛋率下降。

（3）环境因素。光照制度突然改变，如突然停电使人工光照骤停；

室内通风不良，积粪过多，造成有害气体超标，异味过浓，尘埃过多；寒流突然侵袭；夏季高温高湿又未采取有力的降温措施等都可造成产蛋率下降。

(4)管理因素。饲料人员责任心不强，供料不足，造成鸡营养缺乏；供水系统故障而又未及时排除造成停水；操作粗暴或进入陌生人、动物、异常声响等惊吓鸡群；频繁更换饲养人员，突然改变饲喂时间或减少饲喂次数。

3. *发病后产蛋不能恢复的原因分析*　在养鸡生产中，随着专业化、规模化水平的提高，生产效益也不断提高，但鸡的疾病也越来越多，越来越复杂，特别在产蛋期，鸡发病后，由于管理措施不当致使蛋鸡的生产性能得不到正常发挥，病愈后产蛋率不能达到高峰，或不能恢复到病前水平，给养鸡生产造成了很大损失。因此必须分析发生原因，研究解决方法，以提高养鸡效益。

(1)潜在因素。①育雏、育成期管理不当，对鸡的生产性能产生不利影响。培育健壮的、符合品种要求的后备母鸡，是获得蛋鸡稳产高产的前提和关键，所以在蛋鸡生产中，育雏、育成期的饲养管理是一个重要环节。在这一阶段，最易发生的问题首先是饲养密度过大，使鸡采食受到影响，鸡群生长不均匀。其次是育成期未进行限制饲养，鸡开产过早，出现早产早衰。三是育雏、育成期发生慢性传染病，如非典型新城疫、鸡白痢、支原体等，而又得不到及时治疗，使鸡生长受阻。四是有的养鸡户只重视育雏期的管理，追求较高的成活率，但忽视了性成熟与体成熟的一致性，特别是发生疾病后，不知怎样去正确地管理鸡群，往往按常规的饲养要求进行饲喂，没能及时调换饲料，以致开产时体重达不到标准或相差较远，开产不均匀，产蛋率上升较慢。所以在育雏、育成期要随季节和鸡的体质状况，及时调整饲料中营养物质的含量，使鸡能够摄取足够的营养，必须使鸡的体重达到或稍超过体重标准，作为鸡只生产性能得以充分发挥的基本保证。②疾病的影响。育雏期雏鸡患传染性支气管炎，使鸡的生殖系统受到侵害，产蛋期间患产蛋下降综合征、禽传染性脑脊髓炎等疾病，使鸡产蛋率受到严重影响。

(2)产蛋期患病后管理不当,在产蛋期,许多疾病都可引起产蛋率的严重下降,像新城疫、禽流感、慢性呼吸道病、大肠杆菌病等,危害都比较大,但是只要管理得当,产蛋率仍能恢复。常见的工作误区主要有以下几个方面。

①饲料未及时进行调整。疾病对鸡是一个大的应激,各种生理机能都会受到严重影响,如消化吸收机能降低,产蛋率的急剧下降等,因此,要及时对饲料配方进行调整,以有利于机体的康复和产蛋的提高。

调整饲料中钙的含量:患病期间,机体对钙的需求量就会相应降低,所以应随产蛋率的下降而降低饲料中的含钙量,否则会由于机体对钙的需求减少而降低对饲料中钙的利用率。若时间较长,即使病情好转,但由于机体对钙的利用率较低而使产蛋率迟迟不能回升,并且有的疾病会造成鸡的肾脏损伤,像新城疫、禽流感、肾型传感性支气管炎等,会引起鸡的肾脏肿胀,疾病期若不及时降低饲料中的含钙量,会因大量钙的代谢而使病情加重,不利于病情的恢复,即使病情好转,产蛋率也较难回升。此外,高钙日粮还会造成疾病期的顽固性下痢,用药效果不良。

调整饲料中能量和蛋白质的含量:由于疾病的发生,产蛋性能下降,所以鸡对饲料中能量和蛋白质的需要量就会下降,此时应当降低饲料中的营养物质的浓度,否则就会适得其反。当鸡发病时,食欲下降,消化吸收机能降低,高蛋白、高能量饲料不利于疾病的恢复,如新城疫、禽流感、肾型传染性支气管炎等疾病会使肾脏肿胀,高蛋白代谢产生较多的尿酸和尿酸盐而使病情加重,能量过剩而使脂肪在体内大量沉积,若在卵巢中沉积,会影响卵泡的发育,使产蛋不能恢复。所以,若病情较长,应对饲料配方进行调整,适当降低饲料中能量、蛋白以及钙的含量,增加维生素的用量(患病期间,维生素需要量急剧增加),并根据鸡的病情和产蛋恢复情况对饲料配方进行调整。

②光照时间未及时调整。产蛋期发生疾病时,产蛋率下降,若长时间不能回升,可适当考虑减少一定时间的光照。由于产蛋期的光照主要是促进排卵,当鸡的产蛋率下降到一定程度时或低产蛋率维持较长

时间，鸡对光照的敏感性就会降低，所以当产蛋率下降较多时（下降10%～20%），可适当降低光照时间，但不可降低过快过多，因突然的光照改变对鸡是一个大的应激，当鸡体质逐渐恢复后，随产蛋率的上升逐渐增加光照，可保证鸡对光照的敏感性，有利于鸡的排卵。

③低产鸡及停产鸡没有淘汰。在产蛋期发生的疾病，往往会造成鸡机体的损伤，对于停产鸡、低产鸡应予以淘汰处理，不能存在侥幸心理。有些疾病，对鸡的产蛋将造成终生影响，像近年来发生过禽流感的鸡群，有的产蛋率几个月都不能恢复。究其原因，一方面是饲养管理不当引起的，另一方面是没有及时淘汰低产鸡和停产鸡。这样的鸡外观喙、胫、爪、皮肤大多为黄色或深黄色，冠色鲜红，羽毛整齐、光亮，精神较好，但不产蛋。所以，对这样已经没有饲养价值的鸡一定要作淘汰处理。

④发病期间滥用药物，致使产蛋率不能回升。有的药物对鸡的产蛋性能会造成较大的影响，像链霉素、磺胺类及抗菌增效剂、病毒灵等，都会因长久使用而影响机体的代谢，从而引起产蛋率的下降。曾有养殖场因过量超时使用抗病毒药而造成鸡停产。因此，鸡得病后，不要盲目用药，要请有经验的兽医进行诊断，依照无公害标准生产要求，按规定的药品、剂量、用药时间进行治疗。

4. 保持蛋鸡稳产高产的技术关键　蛋鸡的生产性能是由以下几个因素决定的：一是品种的遗传因素，遗传因素是先天的，是基础因素，因此我们在进雏之前，应选择品种纯、产蛋性能好的蛋鸡品种；二是环境因素，饲养环境包括理化环境和生物学环境，在生产中我们应依托育种技术，为蛋鸡创造最舒适的饲养环境，包括最佳的温度、良好的通风、适应的光照等。三是管理因素，根据鸡的生理指标，实施科学的饲养管理技术，就能使蛋鸡的优良遗传性能得到最充分的发挥和体现。要保持蛋鸡稳产高产，应掌握以下几点关键技术。

(1)选择培育好雏鸡。在选购雏鸡时，一定要从有种鸡生产许可证和经营许可证的鸡场或孵化场购进雏鸡，雏鸡要品种纯，体质健壮，这样就为取得好的产蛋性能奠定了基础。其次在培育雏鸡时，要使体重符合品种要求，为了防止因脂肪增加而造成的体重超标而骨骼发育不良情况的发生，从第四周开始，不仅要每周称重而且要测量胫骨长，这是因为现代蛋鸡在育雏期就非常重视体形的发育，并用体形来衡量育雏成绩。鸡的休形是体重、骨骼、肌肉、羽毛和内脏综合发育评定的重要指标，胫骨长直接反映骨骼发育状况，鸡胫骨发育良好，鸡体形发育好，消化和生殖系统等内脏器官充足发育，为鸡进人产蛋期后采食产蛋创造条件。只有体重和胫骨长都达到生理指标，产蛋鸡才会高产。若胫骨长、体重轻或体重大、胫骨短都是鸡发育不良的表现。要培育高产后备母鸡，就必须从雏鸡开始，抓好鸡的体形的培育。

(2)保证体成熟与性成熟的同步。在育成期，不管是限制饲养还是限制光照，其目的都是为了使体成熟与性成熟同步，使后备母鸡按照品种的要求体重和性成熟协调生长发育。在这一时期(9～18 周龄)，如果生长过快(超过标准体重)，则可能沉积较多的脂肪，影响鸡的性成熟。每个品种给出的生长标准都是经过反复测试得出的结果，因此，应通过称量体重不断调整鸡群，使其生长均匀，体重符合标准。同时，在 12 周龄以后，一定要注意控制光照不能延长，使性成熟与体重增长协调同步，这样才能培育出稳产高产的后备母鸡。

(3)减少各种应激。每次转群时，新鸡舍的温度都要相对稳定，这样可使鸡只尽快适应新的环境。冬季气温低、光照时间短，重点应防寒保温，把门窗封严，使鸡舍温度保持在 8℃以上。为了保持空气新鲜，中午天气晴朗，温度较高之时，应注意适当通风，并及时清除鸡舍内的鸡粪，使保温和通风互不影响，防止呼吸道传染病发生。一些养鸡户只重视保温，却忽视通风，鸡舍内有害气体、粉尘超标，极易诱发呼吸道疾病，从而影响产蛋。夏季气温高、湿度大，重点应注意防暑降温，增进食欲，提高采食量。要对饲料配方进行调整，并增加一些缓解热应激的措施。另外要保持管理人员固定，保证充足饮水，保持环境安静等，以减少其他应激因素的产生。

(4)注意营养的全价。产蛋高峰上升期是提高全年产蛋量的关键。当鸡开产后，一方面产蛋率成等比级数增长，产蛋曲线陡然上升，另一

方面其体重仍在增长。在这一时期，鸡的生理负担很重，在饲养上必须满足营养需要，而这时，由于饲料的转换(青年料换蛋鸡料适口性较差)和转群应激使采食量增幅较小，如果不能满足营养需要，鸡只常动用育成期的营养储备，这必然影响整个产蛋期的产蛋量。因此在这一段时间，代谢能尽量保持在 12.5 MJ/kg，粗蛋白质要达到 17%以上，蛋白质饲料应选择易消化吸收的豆粕，适量加入高质量鱼粉，维生素的用量也应增加一倍以上，并适当增加饲喂次数。

(5)做好疾病防治工作。注意经常消毒，切断病原侵入的途径。定期对新城疫抗体进行监测，使其保持较高的抗体水平。注意保温通风，防止呼吸道病的发生。发现病鸡及时隔离，尽快查清病因，每月进行一次预防性投药，每次用药时间 3～4 天。

(6)做好发病后的饲养管理。要采取特殊措施，促使其早日康复。①饲料：鸡群发病往往会导致鸡体温升高、代谢紊乱。因此，应适当改变饲料中营养物质的含量和饲喂方法。一是提高能量水平。根据采食量的降低程度，能量水平应提高到正常的 1.1～1.2 倍。二是增加维生素的含量。维生素 A、维生素 B 可增加到正常的 2～3 倍，维生素 E 可增加到正常的 5～10 倍。三是适当降低饲料脂肪的含量。四是增加喂料设施数量和饲喂次数。五是保持饲料和设施的清洁卫生。②饮水：鸡群发病期间一定要保证饮水的正常供应，饮水器内的水要充足、清洁。如果在饮水器中投药，首先要投入易溶于水的药物；其次要根据实际饮水量计算投药量；第三要注意药物在水中的有效时间，保证药品在有效期内喂完或饮用到治疗的剂量。③管理：鸡群发病期间要增加通风量，保持空气清新。秋、冬季节注意保温，防止冷空气侵袭，尤其是发生呼吸道疾病时，不要进行气雾免疫和带鸡消毒。另外，要对病鸡进行隔离治疗和饲养，对重病鸡做淘汰处理。

(7)对鸡群进行认真细致的日常观察。准确掌握鸡群状况，及时发现存在问题，对疾病做到早预防、早发现、早隔离、早治疗。关于日常观察的内容包括以下几点。

①观察精神状态。宜在进出鸡舍过程中随时随地观察，先观群体，

后察个体。鸡的精神状态是其健康状况的晴雨表，健康鸡精神活泼，两眼明亮。当饲养员进入鸡舍时，表现比较兴奋，有求食欲，对外界刺激能迅速做出反应。若鸡精神委靡，闭目缩颈或将头喙弯于颈后、翅下，离群呆立，对周围事物反应冷淡，常常是有病的征兆。

②观察食欲表现。喂料前后，健康鸡食欲旺盛，添加饲料时抢食强烈，采食快，食量大，且在一定时期内鸡群采食量保持相对稳定；而病鸡往往挑食或拒食，采食量明显下降。如果所喂料中缺乏某些矿物质和维生素，或体表有寄生虫，或鸡舍光照过强，都会出现啄蛋、啄羽、啄肛等异食现象。

③观察饮水变化。健康鸡群的饮水量，在一定时间内是相对稳定的。饮欲增强，饮水增多，常见于环境温度过高、饲料含盐量偏多、高热性疾病或剧烈腹泻性疾病过程中。没有饮水和采食欲望的鸡，表明病情已严重。

④观察产蛋情况。主要从蛋壳质量、蛋重、产蛋率等方面观察，宜与捡蛋同时进行。

蛋壳质量：正常蛋壳表面光亮，颜色均衡，致密匀整，符合品种特征。若蛋壳变薄或变软，破损严重，应检查日粮是否缺乏钙和维生素D，钙、磷比例是否平衡，调查鸡群是否受过惊吓。若蛋大小不一、着色不均，畸形蛋增多，多由饲料品质不良、减蛋综合征、传染性支气管炎、禽脑脊髓炎等所致。

蛋重：开产后蛋重应稳步增加，到35周龄后蛋重基本稳定。若蛋重增加缓慢或降低，而采食量、产蛋数等方面基本正常，可能与开产过早或日粮蛋白质不足有关。

产蛋率：产蛋率从开产到产蛋高峰是逐步上升的。饲养管理良好的鸡，一般在20周龄开产，28～32周龄达到产蛋高峰（产蛋率在90%以上），稳定4～5周，然后缓慢下降（每周降低0.2%～0.5%）。若某一天产蛋量突然大幅下降，很快又自动恢复到原有水平，是由于5%～10%的鸡同期休产所致，属于正常情况。产蛋率下降幅度较大，且连续数天，应从环境条件、管理和疾病方面细查原因。环境条件改变主要见

于光照突然发生变化，如停电使光照时间缩短，光照强度减弱；鞭炮、飞机、车辆强烈噪声刺激；遭受寒流袭击等。管理因素主要有接种疫苗或防病驱虫时粗暴抓鸡，用药不当；陌生人畜突然闯入鸡舍，使鸡群受到惊吓；换料过猛或连续几天喂料不足，日粮成分和质量发生显著改变；导致产蛋量突然下降的疾病，主要是一些急性传染病，如鸡新城疫、鸡减蛋综合征、鸡传染性支气管炎、流感、霍乱等。

⑤观察粪便状态。宜在早晨开灯后观察。健康鸡粪便正常颜色呈灰绿或黄褐色，不软不硬，堆状或粗条状，表面覆盖少量白色尿酸盐。

⑥观察形体特征。健康高产蛋鸡，头清秀，冠和肉髯肥大、红润有弹性，背长腹大，耻骨间距宽，泄殖腔呈椭圆形，宽松湿润。低产鸡冠小，苍白无光泽，耻骨间距窄，泄殖腔呈圆形，干燥皱缩。

⑦观察皮肤病变。皮肤观察的主要部位是体表无毛或少毛的区域，观察的重点是皮肤颜色和皮肤完整性。高产蛋鸡胫部皮肤褪色明显，一般呈黄白色；低产蛋鸡胫部皮肤褪色不明显，一般呈枯黄色。

⑧观察羽毛特点。健康鸡羽毛生长良好，整洁光亮，颜色鲜艳，紧密贴身。羽毛蓬松，两翅下垂，污秽不洁，失去光泽，是慢性营养不良的表现。羽毛倒竖，是高热寒战的表现。羽毛脱落、光秃，常见于维生素A缺乏、食毛癖或体表寄生虫性疾病，在产蛋后期，则是鸡群老化，产蛋率下降的标志。

⑨观察呼吸症状。除炎热天气外，正常鸡不会张口呼吸。若发现鸡张口呼吸、喘气、咳嗽、打呼噜、打喷嚏、摇头伸颈、甩鼻等，应考虑到鸡患了感冒或禽流感、传染性喉气管炎、传染性支气管炎、传染性鼻炎、支原体病等。

⑩观察发病规律。鸡得病后，更要细心观察发病症状、传播快慢、死亡情况、治疗效果。若发病突然，传播迅速，几天内波及全群，死亡率高，则多见于急性传染病或中毒性疾病，应给予高度重视，争取快确诊，早治疗，把损失降到最低限度。

(四)产蛋鸡的四季管理

1. 产蛋鸡春季管理　春季气温逐渐升高,日照逐渐延长,是进雏的黄金季节,此时育雏对雏鸡的发育及以后的产蛋都非常有利。但是春季气候不稳定,天气冷热变化无常,各种微生物开始繁殖,天气干旱、大风天较多,是各种传染病易发的季节,在饲养管理中应注意以下问题。

(1)加强日常管理,防止呼吸道疾病发生。春季虽然舍外气温逐渐升高,但气候多变,早晚温差大;室内温度的上升,使粪便发酵,污染室内空气,影响鸡的健康,使产蛋率降低。因此,必须注意通风换气,使舍内空气新鲜。这一时期,既要通风,又要保温,要把二者有机结合起来。大风天,天气突变,要注意关好窗户,防治寒流、贼风侵袭。白天开窗,晚上关闭,先开南面(阳面)窗,后开北面(阴面)窗。东西向鸡舍,先开东面窗,后开西面窗;先开上面窗,后开下面窗,这样可避免春季发生呼吸道疾病,又可提高鸡的产蛋率。

(2)光照管理。培育春雏(每年 3～4 月份孵出的鸡)时气候逐渐转暖,对雏鸡生长非常有利,育雏成活率高,当年 8～9 月份开产,此时上年的鸡产蛋下降,能弥补秋季市场鲜蛋供应的不足,且产蛋高峰期避开了盛夏,有利于将产蛋高峰保持较长时间。春季光照逐渐延长,为了防止后备鸡性成熟提前,开产过早,应把育雏开始的光照时间固定在夏至时的自然光照时间。产蛋鸡光照保持在 16 小时,光照强度每平方米 2 瓦为宜,灯泡距地面高度 2.2 m,灯与灯之间的距离以 3 m 为宜,灯泡要使用日光灯,这样可以提高光照效果。

(3)饲料。调整饲料配方,冬季天气寒冷,一般饲料代谢能较高,春季气温变暖后,如继续饲喂高能饲料,鸡的采食量较大,鸡体重增加,沉积过多脂肪,饲料代谢能应适当下调。天气变暖,非常适宜产蛋生产,因此,要适当提高粗蛋白含量,一般产蛋率每提高 10%,饲料中粗蛋白质应增加 0.5%,但饲料中粗蛋白的含量最多不超过 18.5%。同时提高矿物质含量,随着产蛋的增加钙需求相应增加,如果钙缺乏,则会产

软皮蛋、薄皮蛋、软蛋等，有时甚至造成鸡的瘫痪，饲料中钙含量由冬季的3.5%增到3.8%～4.0%，磷从0.5%增加到0.6%。

2. 产蛋鸡夏季管理　要保证蛋鸡稳产高产，就必须创造一个好的环境。蛋鸡最适宜的产蛋温度为13～23℃，如果温度超过28℃，鸡就会出现热应激反应，造成采食量下降，饮水增加，粪便变稀，随之产蛋减少，蛋重减轻，蛋壳变薄，抵抗力下降，死亡率增加。因此高温、高湿的夏季，是蛋鸡最难饲养的季节，若管理不当对产蛋鸡的体质会产生不利影响。因此，加强饲养管理，改变饲养环境，特别是做好防暑降温工作是蛋鸡安全度夏，保持稳产高产的关键，应采取以下措施。

(1)建立清凉安静的环境。鸡舍周围应栽树，夏季可遮挡酷热的阳光；鸡舍周围建草坪，可减少鸡舍的热辐射；对房顶的防热层可因地制宜，在建鸡舍时，屋顶铺一层较厚的土，可有效减少热辐射，一般厚度为10～15 cm；加强鸡舍通风，夏季密闭式鸡舍除安装纵向通风设备外，还应安装水帘，开放式鸡舍可安装吊扇；屋顶可安装喷水管，一天中，一般热应激发生在中午12点以后到晚上10点钟之前，可用安装的喷水管或喷雾器在中午之后，在鸡舍内喷洒清凉水，用喷雾器喷水时一定注意把鸡头喷湿，这样可使室内温度下降3°左右，可有效缓解热应激。

(2)加强饲养管理。

调整营养配方：①提高饲料营养浓度，特别增加维生素C、维生素E用量，维生素C可提高鸡抗热应激能力，饮水添加0.1%，拌料每公斤添加500 mg。维生素E可预防应激，并使饲料抗氧化，每公斤饲料添加500 mg。②饲料中粗蛋白质量可适当降低，但应提高氨基酸的用量，使配方达到氨基酸平衡。据研究蛋白质的代谢排热量占本身热能的31%，碳水化合物占25%，脂肪占16.5%，因此在热应激期间应尽最大可能降低代谢热负担。过多蛋白质在转换成热能利用会增加鸡体产热。在蛋白质原料选择上，应选择消化吸收率高的原料，增加大豆粕用量，减少杂粕用量，适当使用优质鱼粉。③应提高饲料的能量水平，夏季鸡采食量减少要保证能量摄入，可减少玉米用量，在饲料中添加

1%～2%脂肪，不仅代谢热增值低，而且能值高，还可改变饲料的适口性。补充电解质，缓解热应激，家禽全身被覆羽毛，汗腺极不发达，主要靠加快呼吸，增加饮水量，来调节体温，呼吸加快可导致二氧化碳的丢失，造成酸碱平衡失调，可在饲料中添加1%氯化铵和0.5%碳酸氢钠，或饮水中添加0.2%氯化铵和0.2%氯化钾，对于提高产蛋率，减少死亡都有一定作用。

调整饲喂时间：避开高温，选在一天中比较凉快的时间饲喂，早晨、晚上多喂，中午少喂，这样可增加鸡的采食量，减少热应激影响，增加匀料次数，两次饲喂之间要匀料2次，这样可增加鸡的采食量。

供应新鲜饲料：夏季高温饲料易霉变，营养物质易氧化失效，因此，饲料要现用现配。如为购买饲料，最多储存7天，这样可减少养分的损失。

保证饮水的充足供应：水罐供水的应注意每天至少要换2～3次水，以保证较低的水温，注意水罐不能在阳光下直射。

勤除鸡粪：夏季高温高湿，鸡粪非常容易发酵，产生大量硫化氢和氨等有害气体，因此，每周至少清理两次鸡粪，以保证室内空气的新鲜。

减少各种应激：不能随意更换饲料，固定操作程序，防止鸡群受惊吓。

做好各种传染病防治工作：饲料中可增加益生素，保持肠道菌群平衡，减少消化道疾病发生。鸡舍每周做两次带鸡消毒，搞好环境卫生，料槽要防止水槽水渗入，每天清扫一次食槽，以防饲料霉变。

3.蛋鸡的秋季管理

(1)调理鸡群，恢复体况。经过长期产蛋的炎热的夏天，鸡体非常疲劳，采食量下降，造成体重减轻，热应激状态使鸡体质下降，夏季产蛋鸡体内各种营养物极易出现负平衡，因此尽快恢复鸡的体质，使其体重达到品种要求的标准是秋季管理的关键。入秋后应多喂些动物性蛋白质饲料，促进尚未换羽的鸡继续产蛋。这时鸡群较神经质，在管理中应注意慢添、慢撒，减少对鸡的刺激。

(2)光照管理。秋季日照逐渐变短，上年的产蛋鸡已接近淘汰期，这时应注意挑选停产和寡产的鸡及时淘汰，对继续留做产蛋的鸡，可延长光照时间1～2小时，自然光照加上人工光照应达到17～17.5小时，以改善蛋壳质量，刺激鸡多产蛋。

(3)加强日常管理，做好疫病防治。秋季前期，天气仍很炎热且湿度较大，易患寄生虫和消化道疾病，此时，可对鸡进行一次驱虫，选择丙硫苯咪唑，按每公斤体重10～20 mg可驱除各种寄生虫。秋季也是鸡痘最易发生的季节，因此，在做好鸡痘免疫接种的同时，应加强鸡的卫生消毒，消灭吸血昆虫，对预防鸡痘有重要作用。进入深秋，天气逐渐转凉，特别是早晚，气温变化较大，鸡容易着凉感冒，使鸡抵抗力下降，易诱发其他传染病。因此，应注意鸡舍通风窗的开启关闭，防止贼风侵袭。

(4)鸡的强制换羽。已经饲养一年的老鸡，如果想继续饲养，应采用人工换羽的方法。先把老弱残鸡挑出淘汰，其余鸡强制换羽，具体的方法有两种。一是饥饿法：将人工光照由16小时减到8小时以下，将所有门窗口用黑塑料遮挡，使鸡舍内变为暗光，停料7天左右，但不停水，也有的喂些糠麸、秸秆粉等粗纤维饲料，然后9～10天每天喂给30～40 g料，之后改为自由采食，此方法鸡失重20%～30%。二是化学法：在鸡饲料中加入2%～3%的氧化锌，连喂10天，不停料，不停水，正常光照。两种方法换羽效果都较好。

4.冬季管理　鸡生活的最适宜温度为13～23℃，当舍温低于5℃时产蛋率降低，当舍温低于0℃时，产蛋率显著下降。温度过低，鸡为了御寒，采食量明显增强，加大饲料消耗，降低养鸡经济效益。因此，蛋鸡在冬季应特别注意防寒、保暖，应采取综合措施，以提高鸡的产蛋率，具体措施如下。

(1)对鸡舍进行全面检修。入冬前应将朝风向的窗户(一般为鸡舍的北侧或西侧)封严，南窗安装好玻璃或塑料薄膜，堵塞除通气天窗以外的所有孔洞、裂缝，防止冷风直接侵袭鸡体(冷风、贼风可使舍内温度迅速下降)。夜间南侧窗门要挂棉门帘，以利保温，门窗的封闭应随气温的下降逐步完成，否则，环境的突然改变，会造成鸡的应激。

(2)除潮防湿。冬季气温低，鸡舍内通风相对较差，而鸡代谢又非常旺盛，粪尿使舍内的湿度增大，低温高湿，使鸡更易感到寒冷。因此，冬季应及时消除舍内粪便，水龙头随手关紧，水嘴经常检修，防止漏水淋湿鸡体。每周可适当在地面撒些生石灰，既可防潮又可消毒。撒布生石灰时，离地面要近，防止生石灰粉尘刺激鸡的呼吸道。

(3)调整饲料配方。冬季气温低，鸡体热能消耗大，采食量相应增加，为满足鸡体自身消耗和产蛋的需要，要对饲料进行调整。提高饲料的代谢能，增加能量饲料的使用，蛋白质保持在16.5%左右。饲料喂量可根据具体情况，增加5%～10%。

(4)通风换气。冬季为了保温，常使鸡舍处于密闭状态，而鸡新陈代谢非常旺盛，使鸡舍内空气变得浑浊，氨气和硫化氢等有害气体浓度提高，影响鸡的健康，诱发呼吸道疾病。因此，要把防寒保温与通风换气有机结合起来，及时排除舍内氨、硫化氨、二氧化碳等有害气体，一般天气，上部换气窗应开放，深冬应在每天中午打开换气窗。同时，也可每周在鸡舍按每10平方米撒磷肥0.5 kg，或按鸡舍每立方米喷雾过氧乙酸溶液30 mL。

(五)蛋鸡的淘汰

淘汰蛋鸡在出售前6小时停喂饲料，并向当地动物防疫监督机构申报办理产地检疫，经检疫合格的凭《产地检疫证》上市交易；不合格的，及时予以无害化处理，防止疫情传播。运输车辆要做到洁净，无鸡粪或化学品遗弃物等，凭《动物检疫证明》和《运载工具消毒证明》运输。

第四节　鸡蛋的收集、储藏、包装、运输

一、蛋的质量指标

蛋的质量指标可从蛋的外形和蛋的内部两方面综合判断，我国对鸡蛋品质的检验指标根据蛋壳、形状、重量、比重、气室、内容物状态来划分。测定品质时，蛋数不应少于 50 枚，在蛋产出后 24 小时内进行。

1. 蛋壳　蛋壳表面清洁，无污染、有光泽，蛋壳完好无损，无畸形(砂皮、薄皮、裂纹)，厚度一般为 0.27～0.37 mm。

2. 比重　反映蛋壳厚度和蛋的新鲜度。用盐水漂浮法测定，要求在 1.060～1.080 之间，在 10%盐水中能下沉 。

3. 气室　鲜蛋气室低于 7 mm，气室波动不超过 3 mm。特级蛋为 4 mm，1 级蛋小于 8 mm，2 级蛋大于 8 mm。冷藏蛋气室高度低于 9 mm，气室波动不超过蛋高的 1/4。

4. 内容物　鲜蛋在透视下，蛋清浓厚，蛋黄居中或略偏，呈现黄赤色或淡黄色，略显模糊阴影。

5. 蛋形指数　蛋呈椭圆形，通常以蛋形指数来衡量蛋的形状是否正常，蛋形指数＝蛋的纵径÷蛋的横径。鸡蛋的正常蛋形指数是1.30～1.35。蛋形指数大于 1.35 为长蛋，小于 1.3 为圆蛋。

6. 蛋壳强度　指蛋壳耐压力大小。蛋壳强度大，即指耐压力大，蛋壳结构致密不易破碎。正常鸡蛋的蛋壳纵轴耐压力大于横轴，因此，装运鸡蛋时，以竖放为好。测定蛋壳强度可用蛋壳强度测定仪，单位是 kg/cm^2。中等蛋壳的耐受力为 0.25～45 kg/cm^2。

7. 系带和胚胎　系带固定紧密，胚胎看不见，无发育现象。

8. 哈氏单位　在鸡的育种方面还可采用“哈氏单位”表示蛋品质。

9. 血斑蛋和肉斑蛋 血斑蛋和肉斑蛋也是表示蛋的品质的重要指标。蛋内血斑来自排卵破裂时发生的微血管出血，或输卵管蛋白分泌部在蛋白形成中发生的微血管出血。肉斑蛋内出现褐色斑点多为变质血液和脱落的输卵管黏膜上皮细胞。

二、不同质量的鸡蛋的处理原则

1. 优质的鲜蛋 壳上有白霜，完整清洁，灯光验视透明，气室符合标准要求，蛋黄略有阴影，无斑点，可供食用和加工用。

2. 裂纹蛋 蛋壳有裂缝，壳膜未破，蛋壳间相互碰撞发出哑声，短期内可供食用或加工用，但不易久藏。

3. 硌窝蛋 蛋壳局部破裂凹陷，壳膜未破，蛋液不外溢，短期内可供食用或加工用。

4. 破损蛋 壳破损坏，蛋膜破裂，蛋液外溢，蛋黄完整良好，短期内可食用或加工用。

5. 热伤蛋 蛋受热较久，胚胎未发育，灯照透视可见胚胎增大，蛋白稀薄，蛋黄膜松弛，短期内可食用或加工用。

6. 红粘壳蛋 蛋在储存时，未及时翻动或受潮，蛋白变膨松，系带松弛；因蛋黄比重小于蛋白，故蛋黄上浮贴于蛋壳上。灯光透视可见气室增大，粘壳处呈红色，打开后蛋壳内壁可见蛋黄粘连痕迹，蛋黄、蛋白界限分明，无异味，充分煮透后食用或食品厂作为高温食品原料。

7. 散黄蛋 储存时间长，或受热受潮，使蛋白变稀，透视蛋黄不完整或如云絮状。打开后无完整卵黄形状，与蛋清混为一体，但无异味。

8. 臭蛋 严重变质的蛋，黑壳或变黑色，灯照透视大部或全部不透光，呈灰黑色，打开后蛋液绿色或暗黄色，有恶臭不能利用。

三、蛋的收集

蛋的收集是保证鸡蛋新鲜、无菌、达到国家卫生标准的最关键一

步，因此，在捡蛋过程中应注意以下几点：鸡蛋应盛放于专用的蛋托和蛋箱内，盛放鸡蛋的蛋箱或蛋托应经过消毒。对备用的蛋托、蛋箱在使用之前用熏蒸消毒的方法进行处理，这样，可减少蛋在储存过程中受有害微生物侵袭的机会。集蛋人员集蛋前要洗手消毒，可选用 1%高锰酸钾、甲醛等。集蛋时将破蛋、砂皮蛋、软蛋、特大蛋、特小蛋单独存放，不得作为鲜蛋销售，可用于蛋品加工。鸡蛋在鸡舍内暴露的时间越短越好，一般从鸡蛋产出到蛋库保存不超过 3 小时，因此，每天捡蛋次数不少于四次，这样不仅可缩短蛋在舍内暴露的时间，也可减少破蛋。这是因为，每天捡蛋次数过少，造成先产的蛋和后产的蛋发生碰撞而破损。鸡蛋收集后，立即用甲醛熏蒸消毒，消毒后送蛋库保存。一般消毒每立方米空间用 42 mL 甲醛、21 g 高锰酸钾，在 20～24℃以上，相对湿度 75%～85%熏蒸 20 分钟，效果很好，可杀死蛋壳表面病原体的95%～98.5%。

四、蛋的储存

为了保证鸡蛋的品质和鲜蛋的均衡供应，必须采用各种科学的方法加以保存，以防变质腐败。随着存放时间的延长，蛋的新鲜度会逐渐下降，为了更好地做好蛋的保存，我们应掌握鲜蛋本身的抗菌特点以及储存中微生物的传染途径、储存过程中蛋的状态变化，以便采取相应措施来改善保存条件，保证蛋的新鲜。

(一)蛋中的微生物

蛋中微生物感染主要有两种途径：母鸡本身是带菌者，因鸡体不健康，使体内杀菌能力下降，许多微生物随饲料、空气进入鸡消化道，有的侵入到输卵管和卵巢，使蛋在形成中被污染，如可垂直传播的鸡白痢病、支原体、马立克等，都是通过此途径由鸡体传播给蛋的。另一种途径是在鸡蛋收集、储存、运输过程中，受微生物侵入而被污染。

1. 蛋壳和内容物的微生物 刚生的蛋，因经泄殖腔排出体外，会被粪便污染，同时鸡蛋在滚落鸡笼的过程中与鸡笼和环境接触也会使蛋壳带上一些微生物，蛋的污染程度取决于鸡体的健康状况和周围环境卫生。如果蛋壳污染严重，而环境温度高、湿度大，蛋壳表面的细菌很容易袭入蛋内。净壳蛋与污壳蛋细菌污染程度分别很大，其差别程度见表 5-10。

表 5-10 新鲜鸡蛋上细菌数及微生物的检出率

污染程度		杂菌数(万)			大肠杆菌(%)	产气杆菌(%)	球菌(%)
		最低	最高	平均			
鸡蛋	净壳蛋	4	6 500	1 800	75	8.3	8.3
	污壳蛋	3 240	970 000	190 000			

2. 储存中的微生物 鸡蛋生产和流通过程中，蛋壳会接触许多微生物，虽然蛋壳表面有一层保护膜，但它与外界环境接触中极易失去，如温度高、湿度大，保存时间长都可使保护膜失去保护作用，细菌通过蛋壳气孔和蛋壳膜纤维的间隙进入蛋内而使壳内容物受到污染，因此在鸡蛋储存过程中，较低的温度、干燥的环境有利于延长鸡蛋的保存时间。

(二)鲜蛋储存的指标

1. 质量指标 鸡蛋应来自按照无公害生产标准组织生产的养鸡场，符合相关蛋鸡饲养的兽药使用准则(NY 5040—2001)，蛋鸡饲养防疫准则(NY 5041—2001)，蛋鸡饲养管理准则(NY 5043—2001)。

2. 感观指标 蛋壳清洁完整，灯光透视时整个蛋呈微红色，蛋壳不显或略显阴影，打开后蛋黄凸起带有韧带，蛋白澄清透明，稀稠适中。

3. 理化指标 无公害蛋的理化指标见表 5-11。

表 5-11　无公害鸡蛋的理化指标　mg/kg

项　目	指　标
汞	≤0.03
铅	≤0.1
砷	≤0.5
铬	≤1.0
镉	≤0.05
六六六	≤0.2
滴滴涕	≤0.2
金霉素	≤1.0
土霉素	≤0.1
磺胺炎	≤0.1
呋喃唑酮	≤0.1

4.微生物指标　无公害蛋鸡的微生物指标见表 5-12。

表 5-12　无公害鸡蛋的微生物指标

项目	指标
菌落总数	≤5×10⁴
大肠杆菌	≤100
致病菌(沙门氏菌、志贺氏菌、葡萄球菌、溶血性链球菌)	不得检出

(三)鲜蛋储存的方法

1.储存保管原则　尽量减少微生物与蛋壳表面的接触;创造条件,抑制蛋壳表面微生物的生长繁殖;保持蛋的新鲜程度和内容物的基本性状;保存中不受有毒、有害及异味的侵害。

2.保存的方法　产出的鸡蛋与环境的接触,极易造成蛋壳表面被微生物污染,因此,储存前必须对鲜蛋进行清洗,以减少蛋壳表面微生物的数量。但应注意洗涤液温度应与蛋的温度相一致或稍高,以防形成负压，而使洗涤液侵入蛋内。洗涤后要及时干燥，以便于保存。

(1)冷藏法。冷藏法是目前国内外最常用的储藏方法之一，利用低温－2.5～0℃，来抑制微生物的繁殖和降低蛋内酶的活性，减少蛋内物质的分解，从而延长蛋的保存时间和新鲜度。在相对湿度为75%～85%的环境中，鲜蛋可保存9～10个月。为了清除蛋壳表面耐低温的霉菌，可将0.1%的灭菌灵溶液喷雾于蛋的表面，抑制霉菌生长。冷藏法应注意以下的环节。

①储藏前的准备：做好冷库消毒。鲜蛋入库后，库内应当预先进行消毒和通风，采用漂白粉溶液喷雾消毒和过氧乙酸熏蒸消毒，最大限度消灭库内残存的微生物。

②严格选蛋：入库后应对鲜蛋做严格检查，应选择表面洁净，无损伤，蛋型符合质量标准的新鲜鸡蛋。为了减少检验的程序，可与养鸡场签订收购合同，制定质量标准，捡蛋人员在捡蛋时即进行选择。

③鲜蛋预冷：经过选择的鸡蛋，冷藏前要经过预冷。直接进入冷库的鸡蛋，可使冷库内温度升高，水蒸汽附着在蛋的表面结成水珠，使霉菌易于生长。预冷库的温度应控制在2～5℃，相对湿度75%～85%，预冷24小时方可入库，入库时应使鸡蛋小头朝下存放。

鲜蛋入库后，每20～30天检查一次蛋的质量，每次抽检10%。出库时，应先放在预定房间使其缓慢升温。

(2)涂膜保鲜法。用少许棉花蘸上植物油或液体食蜡，涂于蛋壳表面，在常温下可保存6个月。

(3)泡花碱储藏法。泡花碱即硅酸钠，又叫水玻璃。泡花碱的调配：在高温下用45波美度泡花碱1 kg，加水12.5～13 kg，配成3.5～4波美度溶液。蛋浸入时，液面应超过鲜蛋10～20 cm，溶液温度控制在19℃以下，室温控制在20℃以下，取出的蛋应在15～20℃水中洗净，晾干后食用。其原理是浸过的蛋，硅酸胶体就包围在蛋壳外，形成一层薄的干涸水玻璃层，堵塞气孔，使空气水分不易蒸发，减少呼吸作用，微生物又不易进入蛋内。

(4)石灰水法。以缸或池子为容器，每50 kg水加生石灰1～

1.5 kg，充分搅拌，溶解后澄清。温度达10℃以下后，将蛋放入，使液面高出鸡蛋10～20 cm。其原理是：生石灰呈强碱性，有消毒作用，一般微生物不易生存，蛋内放出的二氧化碳和石灰水中的氢氧化钙结合生成不溶于水的碳酸氢钙微粒，沉积在蛋壳表面，堵塞气孔，使蛋内二氧化碳逸出极少，蛋内pH值下降，不利于微生物生存。同时，堵塞气孔后微生物也不易进入蛋内。

五、蛋的包装运输

蛋的包装和运输是无公害鸡蛋生产中不可缺少的一环，这不仅关系到鸡蛋的内在质量和储存，也关系着广大群众的身体健康，因此，必须严格按照无公害鸡蛋生产的标准和要求，对鸡蛋进行包装和运输。

（一）鸡蛋的包装技术

首先要选择好包装材料，包装材料必须坚固耐用，经济方便，可采用专用储蛋箱（纸箱和蛋托相配套）、木箱、塑料箱等。

1. *储蛋专用箱*　目前，国内外最为常用储蛋专用箱，箱长60 cm，宽30 cm，高30 cm。每箱蛋托为专用，一般每盘蛋可放30枚，每箱可盛12盘，每箱放360枚鸡蛋，方法简单经济，鸡蛋容易储存，蛋箱和蛋托经消毒后可重复使用，这种专用蛋箱已形成工厂化生产。在蛋的流通中已成为主要储运工具。

2. *木箱或纸箱包装鲜蛋法*　木箱和纸箱必须结实、清洁和干燥，每箱包装300～500枚鲜蛋，包装所用填充物，可用切短的麦秸、稻草或锯末屑、谷糠等，用时先在箱底铺一层5～6 cm的填充物，然后放一层鸡蛋，在蛋上再铺一层2～3 cm填充物，再放一层蛋，这样一直到装满为止，在最后一层蛋上方铺一层5～6 cm厚的填充物，然后箱盖用钉钉牢固。

不论哪种包装，使用前都要对其进行消毒之后方可使用。每种包装物表面都应标明：品名、数量、生产日期，并标有“小心轻放”、“请勿倒置”的标志。

(二)鲜蛋的运输

运输所使用的车辆最好选择有集装箱的车辆，使用前对车辆应进行消毒。在运输过程中，应尽量做到缩短运输时间，减少中转，根据不同的距离和交通工具做到快、轻、稳。“快”就要尽快运达到目的地；“稳”就是减少震动；“轻”就是要在装卸时做到轻拿轻放，以减少蛋的破损。同时，还应注意冬季保暖和夏季受热变质，装运过农药、氨水、煤油等有毒有害物质的车辆不能使用，消毒后的车辆应排除异味后方可装车运输。

第五节 种鸡的饲养管理

种鸡饲养管理的好坏，种鸡的质量如何直接关系到商品蛋鸡生产性能的高低，因此，种鸡饲养管理的重点就是保持种鸡健康良好的生产体况和繁殖能力，提高种蛋的受精率和孵化率，增加孵化的健雏率。由于种鸡与商品蛋鸡生产的不同，在饲养管理上也有所区别。

一、公母比例合理

合理的公母比例是保证种蛋受精率、降低饲养成本的重要条件之一。鸡群中公鸡过多，则消耗饲料多，公鸡过少，则影响种蛋的受精率。根据有关资料和孵化实践，在笼养人工授精条件下，适宜的公、母比例为 1∶40，如为平常自然交配，则公、母比例为 1∶(10～15)。

二、种公鸡的管理，合理选择利用

种公鸡的饲养管理在某种程度比母鸡的饲养管理更重要，尤其在种鸡笼养和人工授精被普遍采用的情况下，种公鸡的饲养、营养及选择越来越受到重视。

(一)种公鸡的选择

1.第一次选择　在孵出后进行雌雄鉴别时，选择生殖突起发达而结构典型的小公雏，这种小公雏的母亲产蛋量应较一般母鸡高4.5%～12.8%，其后代中母鸡的产蛋量比一般母鸡高5%～19%；

2.第二次选择　6～8周龄选留个体发育良好，冠大而鲜红，体重较大者。淘汰外貌有缺陷，如胸骨、腿部和喙部弯曲的。选留比例公鸡为母鸡总数的10%。

3.第三次选择　在17～18周龄选择外貌、体重符合品种要求，冠大鲜红的公鸡，要求公鸡腹部柔软，按摩时有性反应。选留比例为1∶(15～20)。

4.第四次选择　在21～22周龄，主要根据精液品质和体重选择。此次选择要求体重适中，性反射较强，射精量较多的公鸡。

(二)种公鸡的饲养管理

1.小公鸡的培育　0～6周前可采取公母混养，9周龄以后公母应该分开饲养，采用人工授精的公鸡，18周龄采取单笼饲养。每周称量体重，体重过重过轻的要分开饲养，通过调整营养水平和饲料投喂量，使其达到体重均匀一致。

2.营养水平　代谢能11.5 MJ/kg，粗蛋白质0～8周龄18%，9～18周龄12%～14%。在繁殖期应当增加多种维生素的用量，实践证明，维生素E、维生素K、维生素B_{12}、氯化胆碱、生物素对种蛋的孵化率及雏鸡的成活率都有重大影响。因此，维生素可按饲养标准的3～5倍

使用，钙含量为1.5%，磷为0.65%。盲目加大蛋白质含量，提高种公鸡的营养水平，对精液品质及种公鸡体质不但无益反而有害。

3. 种公鸡的温度和光照管理 温度和光照与精液的品质有密切相关性，成年公鸡在20～25℃环境下，可产生理想的精液，温度高于30℃，导致抑制精子产生。当鸡处于39℃以上，相对湿度50%～70%的条件下，采精量迅速下降，精子密度减少一半。而温度低于5℃时，公鸡的活动性降低。光照时间以12～14小时为宜，公鸡精液质量最好；光照时间少于9小时，则精液质量明显下降。光照强度在10 lx，就可维持公鸡的繁殖性能，过低则影响睾丸的发育而影响以后精子的产生。

4. 配种日龄 配种一般在24～25周龄开始较好，做人工授精的母鸡在产蛋率80%以上时开始。人工授精一般每隔5天进行一次，夏天每隔4天进行一次。每次采精后，应在20分钟之内把精液输完，以避免精子活力的下降。每只母鸡每次输精量为0.03 mL，人工授精应在下午母鸡产蛋后进行。

5. 种公鸡的断喙、剪冠 人工授精的鸡要断喙，以减少育雏、育成期的相互啄伤。为了防止冬季鸡冠冻伤，可剪去公鸡的冠，同时也有利于鸡在笼内活动，提高育成期合格率和将来的受精率。具体方法是：将初生公雏用弧形手术剪刀紧贴头皮剪去鸡冠，但炎热地区不易剪冠，因为公鸡高大鸡冠可增加散热面积，减少热应激。对自然交配的公鸡要剪趾，以防配种时抓伤母鸡。

6. 定期称重 为保证繁殖期公鸡的健康和精液的品质，每月称重一次，凡体重下降100 g以上的，应暂停采精或延长采精间隔时间，并从饲料上增加营养，使其尽快恢复体重。

7. 精液品质的检查 为了保证受精率和种蛋质量，应定期对公鸡的精液品质进行抽检，检查采集精液的数量以及精子数、精子的形状、活动能力等，一般每次检查不应少于公鸡数的5%。

(三)影响种公鸡种用性能的因素

1. *脊柱畸形* 症状通常发生在第五胸椎和第七胸椎之间,出现“拱背”和“驼背”,可导致种蛋孵化率下降6%~7%,该症状最早发生于15周龄,发生的原因包括遗传因素,饲料中铜、锰或维生素B_6缺乏,多重油苗免疫,性成熟期间体重管理不当等。

2. *睾丸大小异常* 在实际采精中,有些鸡性欲不强,睾丸小,从而影响采精量和精液质量。其原因有在睾丸发育期(18~25周龄)发生高温、用高钙日粮饲喂公鸡,精子受损或死亡,精子发生钙化;传染性支气管炎野毒攻击,造成附睾受损。

3. *葡萄球菌引起腱鞘炎* 种鸡由于感染葡萄球菌造成鸡瘸腿而影响公鸡种用性能。种公鸡的活动少,腿部软弱或有腿部疾病会影响配种,所以要诱使公鸡运动,锻炼腿力。采用公鸡食槽,可促使公鸡不断运动。

4. *疾病治疗* 在采精过程中,难免引起种公鸡交配器发炎或受伤,同时各种应激因素也可能引起消化道、呼吸道疾病,一般根据季节和气候变化每个月喂一次广谱抗生素,但应注意所用药品不应影响精液质量。

三、种蛋的管理

(一)种蛋的选择

种蛋应来源于生产性能良好、受精率高、无经蛋垂直传播疾病的种鸡群,受精率低于80%、患病或病愈初所产的蛋不能用做种用。种蛋选择方法:①清洁度,种蛋表面不应被粪便或破蛋液污染;②蛋重,每个品种都有自己一定的标准范围,蛋重过大过小都会影响孵化率和雏鸡质量,一般应大于50 g,以28~56周龄期间的种蛋质量最好;③蛋形,卵圆形种蛋最好,蛋形指数在0.72~0.75之间,蛋形指数以0.74最

好。细长、短圆、橄榄形、腰凸等不合格的蛋应剔除；④蛋壳质量，蛋壳过厚的钢皮蛋、过薄的砂壳蛋、皱纹蛋都必须剔除；⑤蛋壳颜色，应符合品种要求，如来航鸡蛋壳颜色应为白色，伊莎褐鸡的蛋壳应为褐色；⑥照蛋透视，发现气室破裂，气室过大的陈蛋以及血斑蛋、肉斑蛋等都应剔除。

(二)种蛋的保存

1.种蛋保存的温度　蛋产出体外，胚胎发育停止，但随后在一定的外界环境下，又开始发育，当环境温度偏高时(但不是胚胎发育最适宜的温度 37.8℃)则胚胎发育是不完全的不稳定的，易引起胚胎早期死亡。温度过低(0℃)，虽然胚胎不发育，但胚胎活力严重下降，因此，种蛋收集后，先在室温环境下(24～29℃)降温半天，即运至 13～18℃的种蛋库。

2.种蛋保存的相对湿度　种蛋保存期间，蛋内水分通过气孔不断蒸发，其速度与储藏室内的湿度成反比，相对湿度保持在 75%～80%既可降低蛋内的水分的蒸发，又可防霉菌滋生。

3.种蛋保存时间　以一周为好，最长不超过两周，超过两周可使孵化率明显下降。种蛋保存一周以上时，每天要转蛋 1～2 次，以防胚胎与蛋壳膜黏连。

4.种蛋的消毒　种蛋产出体外时被母鸡泄殖腔排泄物污染，同时，外界环境中的微生物也会污染种蛋，并通过蛋壳上的气孔进入蛋内，对孵化率和雏鸡质量造成不利影响，因此，必须对种蛋认真消毒。①种蛋消毒时间：种蛋产出后最好在 1 小时以内即进行消毒，最长不超过 2 小时，时间过长则蛋壳表面细菌数增加，并通过蛋壳膜进入蛋内。②消毒方法：每立方米空间用甲醛 28 mL、高锰酸钾 14 g，温度 25℃左右、相对湿度 60%～75%，熏蒸 20 min。

5.种蛋消毒场所　捡蛋后消毒，在鸡舍的种蛋消毒柜中进行消毒；入孵时在孵化期间进行消毒。

第六节　饲养管理记录

一、生产记录的目的和意义

生产记录是养鸡场生产经营情况的重要资料，其目的是为了使生产经营者更好地掌握鸡场生产经营活动情况，分析生产中存在的问题和不足，改进和完善管理办法，提高养鸡的经济效益，在无公害养鸡生产中按照标准化生产要求做好各种记录，可为禽蛋产品的安全提供可靠依据，为保证鸡群的健康，提高生产水平奠定基础，通过建立生产档案，鸡场可更好地实现养鸡的标准化生产，为市场提供更多更好的安全绿色食品，也为提高禽蛋产品的市场竞争力创造了条件。大中型鸡场要做好饲养效果分析，必须做好各种生产记录，如果没有生产记录，每天发生的事件，全凭大脑记忆，随着时间的推移，大多数都会忘掉，这样就不能分析饲养效果，也不利于生产水平的提高。

二、生产记录的内容

生产记录是养鸡生产过程的镜像，可以使管理人员完整了解禽蛋生产过程的各个环节，当一批鸡引进之后，应立即建立档案，并做各种记录，其中包括蛋鸡购入记录、育雏记录、兽药使用记录、禽病治疗记录、消毒记录、免疫接种记录、饲料及添加剂使用购进记录、禽蛋生产日志、产品销售记录等，记录应保存两年，以便查阅。

三、记录员的设置

大中型鸡场应有专职的记录人员，对于小型鸡场根据鸡场规模可有一人协助记录或由业主兼做记录。

四、设置记录的原则

鸡场生产水平的高低，取决于鸡品种的优劣和饲养管理技术水平的高低，最能直接反映生产水平的是生产记录的各种指标，通过设置指标可全面掌握鸡场生产情况，据此建立岗位责任制，并根据饲养人员完成指标的情况进行奖罚，从而促进职工学习科学养鸡知识和贯彻执行饲养管理准则，并有利于总结经验教训，改进、提高管理，各项指标要通过建立记录来完成，在设置记录表格时要考查记录资料的完整性，便于整理归类、统计。不同类型、不同项目要分开记录，可参照农业部无公害鸡蛋生产的标准化，设置有关记录项目和表格。

五、生产记录的指标

(一)成活率

1. 雏鸡成活率　育雏期末(育雏期通常为 0～8 周龄)成活雏鸡数占入舍雏鸡数的百分比。雏鸡成活率(%)＝育雏期末成活雏鸡数÷入舍雏鸡数×100 。

2. 育成鸡成活率　育成期末鸡数占育雏期末转入育成的雏鸡数的百分比。育成鸡成活率(%)＝育成期末的育成鸡数÷育雏期末转入的雏鸡数×100 。

3. 母鸡存活率　入舍母鸡数减去死亡数后的存活数占入舍母鸡数的百分率。母鸡存活率(%)＝(入舍母鸡数－死亡后的存活数)÷入舍

母鸡数×100 。

(二)开产日龄

即母鸡性成熟期。对于专门化的品种(品系)来说,反映了它的早熟性和高产性。因为通过限制饲喂和控制光照等措施,适当早熟、早开产的鸡较开产迟的鸡可以多产蛋;但未经上述措施,太早开产,生产效果反而不好,开产日龄按日产蛋率达到50%的日龄计算。

(三)产蛋量

它是反映鸡生产性能的重要指标。

1.按入舍母鸡数统计　这是国际上采用的综合性产蛋量性能指标,国内也已广泛采用。它能反映母鸡素质,健康情况,营养、管理与经营水平。入舍母鸡数产蛋量(个)=统计期内的总产蛋量÷入舍母鸡数。

2.按母鸡饲养日数统计　不少单位沿用这类统计方法,这种计算方法不能反映出死亡率这一因素。母鸡饲养日产蛋量(个)=统计期的总产蛋量÷平均饲养母鸡只数=统计期内的总产蛋量÷(统计期内累加饲养只数÷统计期日数)。

说明:产蛋量常有500日龄产蛋量和年产蛋量等指标。500日龄产蛋量是指从母鸡出壳之日起至500日龄止,平均每一只母鸡的产蛋量,它规定了以饲养期500天计,产蛋量高的鸡群就比产蛋量低的好;而年产蛋量仅说明母鸡在一年内产蛋的只数,不说明培育期的长短。为了计算产蛋量,平时要把存栏母鸡数和产蛋数记录好,定期统计,这比最后才进行一次统计简便得多。一般以产蛋周次或产蛋月次为时间单位,先由(期初鸡数+期末鸡数)÷2,求出平均每日存栏母鸡的只数(近似值),再将总产蛋只数÷存栏母鸡数,便得此期间每只母鸡平均产蛋量,最后总和为全期平均产蛋量。

(四)产蛋率

这是产蛋量的相对值,是产蛋数与存栏母鸡数的百分比。产蛋量高则产蛋率也高。

(1)饲养日产蛋率(%)=(统计期内的总产蛋量÷实际饲养日母鸡只数累加数)×100

(2)入舍母鸡数产蛋率(%)=统计期内的总产蛋量÷(入舍母鸡数×统计日数)×100

(五)蛋重

从300日龄开始计算,以克为单位,个体记录者须连续称取3个以上的蛋求平均值;群体记录时,则连续称取3天总产蛋量求平均值;大型鸡场按日产蛋量的5%测蛋重,求出平均值。

(六)料蛋比

产蛋鸡在某一年龄阶段饲料消耗总量与产蛋总量之比。产蛋鸡要求产蛋多而消耗饲料少,这样产品成本低。当每产一个蛋消耗饲料太多而得不偿失时,应考虑将这种母鸡淘汰或休产一段时间后再产蛋。

(七)蛋的破损率

破损的蛋只能当次品处理。因此,蛋的破损对鸡场的经济收入影响甚大。破损率(%)=破蛋数÷总产蛋数×100。蛋破损率与饲料营养、笼底或产蛋箱底状况以及是否经常捡蛋等有关。

六、对养鸡效果进行的统计分析

雏鸡进舍后即建立档案,记录进舍数、每天死亡数、耗料以及转舍鸡数,一直到该批雏鸡转出时为止。如果在育雏过程做好记录,就可以根据记录进行下列分析。

1. 存栏情况　除了正常的转群和出售外，大量淘汰表明鸡群活力低、健康状况不佳或伤残数多；死亡数大表明因种质、饲养管理和防疫上的不善，或饲料、饮水不充足和不卫生，致使疫病暴发。应及时查明原因，妥善处理。

2. 体重情况　靠每周抽检称重和出售时体重来检查和分析。体重应达到生长标准，而且个体间均匀度要高，应没有大小悬殊现象，偏差太大说明饲养管理措施不妥。

3. 耗料情况　耗料太多反映出鸡种质不良，或饲养管理不善，或鸡群有病；耗料超过正常范围应查明是否有鼠害、人为浪费使饲料报酬降低；耗料过少表明雏鸡健康不佳、饲料管理不善，饲料适口性差或变质等。

4. 饲料添加剂、药物使用效果　比如，使用了某种饲料添加剂（可以是微量元素添加剂、维生素添加剂、氨基酸添加剂、抗生素添加剂、生长刺激剂或驱虫保健药物剂等），可以通过详细记录，分析使用情况，判断添加上述添加剂后，对促进雏鸡生长发育、提高成活率的作用等。

七、常见生产记录表格举例

养鸡生产中，应记录的内容很多，我们应按标准化生产要求进行记录。现将常用的一些表格举例如下。

1. 引种记录　引种应标名引进的厂家、地点、品种、数量、生产日期。样式见表 5-13。

表 5-13　引种记录表

日期	品种	数量	孵化场名	详细地址	种禽生产许可证号	销售许可证号

2. 雏鸡管理记录　每天要定时记录温度、湿度。样式见表 5-14。

表 5-14 温度、湿度记录表

日龄	时间	温度	湿度
1日龄	早5点		
	中午10点		
	下午5点		
	晚10点		
2日龄	早5点		
	中午10点		
	下午5点		
	晚10点		

3.兽药购入和使用记录 购入记录要记录购入日期、药品名称、规格、数量及批准文号等;使用记录要标明用药品种、用药时间、用药剂量、生产厂家、批准文号等。样式见表5-15和表5-16。

表 5-15 兽药购入记录表

日期	名 称		规格	数量	批准文号	生产厂家或经销商	
	商品名称	药品主要成分				名 称	电 话

表 5-16 兽药使用记录表

日期	畜禽舍号	数量	临床症状	兽 药					剂量	用药方法	休药期(天)	效果	兽医签字
				商品名称	药品主要成分	规格	生产厂家	批号					

4.免疫接种记录 严格按照预先制定好的免疫程序进行免疫接种,并做好记录。样式见表5-17。

表 5-17 免疫接种记录

免疫日期	畜禽舍号	日龄或月龄	数量	疫 苗				免疫方法	剂量	操作人
				名称	生产厂家	批号	购入单位			

5.饲料使用记录　记录领料日期、畜禽数量、饲料名称、数量及领取人。样式见表5-18。

表5-18　饲料使用记录

日期	畜禽舍号	畜禽数量	饲料名称	饲料数量	领料人	备注

6.消毒记录　要按规定的时间对环境、人员、鸡舍、用具等进行消毒,并做好记录。样式见表5-19。

表5-19　消毒记录

日期	消毒场所	消毒剂名称	浓度	消毒方法(程序)	消毒人员签字

7.无害化处理记录　无害化处理是鸡场预防各种传染性疾病发生的重要手段,也是消灭病源的必要措施。样式见表5-20。

表5-20　无害化处理记录表

日期	处理只数	处理原因	处理方法	处理人签字

8.产品销售记录　它可反映鸡场的生产经营情况,以及产品销售走向,为产品的质量跟踪提供依据。样式见表5-21。

表5-21　产品销售记录表

销售日期	销售数量	销往单位		备注
		名称	电话号码	

9.饲料生产记录　记录每批饲料的生产日期、数量及各种原料的用量。样式见表5-22。

表 5-22 饲料生产记录表

预混料		原料					总 计	操作人
名称	数量	玉米	豆粕	麸皮				

10. 蛋鸡生产日志 是对鸡场生产情况的全面记录，对鸡场每天发生的各种活动都要进行详尽记录。样式见表 5-23

表 5-23 蛋鸡饲养记录卡

鸡舍编号										入舍鸡只数			
周龄	日期		日龄	天气/室温 晴○阴◎ 雨●/℃测定时间	鸡只数(只)			防疫(疫苗种类、剂量、用法)	药品(药剂、剂量、投药方法)	饲料量(kg)			备 注(疾病、换 料、设 备等)
	月	日			死亡	淘汰	实存			入库数	消耗量	库存	
第一周			1										
			2										
			3										
			4										
			5										
			6										
			7										
	合 计												

第七节 其他管理

一、降低生产成本，提高经济效益

养鸡最根本的目的是以最少的投入，获得最大的经济效益。提高经济效益的途径有两个：一是增收，尽可能使鸡多产蛋；二是节支，最大限度的降低单位生产成本，只有这样，才能提高养鸡的经济效益。

（一）增收

就是在不增加成本的基础上提高生产水平。我国工厂化养鸡起步晚，但发展速度快。目前，我国已是世界第一大鸡蛋生产国，在市场竞争日趋激烈的情况下，谁能降低生产成本，提高每只鸡单产，谁就能赢得市场。因此，必须不断努力，采用新的生产技术提高生产水平，重点应采取以下措施。

1. 饲养优良品种　在相同饲养管理条件下，优良品种的鸡开产日龄、高峰产蛋率、产蛋持续性及饲料转化率都要高于普通品种的鸡。因此，饲养优良的蛋鸡品种是提高蛋鸡产量最重要的因素之一。

2. 提高产蛋率　同一品种饲养管理水平不同，其生产效果也不同。提高产蛋率的措施包括创造安静舒适的环境，喂给优质全价的配合饲料，减少一切应激因素，及时淘汰病弱残及寡蛋鸡（详见产蛋期管理）。

3. 减少破蛋率　增加捡蛋次数，笼内后产出的蛋很有可能与先产出的蛋发生碰撞而造成破损，从而增加破蛋率。因此，每天捡蛋次数上午应 3 次以上，下午两次；二是饲料钙、磷比例要合适，应达到蛋鸡营养标准，一般产蛋期饲料中钙、磷比为 1∶(3.5～4)，钙含量为 3.74％，磷含量为 0.66％，并应用维生素 D_3，促进钙的吸收。在产蛋后期，应适当提高钙的含量,可在每天下午在饲料内适当撒一些贝粉,以促进钙的吸收,增强蛋壳强度;三是在选择品种时,尽量选择蛋壳较厚的鸡品种;四是管理上要对鸡笼经常进行维修,防止鸡笼插破鸡蛋、掉落地面以及蛋不能滚出而存于笼内被鸡蹬破,储藏运输中应注意选用专用储蛋箱,运输中做到稳、轻、快。

4.降低死淘率　减少人舍鸡死亡数量,提高人舍鸡成活率也是增加产蛋量的一条重要措施。减少死亡率必须在育雏时就应开始此项工作。具体措施是引进健壮的雏鸡加强饲养管理,提高疾病防治水平(按免疫程序及时接种各种疫苗,严格执行卫生防疫制度);喂给优质全价饲料,减少各种应激等,这样就能降低鸡的死淘率,提高成活率。

(二)节支

养鸡的生产成本主要是由饲料、人工费、防疫费和能源费等组成,其中饲料成本占养鸡成本的70%,因此降低饲料消耗是降低生产成本关键。

1.降低饲料消耗的措施

(1)科学配制日粮。根据不同品种鸡的各个生长阶段的营养需要,充分利用当地的廉价饲料资源,自行配制全价日粮,这样可大大降低饲料成本。如购买全价配合饲料,应对各厂家生产的饲料进行价格和试喂比较,购买质高价廉者。

(2)加工合理。粉碎粒度过粗,鸡容易挑食,造成浪费;粉碎过细,适口性差,而且加工费较高,每只鸡一年将增加加工费0.60～1.00元。

(3)减少饲料浪费。一是料槽结构要合理,槽的上缘应加边,成凹形,防止饲料外溅。二是使用料槽应注意随着鸡的生长及时调整高度,使槽位始终高于鸡背2～3 cm。三是少喂勤添,一次不可添得过满。据测试,饲料加到料槽的2/3,饲料浪费可达12%;加到1/2,饲料浪费5%;加到1/3,饲料浪费2%。因此,饲料量不可超过饲槽的1/3。有资料调查,料槽不合理浪费饲料2%,因每次填料太满浪费2%,鼠耗1%,疫病死亡损失3%～5%。四是产蛋期的限制饲养,对蛋用型鸡实

行限制饲养开始的时间，应该在产蛋高峰过后的第二周开始，限制饲养的具体方法是在产蛋高峰过后，将每100只鸡的每天采食量减少227 g，连续3～4天，假如饲料减少未使产蛋量比正常情况(产蛋标准)降得更多，则继续数天使用这一给料量，然后，再一次尝试类似的减量。只要产蛋量下降正常，这一减料方法可以继续下去，如果产蛋量下降异常，就将给料量恢复到前一个水平，当鸡群受应激或气候异常寒冷时不要减少给料量。在正常情况下，限制饲养的产蛋鸡消耗的饲料不应低于同龄的自由采食鸡耗料量的91%～92%。

(4)及时淘汰残、次和低产鸡。残、次鸡生产性能低，又不少消耗饲料，所以要及时将其淘汰，以降低饲养成本。寡产和停产蛋鸡，也要及时淘汰，这种鸡有的表现冠髯苍白，腹部收缩狭窄；有的羽毛光亮干净，冠髯特别发达，对此类鸡，可连续记录产蛋7天，产蛋特别低的鸡笼，在早晨逐只触摸，子宫后部无蛋的鸡应予以淘汰。

(5)及时断喙。一般第一次断喙在7～10日龄之间进行，第二次在10～12周龄时进行。断喙时的动作要干净利索，上下喙分别切除1/2和1/3，做到既能吃料，又保证鸡不将饲料啄到料槽外。

(6)保持舍温适宜。最适宜鸡产蛋的舍温为13～21℃，冬季如果舍温低于8℃，每100只鸡每天要多吃饲料1.5 kg，而且产蛋率下降。夏季气候炎热，鸡食入的饲料较少，但产蛋率也下降。所以调节好鸡舍内的温度，对降低饲料消耗也很重要。

(7)保管好饲料。饲料保管不当，易造成发霉。一次购入或配制出过多的饲料，放置时间长，会造成营养价值下降，这也是一种浪费。另外，要防止老鼠和鸟进入鸡舍偷吃饲料。

2.节约能源　降低养鸡成本必须合理利用能源，重点放在育雏期的管理上。主要从以下几方面做好工作。房舍的保温性能要好。冬季房舍窗户要用塑料膜封好。经常查看温度计的准确性及鸡群的表现。每个育雏器要放有足够数量的雏鸡。采用全舍供暖或综合供暖平养时，要在整个鸡舍内用塑料膜围起一个育雏空间，然后再逐渐放开。使用煤或炭等要燃烧彻底，防止不应有的浪费。

3. 药物防治　加强日常卫生管理，做好消毒工作，切断疾病传播途径，防重于治，减少疾病发生，降低鸡使用治疗药物的费用。治疗药物使用要合理。发现问题，要请兽医人员诊治，诊断后，按要求使用相应的药物，并严格遵守用药剂量、用药时间、使用方法，切忌盲目加大用量，避免发生药物中毒加大用药成本。

4. 充分调动养殖人员的积极性　在日常管理中，要以人为本，制定规章制度，严明奖罚。从加强管理入手，减少各个环节的浪费。

(1)增加养鸡人员收入。在场内实行责任承包制，制定生产指标和奖励制度，对超额完成生产指标的进行奖励，奖金上不封顶，根据个人贡献进行分配，这样既有利于生产水平的提高，又提高了从业人员的经济收入。

(2)实行产供销一体化经营。在蛋鸡市场日益饱和的情况下，要提高鸡场抵御市场风险的能力，养鸡生产实行一体化经营。种鸡养殖、饲料生产、蛋鸡生产、蛋品加工一体化，统一经营，统一核算，在鸡蛋市场低迷的情况下，可对鸡蛋进行深加工，提高鸡蛋产品产值，通过自办饲料厂可降低饲料生产成本价格。也使饲料质量更有保障，这些公司式经营模式，在很多养鸡企业取得了成功。

(3)充分利用鸡舍面积和笼位。设计建设鸡场应有合理的工艺流程，生产管理上，要有周密的鸡群周转计划，除了必要的清洗空闲消毒外，应尽量提高鸡笼位利用率，不要因暂时亏损轻易停止周转，鸡蛋市场变化因素很多，尤其在我国市场发育不完善的情况下，预测很难准确。

(4)加强信息管理，及时准确掌握市场行情。目前，由于网络的普及，各种市场信息传播很快，鸡场应及时了解禽蛋市场信息，掌握市场变化规律，根据市场需求，组织鸡蛋生产，提高养鸡经济。

二、养殖工艺病及防治

随着蛋鸡笼养技术的应用推广，使我国蛋鸡养殖业的生产力水平

有了很大提高，但随之也出现了一些与笼养技术有关的疾病，主要包括产蛋鸡疲劳综合征、脂肪肝综合征、啄癖以及惊恐症，形成这些疾病的原因主要是笼养使鸡运动减少，鸡抵抗力下降，这些病在散养条件下很少发生，主要是饲养方式改变造成的，因此，称为鸡饲养工艺病。

(一)笼养蛋鸡疲劳综合征

笼养蛋鸡疲劳症是现代蛋鸡最重要的骨骼疾病，这是过去平养鸡时罕见的病，本病的主要特征是笼养产蛋鸡发生瘫痪，最易发生于产蛋高峰期的鸡，此病的发生与饲养管理水平、鸡的品种、生长速度、产蛋、钙、磷比例、维生素 D 含量等因素有关。

本病的症状是最初见病鸡喜欢蹲伏，不愿走动，步态僵硬，食欲不振，生长发育迟缓，瘫痪在笼中，精神常良好，但后期沉郁和死于脱水(如果及时将瘫痪病鸡由笼内移出，使其能吃料和饮水，则病鸡常在4～7天恢复)。尸体解剖时，瘫痪或死鸡的骨骼容易断裂，骨折可见于腿骨、翼骨和胸椎，胸骨常变形，在胸骨和椎骨的结合部位，肋骨特征性地向内弯曲。肋骨变形是与轻度骨折和胸椎骨折有关。

近期的研究认为，本病主要与笼养鸡所处的特定环境条件有关，同时在饲粮中钙、磷或维生素 D_3 不足，尤其是可利用磷不足时也易导致本病的发生。曾有试验表明，同样在饲粮中仅补充磷(可利用磷)0.05%～0.10%，平养鸡的死亡率为 2.8%～4.2%，而笼养鸡的竟高达 30%～55%。而且，饲粮中磷的含量不足，对笼养鸡死亡率的增高比产蛋量的下降的影响更大。

由于笼养蛋鸡疲劳症较多发生于产蛋高峰期(主要是蛋用型鸡)和产蛋初期(肉用种鸡)，预防本病的重点应放在产蛋前期和高峰期，首先要保证日粮中钙、磷的供给量，其次要调整好钙、磷比例，补充维生素 D，以促进钙的吸收，对病鸡除补充适量钙、磷饲料外，并加喂鱼肝油或补充维生素 D。

(二) 惊恐症

鸡的惊恐症是鸡群经常发生严重的"炸群"——惊恐,不但导致产蛋下降、软壳蛋增多,往往有翅膀折断,甚至内脏出血,死亡增多,本病在笼养方式和轻型蛋鸡中发生率高且易出现在高产期。拥挤,通风不良,过强的噪声,突然的动作或声响,断水断料,饲管人员工作态度和责任心差等都可能是造成本病的应激源。预防的最好办法是尽量减少各种应激,同时极力提倡饲管人员要增强爱鸡之心,努力做到"人鸡亲和"。

(三)过早换羽

集约化笼养的鸡,在相对稳定的环境中生活,抗应激能力较差。打乱光照制度、气温突变、产蛋期间免疫、断水断料、日粮中含钙量过高、甲状腺机能亢进等,都可能引起鸡群不该发生的过早换羽现象。开产后免疫会影响产蛋和引起换羽。据试验,给产蛋鸡接种鸡痘,由于免疫引起的强烈免疫反应,出现绝大多数鸡停产并纷纷换羽。所以必须在开产前完成免疫接种,开产后力求保持稳定的饲养环境,尽量减少对鸡群的应激影响。

三、鸡无产蛋高峰的原因及对策

产蛋性能低下,主要表现为到高峰期的鸡没有出现产蛋高峰,饲养至200日龄左右时日产蛋率还在60%～80%徘徊,或者虽上了高峰期,但维持的时间太短;产蛋异常下降主要表现为蛋鸡在产蛋期间产蛋率的急剧下降和缓慢下降。

(一)产蛋高峰期不高或维持时间短的原因

1.饲料原因　饲料中营养成分搭配不合理,没有按照蛋鸡不同生长阶段的营养需求进行原料的合理搭配,造成营养供给忽高忽低或过

高过低。如应用高营养饲料,则会因能量过剩造成脂肪沉积,影响卵泡发育或形成脂肪肝,高蛋白还会导致肾脏疾病。而低营养水平的饲料不能满足蛋鸡正常的产蛋需要。营养供给忽高忽低还会给鸡造成较大的应激。如日粮中能量、蛋白质比例配合失调,蛋氨酸、胆碱、维生素B_{12}等不足,还会使鸡发生脂肪肝综合征。如饲料中维生素、矿物质含量不足、质量不高,可导致营养缺乏性疾病。或在饲料原料中掺杂使假,使用霉败变质或未经脱毒的棉籽饼、菜籽饼等,都会直接影响蛋鸡产蛋。

2.管理原因

(1)在育雏期、育成期管理不当,没有使蛋鸡达到标准体重。只有健壮的、符合品种要求的育成鸡才能发挥较高的生产性能。蛋鸡从育雏期到育成期,如果不加强饲养管理,以致开产时达不到品种要求的体重甚至相差较远,就会直接影响鸡的产蛋性能,特别要重视育成期的饲养管理。一些养鸡户认为,育雏期鸡的成活率提高了,到了育成期就可以松口气了。结果使后备鸡群饲养密度过大,鸡群个体大小参差不齐,严重影响了鸡的均匀度,部分鸡甚至发育不良。或者鸡群采食量不足,增重缓慢,达不到标准体重,影响了鸡的性成熟。而鸡群的增重和均匀度是维持高产的基础条件。

(2)鸡舍通风不良,光照不合理。鸡舍通风不良,氨气、二氧化碳等有害气体浓度过高,夏季因通风不良,鸡舍湿度过大、温度过高而发生中暑。18周龄的育成鸡没能及时增加光照等,也会使蛋鸡难达产蛋高峰。

(3)没能及时淘汰低产鸡和病残鸡。鸡群中的某些个体由于疾病等因素往往不能正常产蛋,病愈后养殖户又存有侥幸心理,不舍得淘汰。

3.疾病原因　在产蛋期,许多种疾病都会直接影响鸡群的产蛋率,如新城疫、传染性支气管炎、传染性法氏囊病、球虫病、细菌性疾病等。

(1)育雏期发生肾型传支或衣原体感染:在育雏期发生肾型传支后产蛋鸡的卵泡发育正常而输卵管发育严重异常、缺失,导致无法排卵,造成很大的经济损失。一般鸡群状况良好，剖检可见不产蛋鸡的卵泡发育正常，但输卵管变短且较严重，鸡只偏肥。

(2)育雏、育成期发生传染性法氏囊病或内脏型痛风病，由此导致尿酸蓄积和尿酸盐沉积，开产后产蛋鸡虽没有输卵管缺失现象，但可影响生殖功能，导致产蛋性能低下。

(3)育成阶段发生传染性喉气管炎可导致鸡群产蛋性能较差，高峰推迟。

(4)初产蛋鸡水样腹泻：初产蛋鸡代谢旺盛，肠道对饲料变化非常敏感，而产蛋期饲料和育成期饲料比较无论是营养水平还是原料成分上都有很大区别，如石粉、贝壳粉的突然增加，粗纤维含量的突然减少。另外，杂饼(粕)含量过高、豆饼过生等因素均可引起拉稀，不仅引起产蛋率较低且长期迂回不前，如果时间稍长，由于肠道黏膜损失而导致进一步的细菌感染，会使机体状况更加恶化。

(5)产蛋期寄生虫病的影响：近几年来笼养蛋鸡的绦虫病、蛔虫病已成为养鸡业中不可忽视的问题，鸡群采食量正常，精神状况良好，也无病死鸡出现，但产蛋率不上升，同时出现渐进性消瘦，经剖检后发现小肠内有大量的绦虫。

(6)病毒性疾病：主要有禽流感、传染性支气管炎、新城疫、传染性喉气管炎、产蛋下降综合征、传染性禽脑脊髓炎、淋巴白血病、鸡痘、马立克氏病等。目前发生较多的病主要有新城疫、传染性支气管炎、产蛋下降综合征等。但由于现代蛋鸡基本上都已免疫，故出现的症状都呈非典型性。

(7)细菌性疾病：主要有败血支原体、传染性鼻炎、禽霍乱、大肠杆菌病、沙门氏菌病等。尤其是传染性鼻炎及支原体引起的产蛋缓慢下降，此类疾病有一个共同特点是病程长，发展缓慢，由于疾病的发展逐步影响采食量及生殖系统，在一个饲养管理比较好的鸡群中表现为产蛋率的持续缓慢下降。

4. *用药问题* 预防用药时，所选药物的种类、用药量、配伍等存在问题。如育成鸡使用抗菌药物过多过滥，造成发育停滞；给产蛋鸡使用

磺胺类、呋喃类、氯霉素等药物，不但使鸡没有产蛋高峰，还会导致其中毒。

5. 环境问题 突然停止光照、缩短光照时间、减少光照强度等都有可能使产蛋率突然下降。通风严重不足，如密闭式鸡舍天气酷热又遇停电，未及时打开应急窗；或已打开而天气很热停电时间又长，还有连续几天天气闷热，舍内形成高温高湿环境；或气温突然变高或变低，使鸡群采食量普遍下降，产蛋量也随之显著下降。

(二)解决的方法

(1)要严格按照鸡的饲养标准和不同生产阶段的营养要求，选择高质量的原料配合。

(2)做好鸡舍的通风工作，保证无刺鼻、熏眼感觉。从 18 周龄开始，要根据鸡的需要人工补充光照。当产蛋鸡发生疾病，产蛋率下降后，若长时间不回升，还可考虑适当减少光照时间，当鸡的体质逐渐恢复后，随产蛋率的上升应逐渐增加光照，以保证鸡对光照的敏感性，有利于鸡的排卵。

(3)常观察鸡群，对喙、胫、爪、皮肤黄色或深黄，冠色鲜红，羽毛整齐、光亮，精神较好，但不产蛋或少产蛋的鸡，及时予以淘汰。平时应加强饲养管理，搞好卫生消毒工作，制定符合自身实际的疫病免疫程序并严格执行。

(4)不能长期连续使用磺胺类、链霉素、抗菌增效剂、病毒灵等药物，鸡群发病后，要先确诊，在技术人员的指导下治疗，切忌滥用抗生素。

四、鸡蛋大小的控制

鸡蛋的大小受一系列因素的影响，其中包括鸡种、开产日龄、开产季节、母鸡年龄、环境温度和饲料进食量以及饲粮的营养成分。而营养因素是指能量水平、蛋白质水平和亚油酸含量等。

1. 产蛋期内蛋大小的变化　新母鸡初产的蛋最小，随年龄增长蛋重逐渐增大。

2. 鸡群的开产日龄直接影响整个产蛋期的蛋重　新母鸡开产日龄愈大，产蛋初期和全期所产的蛋就愈大。根据法国伊莎褐壳蛋鸡的资料，其开产日龄迟一天，蛋重平均增加 0.15 g。目前，运用各种饲养管理技术措施(如育成期光照、限饲等)可以调控鸡的开产日龄，以生产大小合适的蛋，而年总蛋重不变。

3. 开产季节和气温　春季开产的母鸡与秋季开产的母鸡相比产蛋率较高，而蛋重较小。育成期处于高温炎热天气下育成的新母鸡，其 20 周龄体重会比在凉爽天气下育成的轻 20%之多，故导致在开产阶段产的蛋较小。舍温在 27℃ 以上，产蛋量、蛋重和蛋壳品质都呈下降趋势，舍温愈高、高温持续时间愈长，降低得愈厉害。同时，高舍温出现在产蛋后期的危害性比前期更大。

4. 育成期光照　延迟开产可通过育成期内限饲或结合采用适当的光照方案来实现。初产蛋大是因为鸡的日龄较大(蛋的大小是随鸡的日龄增长而增加的)，故无论新母鸡在什么日龄开产，它到达一定日龄总是产下一定大小的蛋，这一特点的经济意义是明显的：通常初产蛋较小，因而，推迟性成熟就会因初产蛋较大，或初产的种蛋合格率提高而增加经济收益。

5. 饲粮的营养成分　影响蛋重的营养因素是指亚油酸、能量水平和蛋白质水平。

(1)亚油酸。亚油酸参与脂肪代谢，所以通过它对蛋黄的影响而影响蛋的大小。当亚油酸的比例提高到 2.83%时，蛋重可达 59.6 g，日粮中保证最大蛋重的亚油酸水平，目前公认的为 1.5%。

(2)能量。后备母鸡的生长对饲粮的能量浓度最为敏感，其中以 14～20 周龄的生长鸡受能量进食量的影响最大。提高能量进食量就能育成体重较大的新母鸡，而开产体重为决定蛋重大小的重要因素。饲粮能量水平对蛋重的影响主要是通过饲料进食量，如果蛋鸡每天的能量进食量低，产蛋量和蛋重均会受到影响，因而也就影响了蛋白质的

进食量(或节约了蛋白质)，使母鸡有较高的蛋白质水平用于维持产蛋和增加蛋重。现代营养研究证明:能量进食量是影响产蛋量的最关键因素，而蛋白质进食量则是决定蛋重的关键因素。

(3)蛋白质。蛋白质水平或者更精确地说蛋白质进食量是影响鸡蛋大小的主要营养因素。通过调整饲粮的蛋白质水平可改变蛋的大小。具体实施时，每次增减蛋白质的幅度最好不要超过一个百分点，且要持续进行。饲粮蛋白质水平每增减 1%，如从 16%增至 17%或减至 15%，可使蛋重增减约 1.2 g。氨基酸营养是蛋白质营养的实质。当产蛋鸡的早期体重低于标准体重，如增加蛋氨酸的添加量，例如对伊莎褐壳蛋鸡每天每只由原标准的 410 mg 增加到 450 mg，就有助于提高蛋重。这可能是由于添加的蛋氨酸是用来补偿了继续生长的需要。伊莎褐壳商品代鸡饲养管理手册中还指出，每天每只鸡摄入 840 mg 赖氨酸就能达到标准蛋重。

另外改变饲料中维生素的含量也能引起蛋重变化。

小结

蛋鸡饲养管理分为三个阶段，育雏期管理重点是根据雏鸡生理特点，创造最适宜雏鸡生长的环境，确保雏鸡健康快速生长；育成期重点应抓好限制饲养，使鸡体成熟和性成熟协调同步；产蛋期则以获得高产稳产为中心，减少各种应激因素，创造一个有利于蛋鸡健康和高产的外部环境。采用科学的饲养管理方法，充分发挥品种高产的遗传性能，使其尽早进入产蛋高期，并使高峰期长，产蛋曲线平稳，产出量多质优的鸡蛋，同时尽量降低饲料消耗，提高蛋鸡的成活率，以最少的投入获得最佳的经济效益；鸡蛋的收集、储藏、运输，对保证无公害鸡蛋的生产至关重要，重点应做好各个环节的消毒。

提示问答

1. 称重在蛋鸡生产中的意义和作用，为什么把体重管理贯穿于养鸡生产的全过程?

2. 结合你的养鸡实际,你认为雏鸡管理的要点是什么?

3. 育成鸡限制饲养的作用,如何实施限制饲养?

4. 影响产蛋率的因素有哪些,怎样减少和排除?

5. 鸡场应该设置哪些生产记录,它对实施标准化无公害生产有什么作用?

第六章

鸡场的无公害卫生防疫

阅读指南 无公害卫生防疫是一项系统工程，关系到每一个生产环节。本章从常规管理、预防消毒、免疫接种、无公害兽药的使用、鸡场废弃物的处理等方面进行阐述，旨在引导广大生产者科学防疫、依法防疫。

第一节 无公害卫生防疫的基本要求及措施

防疫是预防和控制动物疫病的最重要和有效的手段，是获得最佳经济效益的根本保障。近年来，随着我国养鸡业的发展，规模化、集约化的养殖模式已经成为蛋鸡业的主导，但由于生产的高密度和管理的粗放，造成饲养环境恶化，严重威胁着养鸡业的发展。特别是面对当今国内外市场对高品质、安全、无公害畜产品的需求，原有的旧的防疫观念已不能适应客观形势发展的要求，因此树立科学防疫观，实行无公害防疫势在必行。

所谓无公害防疫，即在动物一般性防疫措施中，杜绝使用一切对人类健康、社会环境和动物自身安全有影响的生物制品、药品和技术，重点控制动物的饲料、饮水和环境卫生的质量，从而保证生产出的动物和动物产品符合无公害农产品的要求。

一、无公害卫生防疫的基本要求

1. 强化防疫意识　要生产无公害动物产品，首先要转变传统的“重养轻防、先病后防”的错误观念，树立“防疫与生产并重，防疫重于生产”的正确防疫理念；其次要让养殖者清醒认识到，针对当前疫病流行的新趋势，必须有一个全方位的防疫思想，进一步落实疫病的综合防治措施。

2. 实施综合防疫　无公害动物防疫是一整套的综合管理措施，它包括场址的选择、鸡舍设计、品种的引进、科学的饲养管理、营养全价的饲料、卫生清洁的饲养环境、适时有计划的免疫接种和科学的免疫程序、绿色优质的投入品等。要改变将疫病防治片面地理解为简单的喂药治病、免疫接种的狭隘的疾病防治观，真正将预防高于一切的理念渗透到生产管理的每一个环节、每一天的工作中去。实践证明，只有采取综合防疫措施，才能取得防疫工作的主动权，使鸡群少发病或不发病，从而获得良好的经济效益。

3. 严格科学防疫　要改变在疫病防治中乱用药、滥用药等错误做法，在生产和防疫的各环节崇尚科学化，比如免疫程序要根据母源抗体和当地传染病流行情况制定，抗菌药的选择和使用要通过药敏试验确定。反之，盲目防疫用药极易造成疫病的非典型化、超强毒株、耐药菌株的出现以及药物残留影响食品安全问题的发生，因此树立科学防疫观，严格科学防疫，依法防疫是生产绿色无公害动物产品的关键。

二、无公害卫生防疫的措施

1. 环境控制　环境控制包括鸡场大环境和鸡舍内小环境的控制。首先，鸡场选址和布局要符合无公害生产的要求。大型养鸡场要按育雏、育成、产蛋等划分不同区域，每个功能区域必须执行“全进全出”的饲养管理制度，配备相对独立的设施。中小型规模场要把污道、净道分开，饲料加工和储存室要与粪便污染区严格分开，防止造成交叉污染。鸡场门口要设消毒池，消毒液应定期更换，外来车辆要严格消毒。其次鸡舍小环境应注意舍内温度、湿度、通风、光照等的控制，为鸡群创造良好的生活、生产环境，防止应激因素的产生。

2. 人员控制　鸡场应尽可能谢绝外来人员进入生产区，确需进入生产区，要严格消毒；饲养管理人员进入生产区要更换工作服、工作靴，进入或离开每一栋鸡舍时要用消毒液洗手、踏消毒池消毒工作靴。同时饲养人员不准养鸟、犬、猫等，防止动物媒介传播疾病。

3. 鸡群控制　入舍雏鸡要来源于无蛋源性传染病的健康种鸡群，同群鸡要尽量做到来源相同、品种相同、年龄相同、免疫状态相同，实行“全进全出”饲养工艺，避免不同来源、不同品种、不同年龄的鸡群混养。要经常观察鸡群的精神、粪便、采食、饮水、产蛋等情况，定期监测其免疫水平，准确掌握其生长、发育、健康状况，适时调整饲养管理措施，最大限度地发挥鸡群的生产性能。

4. 饲料和饮水的控制　使用符合无公害标准要求的全价配合饲料，控制饲料原料、饲料加工、饲料运输和饲料储存等过程中的污染；鸡饮用水应符合无公害食品畜禽饮用水水质标准。饲养过程中使用无公害蛋鸡生产中允许使用的饲料添加剂和药物添加剂。

5. 药物残留的控制　严禁使用国家明令禁止的兽药及其他化合物，对无公害蛋鸡生产中允许使用的兽药严格按规定剂量、规定时限科学使用，不得随意加大用药剂量和改变用药方法。为减少药物的残留，提倡使用益生素等微生态制剂来预防和控制疾病。

6. 粪便及废弃物的污染控制　粪便、垫料、病死鸡尸体是疾病的重要传染源，必须进行严格的无害化处理。

第二节　卫生消毒

消毒就是用物理的、化学的或生物学的方法杀灭或清除外界环境中病原微生物的一种方法。它可以阻断动物传染病的传播途径，控制病原体的感染，防止传染病的发生和传播，是预防和控制疫病传播的重要手段之一。

一、常用的消毒方法

鸡场消毒常用的方法大致可分为三类：物理消毒法、化学消毒法和生物学消毒法，每种消毒方法都有优缺点，养殖场可根据饲养环境情况和消毒目的进行选择。

（一）物理消毒法

1. 机械性清除　本法是最普通、最常用的方法，如鸡舍的清扫，食槽、水槽的洗刷，粪便垃圾的清除，通风换气等。机械性清除只能减少鸡舍环境内的病原微生物，不能达到彻底消毒的目的，必须配合其他消毒方法，才能收到良好的消毒效果，这一点往往被养殖者忽视。粪便和污垢是病原微生物的附着体，在不进行彻底清扫之前，盲目使用化学消毒剂喷洒、熏蒸，只能是事倍功半。通风也具有消毒的意义，它虽不能杀灭病原体，但可在短期内使鸡舍内空气交换，减少病原体的数量，达到降低感染的目的。

2. 阳光、紫外线和干燥　阳光是天然的消毒剂，其光谱中的紫外线有较强的杀菌能力，阳光的灼热和蒸发水分引起的干燥亦有杀菌作用。

一般病毒和非芽孢性病原菌，在直射的阳光下几分钟至几小时即可杀死，即使细菌芽孢，经反复曝晒，也可致弱或杀灭。在实际生产中，常用紫外线灯对出入生产区的人员和物品进行消毒，但其杀菌作用受很多因素的影响，如安装灯管时，距地面以不超过 2 m 为宜；尘埃能吸收紫外线，应经常清除紫外灯管表面的灰尘；紫外线只对表面光滑的物体具有良好的消毒效果。

3. 高温　发生烈性传染病时，鸡舍的地面、墙壁、金属笼具可用火焰烧灼消毒；病死鸡尸体、用具也可做焚烧无害化处理。在预防注射时使用的注射器、针头也可高温煮沸消毒，防止人为传播。

(二)化学消毒法

化学消毒法应用最为广泛，在进行消毒时，应根据病原体的种类、疫病发生情况、饲养方式来选择消毒剂的种类，由于某些化学消毒药品有一定的毒性和腐蚀性，为保证消毒效果，减少毒副作用，必须按消毒要求的条件和说明书上推荐的方法和浓度使用。养鸡场常使用的化学消毒法有浸泡消毒、喷雾消毒、熏蒸消毒。

1. 浸泡消毒　消毒对象主要是食槽、水槽、饮水器、蛋盘等小设备、器具。为提高消毒效果，消毒对象必须在消毒液中浸泡 30 分钟至数小时。

2. 喷雾消毒　是最常用的消毒方法，即将消毒药配制成一定浓度的溶液，用喷雾器进行喷洒。鸡舍环境、器具可直接实施喷雾消毒，实际操作中常常采取带鸡消毒方法。带鸡消毒是集约化养鸡综合防疫的重要措施之一，尤其对那些隔离条件差、不能严格实行“全进全出”的管理工艺、疫病经常发生的老鸡场更为有效。在高温季节进行带鸡消毒，不仅可以起到杀菌消毒的作用，还可明显降低舍内温度，达到防暑降温的目的。一般常用的消毒剂有 0.2%～0.3%的过氧乙酸、0.1%新洁尔灭、0.1%～0.2%的次氯酸钠、0.03%百毒杀等。带鸡消毒应在傍晚或暗光下进行，喷雾动作要缓慢，防止惊吓鸡群。

3. 熏蒸消毒　常用 38%～40%的甲醛溶液（福尔马林）配合高锰

酸钾等进行，主要用于育雏舍、转群后的鸡舍的彻底消毒，由于甲醛对皮肤和黏膜有极强的刺激性，必须空舍消毒，不能带鸡消毒。熏蒸消毒要求鸡舍必须密闭，药物配合比例按每立方米鸡舍用甲醛 28 mL、水 14 mL、高锰酸钾 14 g。使用时应先将水倒入耐腐蚀的陶瓷容器内，然后加入高锰酸钾搅拌均匀，再倒入甲醛，立即有甲醛蒸汽冒出，此时应迅速将门窗关闭，经过 12～14 小进后方可打开门窗通风。也可用甲醛加入等量水，放入容器内直接加热蒸发消毒。

(三)生物学消毒

多用于粪便、受污染垫料及饲料的无害化处理，利用堆积发酵杀灭病原。

二、常用消毒剂的选择、种类与使用

(一)消毒剂的选择原则

广谱，能够抑制和杀灭多种病毒、细菌、真菌、芽孢等。高效，可快速杀灭病原体，且效力强大，不易产生抗药性。安全，对人、禽无毒、无害、无刺激性、无残留。稳定，不易受有机物、温湿度、酸碱度和水的硬度影响，且不易氧化分解，能长期储存。价廉，单位杀毒成本低，经济可行。使用方便，根据消毒需要采用喷雾、饮水、浸泡等方法消毒。

(二)常用消毒剂的种类和使用

1. 含氯消毒剂　属于高效消毒剂，是环境消毒的首选消毒剂，可杀灭包括细菌芽孢在内的各种微生物，主要有漂白粉、次氯酸钠、优氯净等。其优点是广谱，高效，不受环境有机物的影响，价格便宜，适用于场舍、设备、粪便、水体的消毒，缺点是性状不稳定，遇光和空气易分解，浓度过高有腐蚀性。漂白粉的常用浓度为 5%～20%，5%的溶液可在短时间内杀死大多数细菌，20%的溶液可在短时间内杀死细菌的芽孢。

次氯酸钠溶液最好现用现配，其0.3%～1.5%的溶液可用于鸡舍的喷雾消毒，0.05%～0.2%的溶液用于带鸡消毒。

2.含碘消毒剂 属于中效消毒剂，能快速杀灭各种细菌繁殖体（包括结核杆菌），以及多数病毒、真菌，但不能杀灭细菌芽孢。常用的碘制剂有碘酊、碘附、威力碘及速效碘等。碘酊是最常用和最有效的皮肤消毒药。碘附、威力碘等可用于喷雾、浸泡和带鸡消毒，但易受阳光、碱性及还原物质的影响。

3.醛类消毒剂 主要包括甲醛和戊二醛。甲醛有强大的杀菌作用，但有强烈的刺激性气味，对人和动物皮肤和黏膜有刺激作用，只适用于空鸡舍的消毒。戊二醛是一种广谱、高效的消毒剂，无毒、无腐蚀性，但单位消毒成本较高。

4.季铵盐类消毒剂 常用的有百毒杀、1210、易克林、新洁尔灭等。其优点是作用强劲，毒性低，刺激性小，无耐菌性，受外界环境和有机物影响较小，缺点是对杀灭囊膜病毒、芽孢效果较差。

5.氧化型消毒剂 主要有过氧乙酸、高锰酸钾、过氧化氢等。过氧乙酸是很好的环境消毒剂，它不仅具有氧化杀菌的机理，其强酸的特性也能杀灭病毒，所以对细菌、真菌、芽孢、病毒、寄生虫卵都有较高的杀灭作用，0.2%～0.3%的过氧乙酸可用于带鸡消毒，0.5%的溶液可消毒鸡舍、地面、饲槽等。由于配制好的过氧乙酸常温下保存易失效，所以使用过氧乙酸消毒应现用现配。

6.碱类消毒剂 主要有氢氧化钠、生石灰。氢氧化钠又名火碱，具有极强的杀菌作用，1%～2%的溶液可用于墙壁、地面、用具、车辆的消毒，加热后消毒力和去污力都增强，因其具有强烈的腐蚀性，所以在消毒时要注意防护，且浓度不宜过大。生石灰为白色粉状或块状物，易吸收水分，与空气中的二氧化碳结合形成碳酸钙而失去消毒作用。生石灰与水混合后，生成氢氧化钙，可杀死多种病原菌，10%～20%的新鲜石灰乳用于墙壁、地面等的消毒。在实际生产中，常见养殖户把生石灰粉撒布于场舍地面，以为可起到消毒作用，这种作法是不正确的。同时由于生石灰吸收水分和二氧化碳易形成碳酸钙，因此石灰乳应现用现配。

7.酚类消毒剂　常用的有来苏儿和复合酚等，但无公害生产中，不允许使用酚类消毒剂。

三、影响消毒效果的因素

1.消毒剂的浓度　消毒剂必须按产品规定的浓度配制和使用，浓度过高或过低都会影响消毒效果。

2.消毒的方法　消毒方法不同，其消毒效果也是不同的。在消毒时要根据消毒的目的和消毒对象加以选择，合理应用。

3.消毒环境的温度和湿度　一般来讲，消毒作用随温度的升高而增强，湿度对许多气体消毒剂的影响较大，如用甲醛或过氧乙酸熏蒸消毒时，相对湿度以60%～80%效果最好。

4.消毒时间　病原微生物与消毒剂接触时间越长，消毒效果越好。

5.有机物的影响　粪便、污垢、饲料残渣、血液、鸡的分泌物都会影响或减弱消毒剂的杀菌能力，所以在消毒前，最好先将鸡舍内或用具上的粪便、污垢等清除干净，以达到理想的消毒效果。

6.消毒制度　只有根据本场生产流程、环境因素、管理水平、免疫效果制定科学合理的消毒制度，才能取得良好的消毒效果。

四、消毒制度的建立

1.环境消毒　鸡舍周围环境每2～3周用2%火碱溶液或10%～20%石灰乳喷洒消毒1次。鸡场周围及贮粪池、污染池，每月用2%火碱或漂白粉消毒1次。鸡场垃圾、杂草、粪便等废弃物应及时清除，运出场外做无害化处理。鸡场出入口和鸡舍门口应设消毒池，消毒池长度为进出车辆车轮两个周长为好，池内消毒液可用2%～4%的火碱溶液，2～3天更换一次。冬季寒冷季节可加盐防冻或在地面铺设经消毒液浸湿的稻草、麻袋消毒。大型养鸡场应设喷淋消毒设备。

2.人员消毒 工作人员进入生产区要更换工作服、工作鞋，并经紫外线照射消毒。出入鸡舍应踩踏消毒液消毒。

3.用具和车辆消毒 食槽、水槽每2～3周清扫消毒1次，夏季高温季节水槽应每周清刷1次，再用0.1%的新洁尔灭溶液浸泡消毒。运送饲料和鸡蛋的车辆应每1～2周消毒1次，运送粪便车辆应彻底冲洗后每周用2%～4%火碱溶液消毒1～2次。

4.鸡舍消毒 进鸡或转群前的空鸡舍应首先将粪便、饲料、灰尘等彻底清扫干净，凡能移动的器具，最好全部搬出鸡舍，彻底清刷。鸡舍地面、笼具用高压水枪冲洗，用0.1%的新洁尔灭或0.2%过氧乙酸全面喷洒，再用甲醛和高锰酸钾密闭熏蒸消毒24～48小时，然后通风，排出残留气味。

5.饮水消毒 鸡的饮用水应符合无公害生产标准，为防止饮水受到细菌、病毒的污染，可选用无毒、无味、无刺激性的消毒剂定期进行饮水消毒。目前常用的饮水消毒药物主要是氯制剂和碘制剂。

6.带鸡消毒 带鸡消毒既可杀灭环境和鸡体表的病原微生物，又可降低舍内尘埃，抑制氨气的产生，保持空气清洁，夏季高温季节还有防暑降温的功效。带鸡消毒药常使用0.1%的新洁尔灭、0.2%～0.3%的过氧乙酸、0.03%的百毒杀等。首次带鸡消毒的日龄不得低于10天，以后应根据鸡的健康状况而定，一般雏鸡每周1次，育成鸡7～10天1次，成鸡2～3周1次。但带鸡消毒必须避开疫苗接种，即在疫苗接种前后各3天内应停止带鸡消毒。

第三节 免疫接种

免疫接种是预防和控制鸡传染病发生的重要措施之一，通过人工接种疫苗，从而激发鸡群产生对某种病原微生物的特异性抵抗力，以防止传染病的发生。免疫接种目前已为规模养殖户所熟知，但是如何正确运用免疫接种技术，对鸡群进行科学合理的免疫，构筑坚强的免疫屏障，从根本上防止传染病的发生，仍是一个非常值得关注的问题。

一、免疫接种的分类

1. 预防接种　又称计划免疫，指在经常发生某些传染病的地区，或有某些传染病潜在的地区，或受到邻近地区某些传染病威胁的地区，为了防患于未然，按免疫程序有计划地给健康鸡群进行的免疫接种。要做好预防接种就必须根据当地疫病流行情况制定科学的免疫程序，严格按技术规范组织实施，避免引发新的疫病，从而确保鸡群稳定的生产水平。

2. 紧急接种　是指在鸡场发生传染病时，为了迅速控制和扑灭疫病，对发病鸡群和假定健康鸡群用疫苗或高免血清进行的应急性免疫接种。在进行紧急接种时，应首先把发病鸡和假定健康鸡分群隔离，先注射假定健康鸡，再注射发病鸡，注射时应经常更换注射器针头。在对已受感染处于潜伏期的鸡只和发病鸡群，实施紧急预防接种，可能在紧急接种后的一段时间内发病和死亡增多，只有当鸡只产生的免疫抗体足以抵抗病毒的致病作用时，发病才能得到控制。对于这一点，养殖户应有一个正确的认识。用特异性高免血清紧急接种(如发生传染性法氏囊炎病时)，虽可迅速控制疾病，但由于特异性抗体属于被动免疫，抗体维持时间短，所以在鸡群恢复正常后，应再用疫苗进行免疫，以保持鸡群较高的自体免疫水平。

二、常用疫苗的种类及选择

(一)疫苗的种类

疫苗分类形式很多，根据毒株毒力可分为弱毒苗和中毒苗；根据制造方法分为活苗和灭活苗；根据物理性状可分为冻干苗和液体苗；根据

毒株数量分为单价苗和多价苗；按保存方法可分为常温苗、冷冻苗和液氮苗。按照常规分类方法，分类如下。

1. 弱毒苗　指利用免疫原性良好的天然弱毒或人工致弱的病毒制成的疫苗，如鸡新城疫 II 系苗或Ⅳ苗。弱毒苗具有产生免疫快（5～9天）的优点，但存在着散毒、返祖及免疫抑制的危险，本地或本场不存在某一病毒时，不应使用其活疫苗进行免疫接种。

2. 灭活苗　指免疫原性强的细菌、病毒经人工培养、灭活后制成的疫苗，如禽流感油乳剂灭活苗。其优点是安全、稳定，对母源抗体基本无干扰，便于保存、运输，利于制成联苗和多价苗。缺点是产生免疫慢（15～20 天）、成本高，必须注射免疫。

3. 基因工程苗　利用基因工程生物学技术生产的疫苗。

（二）疫苗的选择、保存及使用

（1）由于疫苗的运输保存需要特定的环境，为保证疫苗的质量，目前国家对动物疫苗实行专营，所以养殖户购买疫苗应到当地畜牧部门指定的销售单位购买。

（2）选择疫苗应尽量使用 SPF 疫苗，SPF 疫苗因其生产过程中使用的鸡胚来自无特定病原体鸡群，在疫苗的安全性和质量上有良好的保障。

（3）预防用疫苗的毒株或血清型，最好与当地流行毒株或血清型一致，否则不能提供有效的保护。

（4）在疫苗毒力方面，原则上应在雏鸡的基础免疫时使用弱毒苗，育成鸡和产蛋鸡的加强免疫可使用中等毒力疫苗。在实际生产中，养殖者往往存在盲目使用中、强毒力疫苗的现象，这样做的结果可能使鸡体受到损害，还能引发强毒株、超强毒株的出现。

（5）在选购疫苗时应注意观察疫苗的外观、质量标准和技术要求。如疫苗包装容器是否存在破裂、有无污损，瓶签是否完整，瓶签上的药品名称、生产厂家、批准文号、生产日期、有效期、计量、使用对象范围、用法、注意事项等要逐一核对。

(6)运输、携带和保存疫苗必须有相应的低温冷藏设备和保存措施,弱毒苗应在−15℃以下保存,灭活苗在2～5℃保存,细胞结合型马立克氏疫苗应在液氮中保存。弱毒苗应避免反复冻融,防止日光曝晒。灭活苗应严防冰冻。为确保疫苗质量,中小型养殖场在使用疫苗免疫时最好现用现取,大型养殖场可储存近期使用疫苗。

(7)免疫接种时严格按疫苗的接种方法、稀释浓度、接种部位等要求操作,接种用过的疫苗瓶、剩余的疫苗不得随意放置和抛弃,应统一收集做无害化处理;使用的器具应及时进行清洗、消毒液浸泡或高温蒸煮。

(8)做好预防接种记录,可为以后的饲养管理和生产分析提供依据。

三、免疫接种的方法

免疫接种的方法很多,在生产中按免疫途径可分为个体免疫和群体免疫。个体免疫如注射、滴鼻、点眼、刺种,其优点是每只鸡都能够获得足够的疫苗量,免疫水平整齐度高;缺点是需要较多的人力和时间,鸡群易产生应激反应,对生产性能产生一定影响。群体免疫如饮水、气雾,其优点是方便、快捷,对鸡的生产性能影响小;缺点是免疫效果不均匀。在实际生产中,应根据不同疫苗的使用要求,选择最佳的免疫接种方法。

(一)饮水免疫

适用于大群鸡的免疫。在实际操作中应注意以下要点:要准备充足的饮水器,使鸡群都能同时饮水。在饮水免疫前应停水2～4小时,使鸡群产生渴感。具体时间应视环境温度而定,夏季停水2小时,就可使鸡产生适度渴感,在冬季需停止4小时左右。稀释疫苗的水必须不含漂白粉或有机氯等能使疫苗灭活的物质,如水中含有消毒剂,可以在敞口容器中放置过夜后使用,也可在水中加入脱脂乳中和水中残留的

消毒剂。饮水免疫的疫苗用量一般为滴鼻、点眼剂量的 2～3 倍，同时稀释疫苗所用水量应根据鸡日龄及当时环境温度确定，整个饮水过程以 1～2 小时全部饮完为佳。

(二)滴鼻、点眼免疫

这种免疫方法免疫效果确实，尤其是预防呼吸道疾病的疫苗，经滴鼻、点眼效果较好。其关键环节就是要先测算出免疫用滴管每滴的准确剂量，而后计算出疫苗的稀释倍数，以保证每只鸡足够的疫苗剂量。在操作时，要看到每滴疫苗确实被鸡吸进鼻孔或渗入眼内才能将鸡放开。

(三)注射免疫

注射免疫一般使用连续注射器，使用前应首先调整好剂量，注意连接部分不能漏气，否则易造成剂量不足。注射针头要经常更换，以防接种感染。注射部位可选择在颈背部下 1/3 处或胸部肌肉丰满处。油乳剂灭活苗用前应充分摇匀。

此外，鸡痘的刺种，可用接种针蘸取疫苗液，在翅内侧的无血管的三角区处接种。接种一周后，刺种部位皮肤出现干燥结痂，说明接种成功，否则应重新刺种。

(四)气雾免疫

气雾免疫即将稀释好的疫苗雾化成悬浮于空气中的粒子，在鸡自然呼吸时，将疫苗吸入肺部而产生免疫。此法适用于大规模鸡场的免疫，省工省时，简单易行，效果较好。常用于鸡新城疫 IV 系苗、克隆 30、传染性支气管炎等疫苗免疫，对呼吸道有亲嗜性的疫苗效果更佳。免疫时疫苗使用剂量应加倍，用加入 0.1%的脱脂乳或加入 3%～5%的甘油的蒸馏水稀释。气雾前应对相关设备进行调试，以保证雾滴的大小，雏鸡雾滴直径在 30～50 μm，成鸡为 5～10 μm。实施喷雾时，喷雾机喷头在鸡群上方 50～80 cm 处，对准鸡头来回移动喷雾，使气雾全面覆盖鸡群，喷雾完毕后以鸡头背部羽毛略有潮湿感觉为宜。气雾免疫时鸡舍内的相对湿度一般要求在70%左右为宜，鸡舍所有门窗和通风设备应关闭，停止喷雾20～30分钟后，方可开启。但由于气雾免疫易诱发呼吸道疾病的发生，因此在免疫前后可在饲料或饮水中加入红霉素、恩诺沙星等抗菌药物预防。

四、免疫程序的制定

由于每个养鸡场疾病发生的特殊性及环境条件的不同，要获得最佳的免疫效果，制定适合本场的免疫程序，就必须结合本场的实际，结合免疫学的基本原理，参考借鉴成功经验。免疫程序不能照抄照搬，也不能一成不变，养殖者要注意观察积累鸡群的日常变化，根据免疫效果监测和疾病发生等情况进行修改和补充，以趋于更加合理和完善。

在制定免疫程序时，应着重考虑以下因素：①当地传染病流行情况和本场疾病史、鸡群母源抗体水平。因为母源抗体会干扰首免疫苗的免疫效果，养殖场应通过对母源抗体的监测，确定首免日龄。②疫苗的协同及干扰。养殖场为节省人力和时间，可以使用联苗，但不得随意将几种疫苗盲目混合、任意使用，否则，不但不能收到应有的免疫效果，还可能影响鸡群的健康。通过抗体监测，依据抗体消长情况，确定二免或三免时间，防止形成免疫空白，以保证鸡群在整个生产期始终保持良好的免疫状态。③鸡群的饲养管理和营养水平。良好的饲养管理和营养水平可有利于鸡群的保健和对疫病的防御能力。现推荐以下几种蛋鸡的免疫程序，仅供参考。

(1)商品蛋鸡免疫程序1：

日龄	疫苗种类	接种方法及剂量
1	马立克液氮苗	1头份颈部皮下注射
5～7	鸡新城疫Ⅳ～传支多价	1～2头份滴鼻、点眼
	新支多价油苗	注射

10～14	传染性法氏囊弱毒苗	1 头份滴鼻或饮水
28	传染性法氏囊中等毒力苗	饮水
45	传支 H52(含肾型)	饮水
50	传染性喉气管炎	1 头份点眼
60	鸡新城疫 I 系苗	1 头份注射
	鸡痘	刺种
110～120	鸡新城疫 IV 系弱毒苗	加倍饮水
	新支减多价油苗	注射
	禽流感油苗	注射

(2)商品蛋鸡免疫程序 2：

日龄	疫苗种类	接种方法及剂量
1	马立克液氮苗	1 头份颈部皮下注射
7～10	鸡新城疫 IV～28/86,H120 冻干苗	1～2 头份滴鼻、点眼
	新支二联油苗	注射
15～18	传染性法氏囊弱毒苗	滴鼻、饮水
25	鸡痘冻干苗	2 头份刺种
30～35	传染性喉气管炎冻干苗	1 头份点眼
40～45	IV～H120 冻干苗	2 头份饮水
80～90	传染性喉气管炎冻干苗	1 头份点眼
110～120	鸡新城疫 IV～28/86,H120 弱毒苗	饮水
	新支减油苗	注射
	禽流感油苗	注射
	鸡痘	刺种

(3)商品蛋鸡免疫程序 3：

日龄	疫苗种类	接种方法及剂量
1	马立克液氮苗	1 头份颈部皮下注射
5～7	C30＋MA5	滴鼻

12～14	传染性法氏囊弱毒苗	滴鼻、点眼
21	新支二联四价	滴鼻、饮水
	新支油苗	注射
	鸡痘	刺种
25	传染性法氏囊中毒苗	滴鼻、饮水
30～35	禽流感油苗	注射
45	传染性喉气管炎冻干苗	点眼
60	鸡新城疫Ⅰ系苗	注射
	Ⅳ＋H52 冻干苗	饮水
80	传染性喉气管炎冻干苗	点眼
110～120	Ⅳ冻干苗或克隆 30	饮水
	新支减三联油苗	注射
	禽流感油苗	注射
	鸡痘	刺种

五、免疫效果的评价

为检验预防接种后的免疫效果，准确掌握免疫抗体的消长规律，及时发现潜在疫情，以便有计划地进行疫病预防和尽快采取扑灭措施，养殖场应定期进行免疫监测。常用的监测方法是随机采集血样送兽医实验室监测相关疫病的抗体水平，采样数量一般为鸡存栏的 2%～5%，小群可适当多采，大群可适当少采。另外通过对鸡群免疫后的发病率、病死率、生长情况及产蛋情况等临床指标的观察，也可以对免疫效果进行初步评价。

六、免疫失败的原因分析

造成免疫失败的原因非常复杂，归纳起来主要有以下几个方面。

1. 疫苗的质量差异　目前市场上疫苗品种繁多，来源于不同的生产厂家、不同供应渠道的疫苗在质量和性能方面可能存在一定差异，同时疫苗因运输、保存不当，或在疫苗稀释后未在规定时间内用完，使疫苗效价降低甚至失效等，都可能直接引起免疫失败。

2. 免疫接种操作不当　滴鼻、点眼免疫时，疫苗未进入鼻腔和眼内；肌肉注射免疫时，出现“飞针”；饮水免疫时用水量不足或过量，水质差，饮水器分布不合理，使部分鸡不能饮到足够的疫苗；喷雾免疫时雾滴大小不合适；疫苗用量、稀释倍数、接种剂量不准确；疫苗接种途径选择不当等都会影响免疫效果。

3. 母源抗体干扰　母源抗体对于防止雏鸡早期感染具有重要的意义，但当母源抗体水平较高时进行免疫接种，进入体内的抗原可被高水平的母源抗体中和，因此在初免时一定要根据监测结果确定首免日龄，同时由于同一鸡群不同个体之间母源抗体水平不尽相同，如果同一批雏鸡固定同一日龄进行接种，也可能造成免疫抗体参差不齐，影响免疫效果。

4. 疫苗之间相互干扰　不同的疫苗接种时间间隔过短，或同时使用，会出现不同程度的干扰，如新城疫疫苗和传染性支气管炎疫苗之间的干扰作用，新城疫疫苗和传染性法氏囊疫苗之间的干扰作用，使免疫效果受到影响。

5. 毒株及血清型的差异　使用与本地或本场致病株在抗原上存在很大差异或不属于同一血清型的疫(菌)苗进行免疫，导致免疫失败。

6. 野毒早期感染或强毒株感染　鸡体接种疫苗后需要一定时间才能产生免疫力，在这段时间，鸡体一旦受到野毒入侵，可能引起发病。另外强毒株、变异株也能突破鸡体的免疫保护，造成免疫失败。

7. 免疫抑制　马立克氏病、传染性法氏囊病、淋巴性白血病、传染性贫血病、球虫病等都能造成鸡的免疫器官的损伤，从而使鸡正常的免疫反应受到抑制。

8. 免疫麻痹　在一定限度内，抗体的产生随抗原量的增加而增加，但抗原量过多，超过一定限度时，抗体的形成反而受到抑制，这种现象称为“免疫麻痹”。在实际生产中有的养鸡场盲目超剂量使用疫苗，以为免疫用苗，多多益善，这样常常造成免疫麻痹，达不到预期的免疫效果。

9. 应激因素的存在　机体的免疫机能在一定程度上受到神经、体液和内分泌的调节，过冷过热、密度过大、通风不良、饲料突然改变、转群、运输等应激因素，都会减弱鸡的免疫能力。

第四节　蛋鸡无公害生产中兽药的使用

兽药在疫病防治和保障鸡群健康方面发挥着不可替代的作用，但随之产生的是兽药残留问题。兽药残留是无公害禽产品生产中存在的突出问题，为全面落实无公害禽产品的生产，国家适时调整兽药管理和兽药使用政策，及时淘汰对食品安全、对人体健康构成威胁的兽药产品，提出了解决药残问题要从养殖环节的安全用药抓起的根本措施，因此，养殖场在无公害产品生产中应严格按照国家的相关法律、法规的规定，科学用药，合理用药。

一、无公害蛋鸡生产允许使用的兽药及使用说明

（一）幼雏、中雏、育成期用药

1. 预防用药　幼雏、中雏、育成期预防用药见表 6-1。

表 6-1　无公害食品蛋鸡饲养允许使用的兽药(预防用药)

类别	药品名称	剂型	用法及用量（以有效成分计）	休药期（天）	用途	注意事项
抗寄生虫药	盐酸氨丙啉＋乙氧酰胺苯甲酯	预混剂	混饲:(125＋8)g/t 饲料	3	球虫病	
	盐酸氨丙啉＋磺胺喹恶啉钠	可溶性粉	混饮:0.5 mg/L 水，连用 2 ～ 4 天	7	球虫病	
	盐酸氨丙啉＋乙氧酰胺苯甲酯＋磺胺喹恶啉钠	预混剂	混饲:(100＋5＋60) g/t 饲料	7	球虫病	
	氯羟吡啶	预混剂	混饲:125 g/t 饲料	5	球虫病	
	地克珠利	预混剂 溶液	混饲:1 g/t 饲料 混饮:(0.5～ 1) mg/L 水		球虫病	
	二硝托胺	预混剂	混饲:125 g/t 饲料	3	球虫病	
	氢溴酸常山酮	预混剂	混饲:3 g/t 饲料	5	球虫病	
	拉沙洛西钠	预混剂	混饲:(75～ 125) g/t 饲料	3	球虫病	
	马杜霉素钠	预混剂	混饲:5 g/t 饲料	5	球虫病	
	莫能菌素钠	预混剂	混饲:(90 ～ 110)g/t 饲料	5	球虫病	禁与泰妙菌素、竹桃霉素并用
	甲基盐霉素	预混剂	混饲:(6～ 8) g/t 饲料	5	球虫病	禁与泰妙菌素、竹桃霉素及其他抗球虫药并用
	甲基盐霉素＋尼卡巴嗪	预混剂	混饲:〔(24.8＋24.8)～(44.8＋44.8)〕g/t 饲料	5	球虫病	禁与泰妙菌素、竹桃霉素并用；高温季节慎用

续表 6-1

类别	药品名称	剂型	用法及用量（以有效成分计）	休药期（天）	用途	注意事项
抗寄生虫药	尼卡巴嗪	预混剂	混饲：(20～25) g/t 饲料	4	球虫病	
	尼卡巴嗪＋乙氧酰胺苯甲酯	预混剂	混饲：(125＋8) g/t 饲料	9	球虫病	种鸡禁用
	盐霉素钠	预混剂	混饲：(50～70) g/t 饲料	5	球虫病及促生长	禁与泰妙菌素、竹桃霉素并用
	赛杜霉素钠	预混剂	混饲：25 g/t 饲料	5	球虫病	
	磺胺氯吡嗪钠	可溶性粉	混饮：0.3 mg/L 水 混饲：0.6 g /t 饲料，连用 5～10 天	1	球虫病、鸡霍乱及伤寒病	不得作饲料添加长期使用；凭兽医处方购买
	磺胺喹恶啉＋二甲氧苄啶	预混剂	混饲：(100＋20) g/t 饲料	10	球虫病	凭兽医处方购买
抗菌药	亚甲基水杨酸杆菌肽	可溶性粉	混饮：25 mg/L 水（预防量）	0	治疗慢性呼吸道病；提高产蛋量，提高产蛋期饲料效率	每日新配
	杆菌肽锌	预混剂	混饲：(4～40) g/t 饲料	7	促进畜禽生长	用于 16 周龄以下
	杆菌肽锌＋硫酸黏杆菌素	预混剂	混饲：(2～20) g/t 饲料	7	革兰氏阳性菌和阴性菌感染	
	金霉素（饲料级）	预混剂	混饲：(20～50) g/t 饲料(10 周龄以内)	7	促生长	
	硫酸黏杆菌素	可溶性粉 预混剂	混饮：(20～60) mg/L 水 混饲：(2～20) g/t 饲料	7	革兰氏阴性杆菌引起的肠道疾病，促生长	避免连续用药一周以上

续表 6-1

类别	药品名称	剂型	用法及用量（以有效成分计）	休药期（天）	用途	注意事项
抗菌药	恩拉霉素	预混剂	混饲：(1～10) g/t 饲料	7	促生长	
	黄霉素	预混剂	混饲：5 g/t 饲料	0	促生长	
	吉他霉素	预混剂	混饲：(5～11) g/t 饲料(促生长)	7	革兰氏阳性菌、支原体感染；促生长	
	那西肽	预混剂	混饲：2.5 g/t 饲料	3	促生长	
	牛至油	预混剂	混饲：促生长，(1.25～12.5) g/t 饲料；预防，11.25 g/t	0	大肠杆菌、沙门氏菌所致下痢	
	土霉素钙	粉剂	混饲：(10～50) g/t 饲料(10 周龄以内)；添加于低钙饲料(含钙量 0.18%～0.55%)时，连续用药不超过 5 天	5	促生长	
	酒石酸泰乐菌素	可溶性粉	混饮：500 mg/L，连续用 3～5 天	1	革兰氏阳性菌及支原体感染	
	维吉尼亚霉素	预混剂	混饲：(5～20) g/t 饲料	1	革兰氏阳性菌及支原体感染	

2. 治疗用药　幼雏、中雏、育成期蛋鸡饲养中允许使用的治疗药见表 6-2。

表 6-2 无公害食品蛋鸡饲养中允许使用的治疗药

类别	药品名称	剂型	用法及用量（以有效成分计）	休药期（天）	用途	注意事项
抗寄生虫药	盐酸氨丙啉	可溶性粉	混饮：48 mg/L，连用5～10天	1	预防球虫病	饲料中维生素 B_1 含量在10 mg/kg以上时明显拮抗
	盐酸氨丙啉＋磺胺喹恶啉钠	可溶性粉	混饮：0.5 mg/L 水治疗，连用3天，停2～3天，再用2～3天	7	球虫病	
	越霉素 A	预混剂	混饲：（5～10）g/t 饲料，连用8周	3	蛔虫病	
	二硝托胺	预混剂	混饲：125 g/t 饲料	3	球虫病	
	芬苯哒唑	粉剂	口服：（10～50）mg/kg 体重		线虫和绦虫病	
	氟苯咪唑	预混剂	混饲：30 g/t 饲料，连用4～7天	14	驱除胃肠道线虫及绦虫	
	潮霉素 B	预混剂	混饲：（8～12）g/t 饲料，连用8周	3	蛔虫病	
	甲基盐霉素＋尼卡巴嗪	预混剂	混饲：〔(24.8＋24.8)～(44.8＋44.8)〕g/t 饲料	5	球虫病	禁与泰妙菌素、竹桃霉素并用；高温季节慎用
	盐酸氯苯胍	片剂	口服：（10～15）mg/kg 体重	5	球虫病	影响肉质品质
		预混剂	混饲：（3～6）g/t 饲料			
	磺胺喹恶啉＋二甲氧苄啶	预混剂	混饲：（100＋20）g/t 饲料	10	球虫病	

续表 6-2

类别	药品名称	剂型	用法及用量（以有效成分计）	休药期（天）	用途	注意事项
	磺胺喹恶啉钠	可溶性粉	混饮：(300～500) mg/L 水，连续饮用不超过 5 天	10	球虫病	
	妥曲珠利	溶液	混饮：7 mg/kg 体重，连用 2 天	21	球虫病	
抗菌药	硫酸安普霉素	可溶性粉	混饮：(0.25～0.5) mg/L 水，连用 5 天	7	大肠杆菌、沙门氏菌及部分支原体感染	
	亚甲基水杨酸杆菌肽	可溶性粉	混饮：(50～100) mg/L 水，连用 5～7 天	0	治疗慢性呼吸道病；提高产蛋量，提高产蛋期饲料效率	每日新配
	甲磺酸达氟沙星	溶液	混饮：(20～50) mg/L 水，一日一次，连用 3 天		细菌和支原体感染	
	盐酸二氟沙星	粉剂溶液	内服(5～10) mg/kg 体重，一日 2 次，连用 3～5 天	1	细菌和支原体感染	
	恩诺沙星	可溶性粉溶液	混饮：(25～75) mg/L 水，连用 3～5 天	2	细菌性疾病和支原体感染	避免与四环素、氯霉素、大环内酯类抗生素合用；避免与含铁、镁、铝药物或高价配合饲料同服

续表 6-2

类别	药品名称	剂型	用法及用量（以有效成分计）	休药期（天）	用途	注意事项
抗菌药	硫氰酸红霉素	可溶性粉	混饮：125 mg/L 水，连用 3～5 天	3	革兰氏阳性菌及支原体感染	
	氟苯尼考	粉剂	内服：（20 ～ 30）mg/ kg 体重，连用 3～5 天	30	敏感细菌所致细菌性疾病	
	氟甲喹	可溶性粉	内服：（3～6）mg/kg 体重，首次量加倍，2 次/日，连用 3～4 天		革兰氏阴性菌引起的急性胃肠道及呼吸道感染	
	吉他霉素	预混剂	混饲：（100～300）g/t 饲料，连用 5～7 天	7	革兰氏阳性菌、支原体感染；促生长	
	酒石酸吉他霉素	可溶性粉	混饮：（250～ 500）mg/L 水，连用 3～5 天	7	革兰氏阳性菌及支原体等感染；促生长	
	硫酸新霉素	可溶性粉	混饮：（50～75）mg/L 水，连用 3～ 5 天	5	革兰氏阴性菌所致胃肠道感染	
		预混剂	混饲：（77～154）g/t 饲料，连用 3～5 天			
	牛至油	预混剂	混饲：22.5 g/t 饲料，连用 7 天	0	大肠杆菌、沙门氏菌所致下痢	

续表 6-2

类别	药品名称	剂型	用法及用量（以有效成分计）	休药期（天）	用途	注意事项
抗菌药	盐酸土霉素	可溶性粉	混饮：(53～211) mg/L，用药 7～14 天	5	鸡霍乱、白痢、肠炎、球虫、鸡伤寒	
	盐酸沙拉沙星	可溶性粉 溶液	混饮：(25～50) mg/kg 体重，连用 3～5 天		细菌及支原体感染	
	磺胺喹恶啉＋甲氧苄啶	预混剂	混饲：(25～30) mg/kg 体重，连用 10 天	1	大肠杆菌、沙门氏菌感染	
		预悬剂	混饮：〔(80＋16)～(160＋32)〕mg/L，连用 5～7 天			
	复方磺胺嘧啶	预混剂	混饲：(0.17～0.2) g/kg 体重，连用 10 天	1	革兰氏阳性菌及阴性菌感染	
	磺胺喹恶啉＋甲氧苄啶	预混剂	混饲：(25～30) mg/kg 体重，连用10 天	1	大肠杆菌、沙门氏菌感染	
		混悬剂	混饮：〔(80＋16)～(160＋32)〕mg/L，连用 5～7 天			
	延胡索酸泰妙菌素	可溶性粉	混饮：(125～250) mg/L 水，连用 3 天	7	慢性呼吸道病	禁与莫能菌素、盐霉素等聚醚类抗生素混合使用
	酒石酸泰乐菌素	可溶性粉	混饮：500 mg/L，连用 3～5 天	1	革兰氏阳性菌及支原体感染	

(二)产蛋期用药

无公害蛋鸡产蛋期用药见表6-3。

表6-3 无公害食品蛋鸡饲养允许使用的兽药(产蛋期用药)

药品名称	剂型	用法及用量(以有效成分计)	休药期(天)	用途
氟苯咪唑	预混剂	混饲:30 g/t饲料,连用4～7天	7	驱除胃肠道线虫及绦虫
土霉素	可溶性粉	混饮:(60～250) mg/L	1	抗革兰氏阳性菌和阴性菌
杆菌肽锌	预混剂	混饲:(15～100) g/t饲料	0	促进畜禽生长
牛至油	预混剂	混饲:22.5 g/t饲料,连用7天(治疗)	0	大肠杆菌、沙门氏菌所致下痢
复方磺胺氯达嗪钠(磺胺氯达嗪钠+甲氧苄啶)	粉剂	内服:20 mg/kg体重,连用3～6天	6	大肠杆菌和巴氏杆菌感染
妥曲珠利	溶液	混饮:7 mg/kg体重,连用2天	14	球虫病
维吉尼亚霉素	预混剂	混饲:20 g/t饲料	0	抑菌,促生长

(三)无公害蛋鸡生产中兽药使用原则

预防和治疗时使用的兽药必须是经国家正式批准的生产企业生产的合格产品。必须使用符合《兽用生物制品质量标准》规定的疫苗对蛋鸡进行免疫。允许使用消毒预防剂对鸡舍和器具进行消毒,但不能使用酚类消毒剂。预防和治疗用药使用时必须严格遵守规定的作用与用

途、用法与用量及其他注意事项。严格执行规定的休药期。未规定休药期的药物，应停药28天再屠宰供食用。产蛋期正常情况下禁止使用任何药物，包括中草药和抗菌药。发病后使用治疗药物，产蛋期内所产鸡蛋不得供人类食用。限制使用某些人畜共用药，主要是青霉素类和喹诺酮类的一些药物。禁止使用影响动物生殖的激素类或其他具有激素作用的物质及催眠镇静类药物。禁止使用未经国家畜牧兽医管理部门批准的兽药和已经淘汰的兽药。禁止使用《食品动物禁用的兽药及其他化合物清单》中的药物。

二、无公害蛋鸡生产中禁止使用的药物

（一）禁止在饲料或饮用水中使用的药物

1. 肾上腺素受体激动剂

(1)盐酸克仑特罗：β_2肾上腺素受体激动药。

(2)沙丁胺醇：β_2肾上腺素受体激动药。

(3)硫酸沙丁胺醇：β_2肾上腺素受体激动药。

(4)莱克多巴胺：一种β兴奋剂。

(5)盐酸多巴胺：多巴胺受体激动药。

(6)西马特罗：一种β兴奋剂。

(7)硫酸特布他林：β_2肾上腺素受体激动药。

2. 性激素

(8)乙烯雌酚：雌激素类药。

(9)雌二醇：雌激素类药。

(10)戊酸雌二醇：雌激素类药。

(11)苯甲酸雌二醇：雌激素类药。

(12)氯烯雌醚。

(13)炔诺醇。

(14)炔诺醚。

(15)醋酸氯地孕酮。

(16)左炔诺孕酮。

(17)炔诺酮。

(18)绒毛膜促性腺激素(绒促性素):促性腺激素药。激素类药。用于性功能障碍、习惯性流产及卵巢激素类药。

3.蛋白同化激素

(19)碘化酪蛋白:蛋白同化激素类,为甲状腺素的前驱物质,具有类似甲状腺素的生理作用。

(20)苯丙酸诺龙及苯丙酸诺龙注射液。

4.精神药品

(21)(盐酸)氯丙嗪:抗精神病药。镇静药。用于强化麻醉以及使动物安静等。

(22)盐酸异丙嗪:抗组胺药。用于变态反应性疾病,如荨麻疹、血清病等。

(23)安定(地西泮):抗焦虑、抗惊厥药。镇静药、抗惊厥药。

(24)苯巴比妥:镇静催眠药、抗惊厥药。巴比妥类药。缓解脑炎、破伤风、士地宁中毒所致的惊厥。

(25)苯巴比妥钠:巴比妥类药。缓解脑炎、破伤风、士地宁中毒所致的惊厥。

(26)巴比妥:中枢抑制和增强解热镇痛。

(27)异戊巴比妥:催眠药、抗惊厥药。

(28)异戊巴比妥钠:巴比妥类药。用于小动物的镇静、抗惊厥和麻醉。

(29)利血平:抗高血压药。

(30)艾司唑仑。

(31)甲丙氨酯。

(32)咪达唑仑。

(33)硝西泮。

(34)奥沙西泮。

(35)匹莫林。

(36)三唑仑。

(37)唑吡旦。

(38)其他国家管制的精神药品。

5.各种抗生素滤渣

(39)抗生素滤渣:该类物质是抗生素产品生产过程中产生的工业三废。因含有微量抗生素成分,在饲料和饲养过程中使用后对鸡有一定的促生长作用。但对养殖业的危害很大。一是容易引起耐药性,二是由于未做安全性试验,存在各种安全隐患。

(二) 食品动物禁用的兽药及其他化合物

表 6-4　食品动物禁用的兽药及其他化合物

序号	兽药及其他化合物名称	禁止用途	禁用动物
1	β-兴奋剂类:克仑特罗、纱丁胺醇、西马特罗及其盐、脂及制剂	所有用途	所有食品动物
2	性激素类:乙烯雌酚及其盐、酯及制剂	所有用途	所有食品动物
3	具有雌激素样作用的物质:玉米赤霉醇、去甲雄三烯醇酮、醋酸甲孕酮及制剂	所有用途	所有食品动物
4	氯霉素及其盐、脂(包括琥珀氯霉素)及制剂	所有用途	所有食品动物
5	氨苯砜及制剂	所有用途	所有食品动物
6	硝基呋喃类:呋喃唑酮、呋喃它酮、呋喃苯烯酸钠及制剂	所有用途	所有食品动物
7	硝基化合物:硝基酚钠、硝呋烯腙及制剂	所有用途	所有食品动物
8	催眠、镇静类:安眠酮及制剂	所有用途	所有食品动物
9	林丹(丙体六六六)	杀虫剂	水生食品动物
10	毒杀芬(氯化烯)	杀虫剂、清塘剂	水生食品动物
11	呋喃丹(克百威)	杀虫剂	水生食品动物

续表 6-4

序号	兽药及其他化合物名称	禁止用途	禁用动物
12	杀虫脒(克死螨)	杀虫剂	水生食品动物
13	双甲脒	杀虫剂	水生食品动物
14	酒石酸锑钾	杀虫剂	水生食品动物
15	锥虫胂胺	杀虫剂	水生食品动物
16	孔雀石绿	杀虫剂	水生食品动物
17	五氯酚酸钠	杀虫剂	水生食品动物
18	各种汞制剂。包括:氯化亚汞(甘汞)、硝酸亚汞、醋酸汞、吡啶基醋酸汞	抗菌、杀虫剂	动物
19	性激素类:甲基睾丸酮、丙酸睾酮、苯丙酸诺龙、苯甲酸雌二醇及其盐、脂及制剂	杀螺剂	所有食品动物
20	催眠、镇静类:氯丙嗪、地西泮(安定)及其盐、脂及制剂		所有食品动物
21	硝基咪唑类:甲硝唑、地美硝唑及其盐、脂及制剂	杀虫剂	所有食品动物

三、合理使用药物的注意事项

(一)对症下药,防止滥用药物

每种药物都有其抗菌谱及适应症,在使用药物前,最好进行药物敏感性试验,选择最敏感的药物或选择抗菌谱广的药物。一般来讲,在抗菌药中青霉素、红霉素等主要对革兰氏阳性菌引起的疾病有效;链霉素、卡那霉素、庆大霉素、新霉素等主要对革兰氏阴性菌引起的疾病有效;磺胺类对大多数革兰氏阳性、阴性药物都有很高的抑制作用。养殖户在发现病鸡后,应及时到兽医诊断部门确诊,有的放矢地使用药物,防止盲目用药,贻误最佳用药时机,造成更大损失。

(二)合理使用,防止中毒和残留

应严格按照药物使用剂量和说明用药,不得随意加大用量和延长使用时间,有些药物如磺胺类和一些抗菌素在临床治疗时,一般连续用药不宜超过5～7天,否则容易引起中毒反应。在无公害生产中,国家对产前和产中预防及治疗的允许使用药物、严禁使用药物进行了明确规定,养殖户必须严格按规定的药物品种、剂量、休药期等使用,从源头上控制药物残留。

(三)合理配伍,联合用药

合理配伍可以发挥药物的协同作用,抵消毒副作用,延缓耐药性的产生,特别是在混合感染时,常联合用药,所以应减少和避免药物间的拮抗作用,避免药物间的配伍禁忌,如青霉素与链霉素联合应用,可扩大抗菌范围,提高药效。而红霉素与青霉素、磺胺类合用,可产生沉淀而降低药效。

(四)交替用药,防止耐药

大量或长期使用抗生素,极易产生耐药性,直接影响治疗效果,因此,在实际生产中,预防用药应有计划、定期使用,特别是长期使用饲料药物添加剂极易产生耐药性、药物残留甚至蓄积中毒。在治疗疾病时,应选择高敏、无毒、无抗菌性、无残留的药物治疗,切忌长期使用单一药物。

四、控制药物残留的主要措施

(1)加强饲养管理,提高机体抵抗能力,防止发生疾病,减少用药机会。

(2)加强兽医卫生管理,及时清除和处理粪便,定期消毒,适时通风换气,为鸡只营造良好的生存环境。

(3)坚持预防为主的原则,使用科学的免疫程序、用药程序、消毒程序和病死鸡处理程序,搞好疫情监测,防止疾病发生。

(4)一旦发病,要及早淘汰病鸡,必要时使用作用强、代谢快、毒副作用小、无残留的兽药及添加剂,控制疾病的发展。发生传染病时应根据实际情况及时采取隔离、扑灭等措施,严防疫情扩散。

(5)坚持治疗为辅的原则,在治疗过程中,使用高效、低毒、无公害、无残留的"绿色兽药",做到合理用药、科学用药、对症下药、适度用药,杜绝乱用药、滥用药、任意加大剂量和改变用药方法等。

(6)切实执行休药期标准,治疗用药期和休药期的鸡蛋不得出售供人食用。

(7)严禁使用国家明令禁止的兽药及化合物,积极推广微生态制剂用于鸡病的防治工作。

(8)选用安全、无毒、无药物残留的饲料原料,生产"绿色饲料",使用无公害蛋鸡生产中允许使用的饲料添加剂,不得在饲料中自行添加药物或药物添加剂。

(9)定期进行药残监测,及时掌握用药情况,以便正确采取措施,控制药物残留。

第五节 养鸡场废弃物的无害化处理

在养鸡生产过程中,还会产生大量的废弃物,如鸡粪、污水、垫料、死鸡以及孵化过程中遗留的蛋壳、死胚等,这些废弃物不仅对环境造成严重污染,危害人类的健康,同时也制约着养鸡业的健康发展,因此,养鸡场废弃物的处理已经越来越受到人们的关注,国家也制定了废弃物处理的相关法规,并从鸡场规划设计、生产工艺、设备配套等方面统筹考虑,使鸡场废弃物的处理逐步向无公害化、资源化方向发展。

一、养鸡场废弃物及环境污染

1. 鸡粪　鸡粪是养鸡场的主要废弃物和最大的污染源，也是鸡场内产生臭气和蚊蝇滋生的直接根源。养鸡场集约化程度高，饲养密度大，因而全场的鸡粪产量很大，据测算，存栏1万只成年鸡的规模场每日就可产生鸡粪1.3 t。鸡粪中含有大量的有机物，也是多种病原菌和寄生虫卵的重要载体，粪便如不能及时清除和合理利用，鸡粪中的有机物发酵，产生氨、硫化氢、吲哚、硫醇等，这些分解物污染周围环境形成恶臭，影响蛋鸡健康，刺激呼吸道和眼黏膜，形成炎症，严重的导致生产性能下降。鸡粪也是蚊蝇滋生的良好环境，如果处理不好，可导致虫媒疾病的迅速传播，也会给人们的正常生活带来不良影响。有的鸡场没有专门的鸡粪处理场地，鸡粪随意乱堆乱放，有的甚至直接堆放在鸡舍门窗外面，这样，大量的鸡粪发酵产生的氨气和硫化氢等恶臭物质首先对场区的空气造成最严重的污染，直接危害鸡只健康。同时鸡粪中的病原微生物大量繁殖，为疫病的传播提供了便捷的途径，所以说鸡粪处理不当，鸡场本身是最直接的受害者。

另外，鸡粪及污水的随意排放还可造成地表水源和地下水的污染，直接危害人畜的身体健康，因此测定地下水中大肠杆菌的数量，是监测鸡场废弃物污染程序的一个重要指标。

2. 死鸡　在饲养过程中，鸡只的死亡是不可避免的，这些死鸡如果不及时处理或处理不当，尸体会很快分解腐败，散发臭气，对空气造成污染。特别应该注意的是患传染病死亡的鸡，其体内存在着大量病原微生物，污染周围的场地、水源、空气等，极易造成疫病的传播和蔓延。在实际生产中因病死鸡处理不当而引发疫病的事例时有发生，因此，在饲养管理过程中，饲养员每天要对鸡群进行观察，发现病死鸡要及时剔除，做好记录，对不明原因死亡的要及时确诊，病死鸡的尸体严格进行无害化处理。

3. 孵化废弃物　在鸡的孵化过程中，可产生蛋壳、死胚、绒毛等废弃物，蛋壳表面常有大量细菌附着，非正常死亡的死胚也往往是由病原体所致，这些废弃物若不及时处理，不仅可造成同群雏鸡疾病的传播，也可造成孵化器的严重污染，影响以后的孵化效果。

二、鸡粪的加工利用

由于鸡饲料的营养浓度高，而鸡的消化道短，消化吸收能力有限，因而在鸡粪中有大量未被鸡消化吸收，而又可被其他动植物所利用的营养成分，所以鸡粪具有较高的利用价值，它可以作为能源加以利用，也可经无害化处理后，制成优质肥料，但由于鸡粪中的病原微生物和残存的化学物质可能会对其他动物和人的健康带来潜在的危害，所以在无害化生产中经处理后的鸡粪不得作为其他动物的饲料。

（一）肥料化

鸡粪富含氮、磷、钾等营养成分和大量的有机质。据测定，1 t 鸡粪垫料混合物大约相当于 160 kg 硫酸铵、150 kg 过磷酸钙和 50 kg 硫酸钾。为进一步提高肥效，根据土壤主要营养成分的含量，在鸡粪加工利用过程中，还常常加入适量的复合微肥，制成复合有机肥，给植物施用鸡粪加工后的复合有机肥，可促进土壤微生物的活动，改善土壤结构，为植物和农作物提供丰富的养分。目前，经干燥或发酵后的鸡粪制成的有机肥料，因其具有无臭味、无病原微生物、松软易拌、营养价值高等优点，广泛用于盆栽花卉和无土栽培等领域，且具有良好的发展前景。为实现无公害利用鸡粪，彻底杀灭鸡粪中的病原微生物，减少有害气体的产生，更好地保护生态环境，鸡粪可经以下相关处理后方可使用。

1. 自然干燥　将鸡粪平铺在水泥地面或砖地面上，利用阳光照射，使水分蒸发，在高温季节，经约 1 周的时间可把鸡粪的含水量降到 10%左右，即可装袋备用。这种方法可以充分利用自然资源，运行成本低，加工处理费用廉价，但受自然气候影响较大，在低温、高湿季节，生产周期过长，效率低。

2. 高温快速干燥　这种方法是以煤或油为燃料，通过其燃烧产生高温，使含水率达 70% 的湿鸡粪迅速脱水干燥，成为含水率仅为 10%～15%的鸡粪加工品。在鸡粪的干燥过程中，可彻底杀灭病原体，有效地消除臭味，营养成分损失量小于 6%。高温快速干燥处理工艺加工速度快，不受自然气候的影响，适用于工厂化生产，生产出的鸡粪具有较高的商品价值。中国农业工程研究设计院研制的 JH 系列鸡粪快速烘干成套设备和华南农业大学等研制的 JFGJ-1 鸡粪干燥加工设备已得到普遍应用，目前高温快速干燥技术在我国已取得良好的经济效益，初步形成了鸡粪加工的产业化和商品化。

3. 堆积发酵　堆积发酵是一种比较传统的简单方法，无需专用设备，比高温干燥法省燃料，处理费用低廉。可直接把新鲜鸡粪堆积后，用泥土或塑料布封严，其中富含氮的有机物（如鸡粪、死鸡及其他废弃物）在微生物的作用下降解和转化，产生热能，进行发酵，从而达到灭菌、去臭的目的。另外在堆积发酵时也可在鸡粪中加入植物秸秆等促进发酵。

（二）能源化

即可利用鸡粪的厌氧发酵生产沼气，为生产生活提供能源。据估测，一只产蛋鸡每日所产鸡粪经过适当的发酵过程，可产生 6.48～12.96 L沼气。沼气发酵后剩下的鸡粪残渣又是优质肥料，因此利用鸡粪生产沼气是无公害生产的一条重要途径。

三、鸡场其他废弃物的无害化处理

对于鸡场其他的废弃物的处理应实行无公害、无污染的原则。

（一）死鸡的处理

鸡在饲养过程中，会因疾病、管理等原因不断发生死亡。在正常情况下，蛋鸡的死亡率每月为 1%左右，如果在鸡群暴发某种传染病，则死亡率会成倍增加。这些死鸡如果处理不当，就会污染环境，甚至造成疫病的传播。死鸡的处理方法主要有以下几种。

1.土埋法　这种方法简单易行，但易造成环境污染，所以采用土埋法，应严格遵守卫生防疫要求。埋尸坑应远离鸡场、鸡舍、水源和居民区；掩埋深度应不少于 2 m；坑底应铺洒生石灰等消毒药剂，对疑似烈性传染病的病死鸡，坑底应增铺塑料布或采取其他防渗措施；最后埋尸坑周围散布消毒药剂防止环境污染。

2.焚烧法　对死鸡进行焚烧处理是一种常用的办法，以油或电为热源，在高温焚尸炉内，将鸡烧成灰烬，这种方法可防止地下水和土壤的污染，但燃烧的废气必须经过净化处理，否则易造成空气的污染。这种方法使用燃料和电能较多，处理费用较高。

3.堆肥法　即将死鸡的尸体与鸡粪混合堆积发酵处理，一般按 1 份(重量)死鸡配 2 份鸡粪和 0.1 份秸秆的比例混合，这些成分在发酵室的水泥地面上，按一定规律分层码放，先铺上 30 cm 厚的鸡粪，然后加上一层厚约 20 cm 厚的秸秆，然后再按死鸡、鸡粪、秸秆的次序逐层码放，在死鸡层加适量水，最后在顶部加上双层鸡粪。通过堆肥发酵，可以消灭病菌和寄生虫，而且对地下水和周围环境没有污染，这种方法简单、经济，值得大力推广。

(二)污水的无害化处理

养鸡场每天产生大量的污水，污水如不经处理排放，可对周围环境和地下水源造成严重的污染。污水处理的方法很多，有的鸡场在污水沟内放置多道水闸，以减缓流速，利用日光作用净化。有的鸡场利用污水发酵生产沼气，最常用的方法是将污水引入污水处理池内，加入漂白粉等消毒剂消毒，通过有机物的沉淀发酵，达到污水排放标准后，再排放或加以利用。

(三)垫料和孵化废弃物的处理

对垫料和孵化废弃物可经消毒剂消毒后做发酵处理。

小结

无公害防疫是保证鸡群正常生产的基础，也是影响禽类产品质量的不可忽视的环节。本章把无公害生产的理念贯穿于蛋鸡的饲养、管理、消毒、防疫、治疗和废弃物的处理等各个环节，这些都是在实际生产中必须遵循的，特别对于环境消毒用药和预防、治疗用药时，必须严格按照国家无公害标准化生产的要求使用。

提示问答

1. 结合无公害生产的要求，你认为在防疫工作中的重要环节和关键措施有哪些？

2. 要制定一个科学合理的免疫程序，应着重考虑哪些方面的要求？请你对本场的免疫程序进行综合分析，还有哪些方面需要改进？

3. 不合理用药会造成药物残留，在消毒、防疫和治疗用药方面应如何操作？

第七章

鸡病的无公害防治

阅读指南 搞好疫病防治是鸡群健康、高产的重要保障。在无公害生产中,要牢固树立“预防为主”的防治方针,做到早发现、早诊断、早治疗。本章分析了蛋鸡生产中常见疫病的流行特点,并提出了疫病诊断、预防和治疗的基本方法,目的是杜绝或减少疫病的发生,更好地为无公害生产服务。

第一节 规模化鸡场疾病发生的现状及防治原则

一、规模化养鸡场疾病发生的现状

随着我国养鸡业的迅速发展,规模化、集约化程序不断提高,鸡病的发生、发展也呈现新的流行特点:疫病传播速度加快,新的疾病不断

增多，疫病非典型化，变异株和超强毒株的出现，混合感染病例的增多，一些细菌性疾病的发生率高、治愈率低、危害增大，病原耐药性增加。

二、鸡病预防的基本原则

面对疾病发生的新特点，生产者应树立“预防为主”的防疫理念，建立一系列严格的防疫措施，把防疫渗透到每一个生产环节中，认真做好日常的综合防治工作，把疫病控制在萌芽状态，最大限度地提高养殖的经济效益。

(一)贯彻“预防为主，防重于治”的防疫方针，摒弃传统的“重养轻防，重治轻防”的错误观念

在无公害、标准化的饲养过程中制定预防优先的各项措施，从而把握防疫灭病的主动权，保持养鸡生产持续、稳定、健康地发展。

(二)严格执行卫生消毒制度

从入雏前鸡舍的消毒到饲养过程中的带鸡消毒，从人员消毒到设备消毒，从鸡舍小环境的消毒到鸡场大环境的消毒等都要做到一丝不苟、全面彻底、不留死角，减少或切断病原微生物感染传播的途径。

(三)科学免疫，增强机体抗病能力

免疫接种是预防和控制畜禽传染病的重要手段，特别对鸡的某些病毒性传染病来讲，没有特异的治疗方法和特效药物。免疫接种可以说是控制传染病的最有效的途径。为取得良好的免疫效果，养殖场必须针对当地疫病发生情况、不同传染病的特点、疫苗性质、鸡只状况、饲养管理等具体情况，建立科学的免疫程序，采用可靠的免疫方法，使用高效的疫苗，适时免疫。只有这样，才能产生坚强的免疫力，防止或杜绝传染病的发生。

(四)加强饲养管理,减少应激因素的产生

如温度、湿度、密度、光照、通风等应符合无公害标准化生产的要求,为鸡只创造有利于生长、发育、产蛋的良好的生态环境。

(五)坚持"全进全出"饲养制度

即每栋鸡舍要饲养同一品种、同一日龄、同一来源的鸡群,淘汰时也应把同一鸡舍的鸡依次处理。"全进全出"可减少疫病的相互交叉感染和接力性传播,有利于鸡场疫病的控制。

(六)依托监测,科学预防

监测包括鸡群的流行病学监测、环境监测及药敏试验等,通过监测可以收集和积累饲养管理经验,发现鸡群的异常变化,及时注意疫病的动向和特点,为采取针对性的防疫措施提供技术依据。这一点经常为某些养殖者所忽视,使防疫灭病完全陷于被动,造成较大的经济损失。

三、鸡病治疗的基本原则

一旦发生鸡病,要做到早发现、早确诊、早隔离、早治疗。

1.早发现 养殖者在平时的饲养管理过程中要经常观察鸡的采食、饮水、精神、粪便、呼吸等情况,发现鸡群异常,要立即到当地兽医诊断部门就诊。

2.早确诊 即通过临床检查、病理剖检和必要的实验室诊断做出诊断结论,从而进行有的放矢处理。

3.早隔离 即将病鸡和健康鸡及早隔离,以防健康鸡受到传染。当发生某些重大传染病,如禽流感、鸡新城疫时,除严格隔离病禽外,还应立即上报当地动物防疫部门,严格按照《中华人民共和国动物防疫法》的规定实施封锁、消毒、扑杀、紧急免疫接种等防疫措施,严防疫情的蔓延。

4.早治疗　根据发生的疫情，对假定健康鸡进行疫苗紧急接种或药物对症治疗。对细菌性传染病要早做药物敏感试验，避免盲目用药。对无饲养价值的病鸡要及时淘汰，对病死鸡做焚烧或深埋等无害化处理。

第二节　鸡病的诊断技术

一、鸡的临床检查

鸡群的临床检查是及早发现疾病的基础和前提，养殖者只有能够准确区分鸡的健康状态和非健康状态，才能做出准确的诊断，使防治工作做到有的放矢，避免因错误的判断，盲目行事，贻误时机，造成巨大的经济损失。鸡的临床检查包括群体检查和个体检查。

（一）群体检查

1.精神状态　健康鸡反应敏捷，活泼好动，叫声洪亮，不时地觅食，食欲旺盛。病鸡则精神不振，反应迟钝，行动缓慢，常离群呆立不动，食欲减退或废绝。

2.鸡冠、肉髯状态　健康鸡冠直立，颜色鲜红、柔软，富有光泽，肉髯左右大小对称、鲜红；而病鸡冠、髯常呈苍白、萎缩，表面常有糠麸样或结痂附着。

3.羽毛状态　健康鸡的羽毛整洁干净、平滑，富有光泽。病鸡羽毛蓬乱、污秽，无光泽。鸡患体外寄生虫病时，由于瘙痒而引起鸡自啄羽毛，造成羽毛脱落。

4.呼吸状态　健康鸡呼吸平缓，没有声音。而发病鸡呼吸急促，出现甩头、打喷嚏、咳嗽等症状，常发出罗音或喘鸣声，病情严重的，表现为伸颈张口呼吸，呼吸极度困难。

5. 粪便状态　正常鸡的粪便不软不硬，多呈圆柱状，粪色多为棕绿色，表面附有一层白色的尿酸盐沉淀物，夏季由于饮水增多，多会排出水样稀粪，稍微控制饮水后，粪便又恢复正常。而发病鸡粪便可呈现多种变化，通过观察粪便的变化，可以对发病情况做出大致的判断。红色粪便常为球虫病所致；白色黏性粪便多为鸡白痢、痛风、尿酸盐代谢障碍等引起；白色水样稀粪预示鸡传染性法氏囊病的发生；硫磺样粪便预示组织滴虫病的发生；黄绿色带黏液的粪便多为鸡新城疫、霍乱、卡氏白细胞虫病、伤寒等病的表现；水样稀粪可为饮水过多、饲料中镁离子过多、轮状病毒感染等病所致。

6. 姿势与体态　健康鸡站立平稳，肢体协调，运动自如。而病鸡可表现为站立不稳，肢体麻痹，平衡失调，卧地不起，两翅下垂等变化。两腿劈叉是马立克氏病的特征性姿势；一月龄内雏鸡瘫痪，可疑为传染性脑脊髓炎、鸡新城疫所致；扭颈、抬头望天、前冲后退转圈预示鸡新城疫、维生素 E 和硒缺乏症、维生素 B_1 缺乏；颈麻痹、趾爪蜷曲是维生素 B_2 缺乏；腿骨弯曲、关节肿大、运动障碍多为维生素 D 缺乏、钙和磷缺乏、病毒性关节炎、滑膜支原体病、葡萄球菌病、胆碱缺乏等引起；瘫痪预示笼养蛋鸡疲劳症、钙和磷缺乏、鸡新城疫和维生素 E 和硒缺乏症等病的发生。

7. 产蛋的变化　产蛋的变化是鸡群健康与否的重要标志。产蛋率高，说明鸡群无疾病感染；产蛋率下降或偏低，表明鸡群有疾病感染或有其他因素干扰。另外，畸形蛋、薄壳蛋和软壳蛋的增多预示着鸡新城疫、传染性支气管炎、产蛋下降综合征、钙和磷缺乏、维生素 D 缺乏及其他营养缺乏症的发生。

(二)个体检查

1. 头部检查

(1)鸡冠和肉髯：鸡冠苍白预示鸡卡氏白细胞虫病、白血病、营养缺乏；鸡冠发绀是急性败血症、中毒病的常见症状；鸡冠和肉髯上附着痘

痂或痘斑是鸡痘的特征性变化；鸡冠、肉髯萎缩预示白血病、马立克氏病、寄生虫病及严重的营养缺乏症；肉髯水肿可疑为慢性霍乱、传染性鼻炎。

(2)鼻：正常鸡鼻孔周围有少许分泌物，当鸡鼻孔周围分泌物增多时，常表示有呼吸道疾病的发生。

(3)口腔：将鸡的上下喙分开，检查口腔、咽喉黏膜有无充血、出血、水肿等变化。口腔内黏液增多时多为呼吸道疾病引起；口腔内存在假膜，预示鸡痘、传染性喉气管炎的发生。

(4)喙：注意检查喙的颜色、硬度。

(5)眼睛：观察眼及眼睑的变化，眼虹膜褪色、瞳孔缩小为眼型马立克氏病的特征性病变；眼睑内黏性分泌物的增多、上下眼睑粘连多为大肠杆菌病、传染性鼻炎、慢性呼吸道病引起。

2.嗉囊检查　正常鸡采食后，嗉囊饱满而坚实。鸡患新城疫时嗉囊内常积液、积气，将鸡倒提时，常有大量酸臭的液体从口角流出。

3.胸部检查　触摸胸骨形态和胸肌状态，胸肌饱满说明鸡营养良好，当胸骨突出，胸肌消瘦，多见于马立克氏病、寄生虫病、淋巴白血病或其他慢性消耗性疾病；胸骨变形主要由于钙和磷缺乏、维生素 D_3 缺乏所致。

4.腹部检查　健康鸡腹部丰满、柔软、有弹性，当腹部下垂时，可见于腹水综合征、蛋性腹膜炎等疾病。

5.腿和关节检查　观察关节有无变形、肿胀。关节部位肿胀，可见于病毒性关节炎、滑膜支原体、大肠杆菌病、葡萄球菌病、鸡白痢等；关节肿胀、关节腔内有白色干酪样渗出物，多见于鸡的痛风症。

二、病理剖检

病理剖检不只是简单的对鸡的解剖，它要求操作人员能够熟练掌握鸡的正常生理特点，并能准确识别和区分鸡的病理变化，从一系列变化中筛选出对诊断疾病有价值的素材，所以，具备相关专业技术人员的大中型养鸡场可以建立本场的兽医实验室，开展解剖学诊断。对小型养殖场（户）不提倡进行自行剖检，发现病鸡，应立即送当地兽医技术部门进行相关的实验室诊断，否则，由于操作不规范，技术不熟练，往往查不明病因，造成错误诊断。同时还有可能由于解剖环节中消毒不严，病死鸡处理不当，造成疫病扩散，对此养殖者应引起高度重视。

（一）病理剖检的注意事项

（1）有条件的养鸡场应建立病理剖检室，剖检室应建在生产区和生活区的下风向，室内应便于清刷和消毒，污水必须经过严格的消毒后才能排放。无病理剖检室的鸡场，剖检地点应选择在远离生产区、生活区、公路、水源的地方，防止剖检后的粪便、血污、内脏、杂物等污染环境和水源，造成疫病的传播。

（2）操作人员在剖检前应穿戴好工作服、帽子、手套、口罩、胶靴，做好自身防护。

（3）剖检时应查看全面病变，认真做好记录，如需做微生物学或病理组织学检查，应按需要采取病料，送有关兽医实验室做进一步诊断。

（4）未经仔细检查各相连组织前，不可随便切断，破坏其联系，更不可在腹腔内切断管状脏器（肠道、输卵管等）造成其他脏器污染，给病原分离带来困难。

（5）在剖检中，如工作人员不慎割破自己的皮肤，应立即停止工作，先用清水冲洗，涂上碘酒，用纱布包扎。

（6）剖检后，所有的剖检工具必须清洗干净，消毒后保存；尸体和污染的垫料，做深埋或焚烧处理，切忌随处乱丢；剖检场地用消毒液严格消毒；操作人员用75％的酒精消毒手，如手上仍有不洁气味残留，可用高锰酸钾浸泡，然后用20％草酸溶液洗手，褪去紫色，再用清水冲洗。

（二）剖检的方法与步骤

剖检最好选择临床症状明显的活鸡或刚死不久的病鸡，死亡时间较长的不宜剖检，尤其在高温季节。剖检前最好用水或消毒液将鸡的

体表羽毛浸湿，以防止剖检时羽毛和尘埃飞扬。

(1)剖检时首先观察鸡的外部变化，包括羽毛、皮肤、口腔、肛门有无异常，皮肤有无溃疡、肿瘤、结痂，关节有无变形、肿胀。

(2)尸体仰卧，用剪刀将两大腿和腹部之间的皮肤切开，用力下压两大腿，使髋关节脱位，使鸡的尸体固定。

(3)沿体中线从泄殖腔到喙部纵行切开皮肤，并向两侧剥离，观察皮下有无出血、水肿，胸肌丰满程度、颜色，胸部和腿部肌肉有无出血、坏死；观察胸骨是否弯曲、变形；检查颈椎两侧的胸腺大小及颜色，有无出血、坏死；检查嗉囊是否充满食物、内容物的数量和形状。

(4)在后腹部，将腹壁横行切开，顺切口的两侧分别向前剪断胸肋骨、喙骨和锁骨，掀除胸骨，暴露体腔。

(5)检查各脏器的位置、颜色、大小，有无充血、出血、坏死；胸腹腔有无积液，液体的多少、色泽；胸腹气囊是否增厚、浑浊、有无渗出物；而后依次剪开腺胃、肌胃、小肠、盲肠和直肠，分别进行观察：观察腺胃黏膜和乳头有无充血、出血、溃疡，胃壁是否增厚，有无肿瘤；肌胃浆膜有无出血，撕下角质膜看有无出血和溃疡；观察各段肠管有无充气和扩张，浆膜血管是否明显，浆膜上有无出血、结节或肿瘤。然后沿肠系膜剪开肠管，检查各段肠内容物的性状，黏膜有无出血和溃疡，肠壁是否增厚，肠壁上的淋巴结和盲肠扁桃体是否肿胀，有无出血、坏死，盲肠内有无出血和干酪样栓塞物，若有栓塞物，横向切开后观察其切面的形态。再观察直肠黏膜有无出血，出血的形状如何。最后将直肠从泄殖腔拉出，在其背侧可看到法氏囊，剪去与之相连的组织，摘取法氏囊。检查法氏囊的大小，观察其表面有无出血，再剪开法氏囊检查其黏膜是否肿胀，有无出血，皱襞是否完整，有无渗出物及其性状。剔除腹腔的各脏器，检查卵巢发育情况，卵泡大小，有无萎缩、坏死和出血，是否发生肿瘤样变；剪开输卵管，检查黏膜有无出血，管腔内有无分泌物。检查肾脏的颜色、质度，有无出血，肾脏和输尿管有无尿酸盐沉积。

(6)随后取出心脏，检查心肌有无出血和坏死点，心冠脂肪有无出血点，最后切开心肌，观察心内膜有无出血。从肋骨间挖出肺脏，检查肺的颜色和质度，有无出血、水肿、炎症、坏死、结节和肿瘤。

(7)在鼻孔上方横向剪断鼻腔，检查鼻腔有无分泌物及其性状；顺一侧口角，向下剪开口角、喉头和气管，观察口腔黏膜有无出血、伪膜，有无分泌物堵塞喉头，气管黏膜有无出血，气管内有无分泌物及分泌物的性状。

(8)脑和周围神经的检查：观察脑膜有无充血、出血；迷走神经、坐骨神经等的粗细、横纹、色彩及光滑度。

第三节　鸡常见病毒病的无公害防治

一、禽流感(AI)

禽流感是禽流行性感冒的简称，又称真性鸡瘟、欧洲鸡瘟，是由A型流感病毒引起的一种禽类(家禽和野禽)的感染和/或疾病综合征。鸡群一旦感染高致病性毒株，常造成全群覆没，因此，禽流感被国际兽疫局定为A类传染病，我国也将其列为一类动物疫病。禽流感病毒广泛分布于世界范围内的许多家禽、野禽和野生水禽。家禽中火鸡、鸡、鸭是自然条件下最易感的禽种。禽流感病毒主要通过病禽的分泌物、排泄物和尸体等污染饲料、饮水及周围环境。易感禽和病禽直接接触或与污染的物品间接接触都可造成传播感染。呼吸道和消化道是主要的感染途径。禽流感的发病率和死亡率与禽类的易感性、毒株的毒力强弱、环境因素、饲料状况及疾病的传播情况有关。该病一年四季均可发生，但主要发生在冬春和秋冬交替季节，特别是应激条件下易发病。

(一)症状描述及记录

1. 最急性型　由高致病性毒株引起，该型特点是潜伏期短，发病

突然，病程短，常无明显症状而突然死亡，发病率和死亡率高，死亡率可达90%以上，甚至全群覆没。

2. 急性型　此型在临床上最为常见，病禽体温升高（可达43℃以上），食欲减弱，精神沉郁，羽毛松乱；鸡冠、肉髯水肿、发绀，或呈紫黑色，或见有坏死；病鸡腿部鳞片有红色或紫黑色出血；眼、鼻腔有浆液性或脓血性分泌物；有咳嗽、罗音、呼吸困难等呼吸道症状；病鸡腹泻，排黄绿色稀粪。如果青年鸡感染本病，可使开产日龄推迟，产蛋高峰维持时间短，或没有产蛋高峰期。产蛋鸡发病后，除表现上述症状外，还引起产蛋量明显下降，产蛋率可由80%或90%下降到20%以下，甚至停产。同时，软皮蛋、畸形蛋、褪色蛋增多。经过1～2个月的恢复后，产蛋率可上升到50%～80%不等，但一般很难恢复到原来的产蛋水平。

3. 慢性型　一般症状不明显，仅表现为轻微的呼吸道症状，产蛋鸡的产量率下降在10%以内，偶有零星死亡。

禽流感的病理变化因感染毒株毒力的强弱、病程长短和禽种的不同而异。最急性型因死亡很快，可能看不到明显的病变。急性型病例全身出血性病变明显。常见喉头、气管充血、出血，黏膜表面附着黏性分泌物；气囊增厚，有纤维素性或干酪样物附着；心冠脂肪有出血点，心包膜增厚，心包内有积液；腺胃乳头出血、溃疡，在腺胃黏膜表面通常有一层脓性分泌物；肌胃角质膜下出血；腺胃与食道、腺胃与肌胃交界处有带状出血；十二指肠出血，直肠和泄殖腔有条纹样出血，盲肠扁桃体出血。生殖系统病变明显，可见卵泡充血、出血、萎缩、变性，有的卵泡破裂，落入腹腔，形成不同程度的“卵黄性腹膜炎”，具有特征性；卵巢和输卵管充血、出血，管腔内有白色脓性分泌物；肾脏肿大，可见有尿酸盐沉积。慢性病例有程度不同的病变。主要有气管炎、气囊炎、输卵管炎等。

根据流行病学、临床症状和病理变化可做出初步诊断，因为禽流感与鸡新城疫等病容易混淆，所以，进行病毒的分离鉴定和测定特异性抗体的存在是确切诊断的依据。

(二)发病时应采取的主要应急措施

此病为一类动物疫病,应严格按照《动物防疫法》的要求进行处理。养鸡场一旦发现可疑禽流感疫情应立即上报当地动物防疫监督机构,动物防疫监督机构应迅速组织专业技术人员采集病料,报送省和国家禽流感参考实验室进行必要的实验室诊断,一经确诊,应立即启动疫情处理应急预案。划定疫点、疫区和受威胁区,由所在地县级以上人民政府发布封锁令,对疫点、疫区内的所有禽类全部扑杀,进行无害化处理;受威胁区内禽类实施紧急免疫接种,建立免疫隔离带。同时对疫区和受威胁区内禽类及产品的生产活动进行监督和管理,对禽类饲养、经营、加工等场所彻底消毒,防止疫情的蔓延。

(三)治疗

发生高致病性禽流感时,按照国家有关规定进行扑杀和无害化处理,不得进行治疗。

(四)预防

由于本病传播迅速,且血清型较多,因此采取综合性防治措施,建立良好的生物安全体系,是预防禽流感的关键措施。

1. 严把进口关,防止禽流感从国外传入　随着经济全球化的发展,国外禽类及产品进口量日渐增多,出入境检疫部门应对进口种禽、野禽、观赏禽类及各种禽类产品进行严格检疫,并全面了解出口国禽流感发生情况,杜绝外疫传入。

2. 完善养鸡场常规防疫措施　在引进雏鸡时,一定要来自无禽流感疫情的种鸡场。养鸡场要实行封闭式饲养,鸡舍门窗、通气孔安装隔离网,严防野鸟从门、窗进入禽舍,杜绝饲料和水源被野禽粪便污染。养鸡场生产区应谢绝外来人员参观,设立消毒设施,对进出车辆要彻底消毒。养鸡场及周围不饲养鸭、鹅等家禽,场内不得饲养观赏鸟和狗、猫等宠物。搞好饲养管理,减少应激因素的发生,提高鸡只抗病力。死

亡鸡必须焚烧或深埋，做无害化处理。

3. 科学免疫，提高特异性抵抗力　目前，我国已研制生产了H5和H9亚型禽流感油乳剂灭活苗，免疫效果显著。在实际生产中，养鸡场应根据鸡群的相应亚型禽流感的抗体水平高低作为免疫依据，也可参考以下免疫程序：2周龄首免，0.3 mL/只，皮下注射；6周龄加强免疫，0.5 mL/只，皮下注射；120日龄左右三免，0.5 mL/只，皮下注射；以后每隔5个月加强免疫一次，0.5 mL/只。病毒清净区可在3周龄首免0.3 mL/只；开产前二免，0.5 mL/只；9～10月龄加强免疫一次，0.5 mL/只。除按免疫程序进行正常接种外，当受到禽流感疫情威胁时，应紧急接种疫苗，以有效控制疫情的发生。

二、鸡新城疫（ND）

鸡新城疫又称亚洲鸡瘟、假性鸡瘟，是由病毒引起的急性、烈性、高度接触性传染病，主要侵害鸡，其他禽类亦可感染。目前虽然各鸡场已对该病实施免疫接种，但鸡新城疫仍是对养鸡业威胁最严重的传染病之一。新城疫病毒属副黏病毒科，副黏病毒属，病毒主要存在于病鸡的组织器官、分泌物和排泄物中，以脑、肺、脾含毒量最多，骨髓里病毒维持时间最长。鸡、火鸡及野鸡对新城疫病毒都有易感性，其中以鸡最易感，鸭、鹅及麻雀等可成为本病的带毒者和传播者。各种年龄的鸡都可感染，幼雏和中雏的感染性比老龄鸡高，死亡率也高。本病一年四季都可发生，以春秋季发病较多，这主要取决于新鸡补栏的数量、鸡只流动情况以及适于病毒存活和传播的外界条件。新城疫强毒株的存在常引起该病的暴发，易感鸡群一旦被感染，可迅速传播呈毁灭性流行。近年来，由于各地对鸡新城疫实行了程序化免疫，有效地控制了疫情的发生，但免疫鸡群仍有以呼吸道症状和神经症状为主要特征的非典型性新城疫疫情的发生，尤其在二免前后、开产前后和产蛋中期多见，成为了当前鸡新城疫新的流行特点。

(一)症状描述及记录

由于病毒毒力强弱、感染途径和鸡群的免疫状态不尽相同,潜伏期各异,自然感染的潜伏期为2～15天,平均5～6天。根据病程长短、病势缓急,本病可分为最急性型、急性型和慢性型。

1. 最急性型　多见于强毒株感染和流行初期,发病快,病程极短,常无特征性症状而突然死亡,雏鸡和中雏最为常见。

2. 急性型　病初体温升高可达43～44℃,食欲减退或废绝,精神委靡,不喜走动,独栖一隅,垂头缩颈或翅膀下垂,眼半开或全闭,状似昏睡。冠、髯呈暗红色或暗紫色。随着病程的发展,出现比较典型症状:病鸡咳嗽、呼吸困难、伸头张口呼吸,并发出"咯咯"的喘鸣声或尖锐的叫声。流鼻汁,口角流出多量黏液,病鸡常甩头,做吞咽状。嗉囊内充满液体内容物,倒提时常有大量酸臭液体从口内流出。粪便稀薄,呈黄绿色或黄白色。有些病鸡还出现头颈后仰、站立不稳等神经症状。产蛋鸡产蛋下降或停产,产软壳蛋,或蛋壳颜色变浅。

3. 慢性型　病初与急性相似,只是症状较轻,病死率较低,但病鸡多出现神经症状,这种鸡虽然暂不会死亡,但由于采食困难,日渐消瘦而失去饲养价值,且易引起病毒的传播,所以养鸡场应及早淘汰。

另外,在免疫鸡群中发生新城疫,往往表现为非典型症状:雏鸡和育成鸡以呼吸道和神经症状为主;产蛋鸡除有呼吸道症状和腹泻外,产蛋率大幅下降,并产软皮蛋、畸形蛋。

当发生典型新城疫时,病死鸡主要表现为全身性败血症,以呼吸道和消化道最为严重。喉头、气管充血,气管环出血明显。腺胃黏膜特别是腺胃乳头突起出血,或有坏死和溃疡,这是比较特征的病变。腺胃与肌胃交界处有出血点或出血带,肌胃角质层下有出血斑。肠黏膜出血,十二指肠起始部、小肠中段、卵黄蒂附近、盲肠扁桃体、两盲肠中间的回肠等部位出血斑尤为明显,直肠和泄殖腔黏膜常呈条纹状出血。肠黏膜常出现溃疡灶,溃疡表面覆盖有一层黄色或污秽绿色的假膜。产蛋鸡卵泡和输卵管充血,卵泡极易破裂以致卵黄流入腹腔引起卵黄性腹

膜炎。发生非典型新城疫时，通常见不到腺胃出血、盲肠扁桃体出血和肠道出血这些典型病变。在疾病初期以呼吸道症状为主的病例可见气管黏膜增厚，气囊浑浊，并有干酪样渗出物。产蛋鸡可见卵泡充血、出血或变性。

根据流行特点、临床症状和具有特征性的病理变化可对典型性新城疫做出初步诊断，但要确诊或鉴别非典型新城疫，尚需进行实验室诊断。本病应与禽流感、传染性支气管炎、传染性喉气管炎、禽霍乱等加以区别。

(1)与禽流感区别：禽流感的潜伏期和病程都比新城疫短。禽流感病鸡没有明显的神经症状，剖检时常见皮下水肿和黄色胶样浸润，黏膜、浆膜和各处脂肪组织出血较新城疫更为明显和广泛，肠黏膜常不形成溃疡。

(2)与传染性支气管炎区别：传染性支气管炎主要侵害 6 周龄以内的雏鸡，成年鸡不死亡。病鸡以呼吸道症状为主，没有消化道和神经症状，产蛋鸡产软皮蛋和畸形蛋，蛋清变稀薄。

(3)与传染性喉气管炎区别：传染性喉气管炎病鸡呈现头颈上伸和张口呼吸的特殊姿态，有湿性罗音，常咳出血样黏液，有时在喉头附着一层黄白色假膜，病理变化以喉头、气管充血、出血最为明显。

(4)与禽霍乱的区别：禽霍乱可侵害各种禽类，鸭最易感染，急性病例病程短，病死率高，慢性病例有肉髯肿胀，关节肿大，但无神经症状。在剖检上，禽霍乱全身性出血更为明显，肝脏有灰白色坏死灶，心冠脂肪有出血点。而新城疫病变主要是腺胃、肠黏膜出血、溃疡。

表 7-1　不同抗体水平与临床的关系

类型	HI 抗体滴液	与临床关系
1	≥11 log2	可能有新城疫强毒感染，须结合临床症状综合判定。
2	5～10 log2	对新城疫强毒感染有不同的免疫力。
3	≤4 log2	对新城疫病毒感染缺乏足够免疫力，应立即免疫接种。

(二)发病时应采取的主要应急措施

此病为一类动物疫病,应严格按照《动物防疫法》的要求进行处理,具体措施可参照禽流感的措施。

(三)治疗

当发生鸡新城疫疫情时,按照国家规定对发病鸡群进行扑杀和无害化处理。

(四)预防

本病无有效的治疗药物,应采取以预防接种为主的综合性防疫措施。

1. 实行程序化免疫,增强鸡群的特异免疫力 实践证明,根据当地疫病流行情况、鸡群的抗体水平,制定科学合理的免疫程序进行疫苗接种是防治鸡新城疫的关键。

(1)疫苗种类。目前我国使用的新城疫疫苗分为活苗和灭活苗两大类,活苗有 I 系、II 系、III 系、IV 系、克隆 30、N79、V4 等。

(2)免疫方法。新城疫免疫可采用滴鼻、点眼、饮水、注射和气雾免疫等方法。

(3)抗体监测和免疫程序的制定。①不同抗体水平与临床的关系见表 7-1。②根据抗体消长确定免疫间隔。(4)免疫鸡群发生非典型新城疫的原因分析。母源抗体的干扰:来源不同的雏鸡母源抗体水平差异很大,鸡体内较高的母源抗体中和免疫疫苗,从而降低鸡体产生的免疫抗体水平,容易造成鸡群免疫抗体参差不齐。免疫程序不合理:首免和二免、二免和三免之间的间隔过长,极易形成免疫保护空白期。疫苗质量不稳定,免疫方法不当使鸡群抗体水平参差不齐,而低抗体水平的鸡不能抵抗病毒的侵袭,引起疫病的传播。饲养管理不规范,应激因素导致鸡的免疫应答能力降低,造成免疫失败。鸡场或环境中强毒的存在。鸡群中某些疾病的存在。如传染性法氏囊病、马立克氏病、淋巴

白血病、球虫等病都能损害免疫器官，降低鸡体免疫应答能力，即使进行免疫，也达不到预期效果，从而造成疫情隐患。

2. 建立严格的卫生防疫制度　严禁从疫区引进种蛋和雏鸡，进出鸡场的人员和车辆严格消毒，防止外疫传入。鸡场要实行"全进全出"饲养方式，老龄鸡淘汰后鸡舍要严格消毒，避免周期性传染。

三、传染性法氏囊病(IBD)

鸡传染性法氏囊病是一种严重危害雏鸡的急性、高度接触性、免疫抑制性传染病。本病病原为鸡传染性法氏囊病毒，法氏囊病毒有两个血清型，血清Ⅰ型病毒对鸡有致病力，血清Ⅱ型病毒广泛存在于鸡、火鸡和鸭。本病主要发生于鸡，以3～6周龄的鸡最易感染，随着日龄的增长，鸡的抵抗力逐渐增强，成年鸡也可感染，但一般为隐性经过。鸡群发病突然，发病率可达100%，死亡率一般为10%～50%，如有并发感染，死亡率会更高。发病后2天开始死亡，3～4天达到死亡高峰，5～7天后死亡减少，并逐渐停止。病鸡的鸡粪中含有大量病毒，病鸡可通过直接接触或经污染的饲料、饮水、用具等间接传播，也可通过受污染的种蛋传播。

(一)症状描述及记录

病初可见部分鸡啄自己肛门羽毛，随即出现腹泻，排白色或黄白色水样稀粪，肛门附近的羽毛常被粪便污染。随着病程的发展，病鸡厌食，羽毛逆立无光泽，翅膀下垂，严重者鸡头垂地，闭眼呈昏睡状，步态不稳，身体轻微震颤。发病前期体温升高到43℃以上，后期触摸病鸡有冷感，最后严重脱水，衰竭死亡。耐过鸡生长发育受阻，产蛋下降。本病在未经免疫鸡群多呈显性感染，症状典型，免疫鸡群常呈现亚临床症状，发病率和死亡率较低。

本病最具特征性的病变为：胸部和腿部肌肉呈条纹状或斑点状出血；法氏囊肿胀，囊壁增厚、质硬、呈浅黄色，囊内有黄色胶胨样渗出物，黏膜水肿、充血、出血、坏死，病情严重时法氏囊严重出血，呈紫葡萄外观，囊内有血样分泌物，黏膜有明显出血斑点；腺胃和肌胃交界处有条状出血带；肾脏肿大，有尿酸盐沉积。此外肠黏膜、盲肠扁桃体可见出血。近年也有法氏囊病毒变异株导致法氏囊萎缩和脾脏肿大的病例。

根据本病发病急、病程短、传播快、呈尖峰死亡；胸肌、腿肌出血，法氏囊等器官特征性的病变，可做出初步诊断，如需确诊，必须进行实验室检查。鉴别诊断：本病应与新城疫、传染性支气管炎、马立克氏病、药物中毒等病相区别。

1. 与新城疫区别　新城疫病程长，多有呼吸道和神经症状，剖检可见十二指肠、卵黄蒂附近和两盲肠夹拢的回肠处有枣核样坏死；新城疫无胸部、腿部肌肉出血和肾脏、法氏囊的特征性病理变化。

2. 与肾型传支区别　肾传支带有呼吸道症状，喉头、气管充血、出血，并有黄白色黏液附着，肾肿大，有尿酸盐沉积，但法氏囊病变不明显，胸肌、腿肌少见出血。

3. 与马立克氏病区别　马立克氏病鸡可见神经麻痹的外观症状，内脏型在腺胃、性腺、肾脏可见肿瘤病变，有时可见法氏囊萎缩。但胸肌、腿肌少见出血。

4. 与药物中毒区别　磺胺类、喹乙醇等药物中毒常见肌肉、内脏器官出血，但临床常表现兴奋、痉挛或麻痹，法氏囊不见水肿或出血。

（二）发病时应采取的主要应急措施

鸡群发生传染性法氏囊病时，应及时清除鸡粪，用过氧乙酸、次氯酸钠等消毒剂对鸡舍、笼具、地面严格消毒。对其他假定健康鸡应全部给予葡萄糖、多维电解质饮水，一旦发病，及时隔离分群。

（三）治疗

发病鸡注射高免血清或高免卵黄抗体进行治疗，由于发病鸡严重脱水，可用多维电解质、维生素 C 等饮水，以补充体液，同时在饮水中，加入抗生素防治细菌继发感染。

(四)预防

1.强化环境消毒 由于法氏囊病毒对外界环境因素的抵抗力较强,一旦鸡群感染后,病毒可在鸡舍内较长时间存活,因此,如何有效清除饲养环境中的法氏囊病毒成为控制本病的关键。首先应坚持“全进全出”的饲养方式,入雏前应对鸡舍、笼具、地面等彻底冲洗,用消毒药喷洒后,再用甲醛熏蒸消毒。二是在疫苗接种前后一直到产生抗体的一段“空白期”内,保持环境洁净,加强消毒,防止早期感染。三是无害化处理病死鸡和鸡粪等排泄物。

2.科学免疫 免疫接种是控制本病的主要方法,为此建立合理的免疫程序是十分重要的。免疫程序应根据本病流行特点、母源抗体水平、饲养管理条件和疫苗毒株特点等制定。

(1)选择优质可靠的疫苗。目前使用的疫苗分为活毒疫苗和灭活苗两大类,活毒疫苗又分为弱毒苗和中等毒力苗。常用的弱毒苗有LKT,D78,T株,PGB98等,这类疫苗对法氏囊不产生损害,可用于无母源抗体或母源抗体较低的雏鸡,但接种后抗体产生慢,效价较低,有时不足以抵御强毒的攻击。中等毒力苗有B87,BJ836,J87,MB株等,这类疫苗对法氏囊有轻度可逆性损伤,但不产生免疫抑制,抗体产生快,效价高,雏鸡日龄过小时不宜使用,可用于育成鸡的加强免疫。灭活苗一般是由鸡胚细胞毒、鸡胚毒、病死鸡的法氏囊组织制备的油乳剂灭活苗。

(2)制定科学的免疫程序。首次接种应于母源抗体降至较低程度时进行,这样才能使疫苗免受母源抗体干扰。目前常采用琼脂扩散试验的方法确定首免日龄。大型规模养鸡场应定期采血监测,根据抗体消长来确定免疫时间和次数,对于小型养鸡场可在技术人员指导下进行免疫接种。以下免疫程序仅供参考。

①种鸡:对无母源抗体的雏鸡可在10～14日龄用弱毒苗首免,28～30日龄用中等毒力苗二免,然后18～20周龄和40周龄肌肉注射灭活苗加强免疫,从而使种鸡后代保持较高母源抗体。

②对来自经灭活苗免疫的种母鸡的幼雏，可在20～24日龄首免，30～35日龄二免，开产前和40周龄各注射灭活苗1次。

③商品蛋鸡：

10～14日龄	首免	弱毒苗	滴鼻
28～35日龄	二免	中等毒力苗	饮水
50～60日龄	三免	中等毒力苗或多价苗	饮水

应该特别需要注意的是，有不少鸡场免疫后仍然发病，有的鸡场不免疫不发病，免疫后反而发病，认为做疫苗是“早做早发、迟做迟发、不做不发、一做就发”，从而对免疫持怀疑态度。出现这些现象可能有以下原因：免疫时鸡群已被病毒感染而处于潜伏期，此时免疫，会加快本病发生，极易造成免疫鸡群暴发本病。母源抗体的影响。免疫程序不合理造成免疫“空白期”。许多养殖户片面选用毒力较强的法氏囊疫苗，过早使用毒力较强疫苗，造成法氏囊不可逆性损害，引起免疫抑制，诱发疫病发生。

(3)改进免疫方法。针对饲养户饲养规模、技术水平不一致的特点，推荐以下二种免疫方法，即饮水免疫和滴口免疫。饮水免疫：免疫前后三天内不能饮水消毒，免疫前一天和当天不能带鸡喷雾消毒；配制疫苗用水最好是过滤的没有消毒剂的自来水或冷开水，水中先按0.2%的比例加入脱脂奶粉，20分钟后再加入疫苗；饮水器充足，确保90%以上的鸡同时喝到疫苗水；掌握好饮水量，使鸡在30分钟至1小时喝完疫苗水；饮水免疫前断水2～3小时，使鸡群全群有饮水欲；不得使用金属饮水器，饮水器内更不能残留消毒药。滴口免疫：事先测量出滴瓶每毫升水的滴数(一般为每毫升25～30滴)，然后测算出稀释液用量，最好购买正规厂家生产的疫苗专用稀释液及配套滴瓶，无专用稀释液可用灭菌生理盐水代替；疫苗稀释后必须在0.5～1小时内滴完。

(4)提高母源抗体水平。一般认为，母源抗体可以保护雏鸡免受早期感染，母源抗体水平参差不齐增加了子代免疫接种的难度，直接影响雏鸡的免疫效果。母源抗体水平越高，对雏鸡保护期越长，即使以后发生法氏囊，其损失也越小。父母代种鸡场应在母鸡开产前或40周龄左

右各注射法氏囊灭活苗一次，这样可以使后代雏鸡群获得高水平、均匀一致的母源抗体，保护雏鸡抵御法氏囊强毒早期感染。

四、鸡马立克氏病(MD)

马立克氏病是鸡的一种淋巴组织增生性肿瘤病，本病的病原体马立克氏病毒(MDV)是B型疱疹病毒。本病多发生于密集饲养的养鸡场，随着不断更换品种引入雏鸡，发病逐渐增多，危害甚大。其造成的经济损失多由于病鸡的死亡、淘汰、消耗饲料以及屠宰中出现残次废品等所致。尽管本病的疫苗防治效果比较明显，但由于饲养环境中毒株毒力逐渐增强，强毒株、超强毒株及特超强毒株的出现，使马立克氏病仍然成为目前危害养鸡业发展的主要传染病之一。本病主要感染鸡。一般感染日龄越早，发病率越高，1日龄雏鸡最易感染。该病的潜伏期很难确定，最早的发病鸡可见于3～4周龄，部分鸡在4月龄前后才出现临床症状，但以8～9周龄发病最严重。病鸡和带毒鸡是最主要的传染源，尤其是这类鸡的羽毛囊上皮内存在大量完整的病毒，经羽毛和皮屑脱落到周围环境中，对外界环境有很强的抵抗力。易感鸡通过吸入含有病毒的羽毛、皮屑形成感染。污染的饲料、饮水和人员也可带毒传播。

(一)症状描述及记录

1. 神经型(古典型)　病毒常侵害外周神经，由于所侵害的神经部位不同，症状亦不同。当坐骨神经受损时，病鸡一侧腿不全或完全麻痹，站立不稳，两腿前后伸展，呈“劈叉”姿势，为典型症状。当臂神经受损时，翅膀下垂。颈神经受损害时，头下垂或头颈歪斜。当迷走神经受损时，引起嗉囊麻痹或扩张，食物不能下行。一般病鸡精神尚好，但往往由于饮不到水而脱水，吃不到饲料而衰竭，或被其他鸡只踩踏导致死亡，多数病鸡被直接淘汰。神经型以受损害神经(常见于坐骨神经、腰荐神经)的横纹消失，变成黄色或灰色，或增粗、水肿，可达正常的2～

3倍，或更大，为典型症状，多侵害一侧神经，有时双侧神经均受侵害。

2. 内脏型　常见于50～70日龄鸡，病鸡精神委顿，食欲减退，羽毛松乱，冠髯苍白、皱缩，黄白色或黄绿色下痢，鸡体迅速消瘦，胸骨似刀锋，后期极度消瘦，最终衰竭死亡。内脏型主要表现为多种内脏器官出现肿瘤，肿瘤多呈结节性，略突出于脏器表面，灰白色，切面呈脂肪样，有时肿瘤在受损器官内呈弥漫性增生，使整个器官变大。最常侵害的器官是卵巢，其次是肾、脾、肝、腺胃、肌胃、肺、心脏等。患病鸡卵巢被肿瘤组织所代替，呈菜花样肿大。肝脏异常肿大，肝表面呈粗糙或颗粒性外观。腺胃外观有的变长，有的变圆，胃壁明显增厚，腺胃乳头消失，黏膜出血、溃烂或坏死。肾脏明显突出于肾窝，色泽变淡。

3. 眼型　在病鸡群中较少见，病鸡表现为瞳孔缩小，严重时仅有针尖大小，虹膜边缘不整，颜色由正常的橘红色变为弥漫性的灰白色，呈"鱼眼状"。轻者对光线反应迟钝，重者失明。

4. 皮肤型　较少见，主要表现为毛囊肿大出现结节，多见于大腿、颈、背等生长粗羽的部位。皮肤肿瘤大多以羽毛为中心，呈半球状突出于皮肤表面，也有的在羽毛之间，与邻近的肿瘤融合成血块，严重的形成淡褐色结痂。

根据本病的流行特点、特征性神经症状及病理变化可初步诊断，对非典型病例，可采取病料送实验室诊断，需要指出的是马立克氏病是高度接触性传染病，在鸡群中常普遍存在，但只有一小部分感染鸡发展为临诊的马立克氏病，因此，不能把实验室中检出病毒和特异性抗体作为确诊马立克氏病的惟一依据，还应结合鸡群整体情况综合判定。在临床诊断上，应注意将马立克氏病与淋巴白血病相区分，区别要点见表7-2。

表7-2　马立克氏病与淋巴白血病鉴别要点

鉴别要点	马立克氏病	淋巴白血病
发病周龄	常发于4～16周龄	一般发生于18周龄以上鸡
瘫痪或轻瘫	常见	无

续表 7-2

鉴别要点	马立克氏病	淋巴白血病
神经肿大	常见	无
皮肤肿瘤	有	无
消化道肿瘤	常见	无
法氏囊	常见萎缩	常形成肿瘤

(二)发病时应采取的主要应急措施

立即对环境和鸡舍用3%氢氧化钠或0.2%次氯酸钠、过氧乙酸等消毒,消灭病原。

(三)治疗

发病鸡目前尚无有效的治疗方法和药物,定期开展监测工作,及时发现并淘汰病鸡是惟一可以减少该病所造成损失的方法。

(四)预防

(1)加强环境卫生和消毒工作,尤其是孵化卫生与育雏鸡舍的消毒,防止雏鸡的早期感染。种蛋入孵前和雏鸡出壳后均应用甲醛熏蒸。育雏舍应远离其他年龄鸡舍,入雏前鸡舍应彻底清扫和消毒,一旦开始育雏,中途不得补充新鸡,否则即使出壳后即刻免疫有效疫苗,也很难防止发病。

(2)采用“全进全出”的饲养制度,防止不同日龄的鸡混养于同一鸡舍。

(3)疫苗接种:雏鸡出壳 24 小时内必须接种马立克氏疫苗,目前常用的国产和进口疫苗均不能抗感染,但可防止发病。通过近年来的马立克氏病防疫效果分析,马立克氏液氮苗正发挥着日益重要的作用。

(4)马立克氏病免疫失败的原因及对策。①接种剂量不足:常用的商品疫苗要求每个剂量含 1 500～2 000 以上个蚀斑单位,接种该剂量

1～2周后产生免疫力。若疫苗储藏过久或稀释不当，接种程序不合理或稀释好的疫苗未在规定时间内用完，均可影响接种疫苗中病毒数量不足而引起免疫失败，所以在免疫接种时，可适当增加疫苗剂量。②早期感染：疫苗免疫后至少要经过1周才能使雏鸡产生免疫力，而在接种3天后，雏鸡易感染马立克氏病引起死亡，因此预防早期感染是防治本病的关键。③母源抗体的干扰：血清Ⅰ，Ⅱ，Ⅲ型疫苗病毒易受同源母源抗体的干扰，细胞游离苗比细胞结合苗更易受影响。④超强毒株的存在：传统疫苗不能有效地抵抗马立克氏病超强毒株的攻击，从而引起免疫失败。对可能存在超强毒株的高发鸡群，可使用814＋SB1二价苗或814＋SB1＋FC126三价苗进行免疫。⑤品种的遗传易感性：某些品种鸡对马立克氏病具有高度的遗传易感性，难以进行有效地免疫，甚至免疫接种后仍然易感，为此须选育有遗传抵抗力的种鸡。⑥免疫抑制和应激：感染传染性法氏囊病病毒、网状内皮组织增生病病毒、传染性贫血病病毒等均可导致鸡对马立克氏病的免疫保护力下降，环境应激导致免疫抑制也可能是引起马立克氏病疫苗免疫失败的原因。

五、传染性支气管炎(IB)

传染性支气管炎(IB)是由冠状病毒引起的一种急性、高度接触性呼吸道疾病。传染性支气管炎病毒(IBV)属冠状病毒科、冠状病毒属，鸡气管上皮细胞对该病毒易感性很高。鸡是本病的惟一自然宿主，各种年龄的鸡都有易感性，尤以2～20日龄鸡最严重，肾脏病变多发于20～50日龄鸡。本病潜伏期短，在鸡群传播迅速，易感鸡与病鸡同舍饲养，一般在48小时内即可出现症状。本病的传染源主要是病鸡和康复带毒鸡，本病毒能在鸡的气管黏膜内增殖，所以气管黏液内含有大量病毒。传染性支气管炎的主要传播方式是病鸡从呼吸道排出病毒，经飞沫传给易感鸡，此外，鸡从粪便中也能排泄病毒，通过被粪便污染的蛋、饲料、饮水、用具也可造成传染。鸡传染性支气管炎的发生及流行与应激因素有密切的关系。预防接种、鸡舍过冷过热、通风不良、密度

过大，以及维生素、矿物质和其他营养成分不足常诱发本病发生。而病死率的高低与并发感染有关。

(一)症状描述及记录

1. 呼吸型传支 主要引起呼吸系统病变。一般无前驱症状，突然出现呼吸困难并迅速波及全群发病。病鸡常表现伸颈、张口呼吸、喷嚏、甩头，呼吸时有“咕噜、咕噜”的特别叫声，特别是夜间听得更清楚。个别严重的出现犬坐姿势。鼻窦肿胀，流黏液性鼻液，眼泪多。随着病情的发展，病鸡全身衰弱，精神不振，食欲减少，羽毛松乱，昏睡，翅下垂，常挤在一起，借以保暖。如果没有并发症，一般病程为3～14天，日龄越小死亡率越高。中、大雏死亡很少。康复后的鸡具有一定免疫力。幼龄母鸡感染呼吸型传染性支气管炎病毒后可引起输卵管永久性退化，性成熟后丧失产蛋能力，成为表面上正常但不下蛋的“假产鸡”。产蛋鸡发病除伴有咳嗽、张口喘气、气管罗音等呼吸道症状外，还出现产畸形蛋、软壳蛋、粗壳蛋，蛋壳颜色变白，薄而粗糙；蛋清稀薄如水。引起产蛋率下降，产蛋率在发病后可降低到30%～40%。3～4周以后开始恢复，但几乎都不能恢复到病前的水平。

2. 肾型传支 主要感染15～40日龄鸡，发病率30%～60%或更高，死亡率一般为20%～30%。病初表现为一过性的呼吸道症状，出现轻微的呼吸困难和咳嗽，此时往往不能引起重视，随之而来的是鸡群渴欲增强，饮水量比正常提高两倍以上，采食减少，精神沉郁，排大量水样稀便，排便量比正常增加2～3倍，粪便中有时会有未被消化的饲料和白色尿酸盐。随着腹泻症状的出现，鸡群内开始出现死鸡，病死鸡消瘦，肛门周围羽毛被稀便污染。

3. 腺胃型传支 主要感染20～80日龄鸡，病鸡主要表现为生长停滞、消瘦、精神沉郁，最后衰竭死亡。发病率可达30%～50%，致死率在30%左右。

对于呼吸型传支病鸡可见鼻腔、鼻窦、喉头、气管内黏液增多，呈半透明黏稠样，病程稍长变为干酪样；气囊浑浊，可见条状或点状干酪样物附着，肺水肿；输卵管萎缩，变细，管壁变薄，变短，或积水，或发生囊肿。肾型传支病鸡除呼吸器官病变外，可见肾肿大、苍白、小叶清楚，又称“花斑肾”，肾小管和输尿管由于充满灰白色尿酸盐沉淀物而扩张。腺胃型传支可见腺胃显著肿大，外观呈球样，黏膜水肿、充血、出血和溃疡等。

依据本病的流行病学、临诊症状、剖检病变等可做出初步诊断。本病常继发或并发支原体病、大肠杆菌病、葡萄球菌病等，确诊必须依据实验室诊断。另外本病还应与鸡新城疫、传染性喉气管炎、传染性鼻炎、支原体病等加以区别。

（二）发病时应采取的主要应急措施

此病为二类动物疫病，应严格按照《动物防疫法》的要求进行处理。

（三）治疗

对传染性支气管炎没有特异疗法，由于实际生产中常并发细菌性疾病，故在对症治疗的基础上，采用一些抗菌药物能取得显著疗效。呼吸型传支可使用中西药联合给药方式治疗，饮水中可加入抗病毒、抗菌药物，饲料中拌服止咳、化痰、平喘的中药制剂，在实践生产中治疗效果较好。对密闭式鸡舍的鸡场也可采取气雾给药治疗，可直接作用到呼吸黏膜表面，往往能取得比饮水、拌料和注射更好的疗效。如发生肾型传支，使用肾肿解毒中成药或在饮水中加入维生素、电解质，促进肾的代谢功能。同时降低饲料内蛋白质水平，在饲料中停止添加磺胺类、庆大霉素、卡那霉素等损伤肾脏的药物。

（四）预防

(1)加强饲养管理，注意饲料营养均衡，补充维生素和矿物质饲料，增强鸡体抗病力。鸡舍要适时通风换气，保证舍内良好环境，减少应激及其他诱发因素的产生。

(2)选用优质的疫苗和合理的免疫程序预防接种。鸡传染性支气

管炎疫苗有弱毒苗和灭活苗两类。弱毒苗常用的毒株有 H120 株、H52 株、Ma5 株和 28/86 株等。H120 株毒力弱，对 14 日龄的雏鸡安全，主要用于雏鸡的首次免疫。H52 株毒力较强，可引起 14 日龄鸡较严重的反应，多用于 8～10 周龄鸡重复免疫。防治肾传支，可选用 Ma5 株作基础免疫。传染性支气管炎弱毒疫苗可用于气雾、点眼、滴鼻和饮水免疫，以饮水免疫最简便，但点眼、滴鼻和气雾免疫比饮水免疫效果好。

由于鸡传染性支气管炎病毒血清型多且交叉保护力弱，单一疫苗只能对同型的病毒感染产生免疫力，而对异型株只能提供部分保护或根本不保护，再加上变异株的流行，所以目前多价苗和灭活疫苗被广泛使用。养殖者在实际生产中应对免疫情况进行认真观察和详细记录，对免疫效果进行综合分析，从而选定适合本地和本场的最佳免疫程序，对传染性支气管炎的免疫程序也可参考表 7-3。

表 7-3 传染性支气管炎的免疫程序

日龄	疫苗	免疾方法
7～10 日龄	传支多价弱毒苗(H120,Ma5,HK) 灭活苗	滴鼻、点眼、饮水 注射
30～35 日龄	传支多价弱毒苗(H120,Ma5,HK)	滴鼻、点眼、饮水
60 日龄	H52	滴鼻、点眼、饮水
115～120 日龄	传支多价弱毒苗(H120,Ma5,HK) 灭活苗	滴鼻、点眼、饮水 注射

种鸡早期接种弱毒疫苗，产蛋前注射油乳剂灭活疫苗，通过母源抗体使雏鸡在 3 周龄内得到一定的保护。母源抗体能减轻疾病的症状，但不能防止传染性支气管炎病毒感染呼吸道。

六、传染性喉气管炎(ILT)

鸡传染性喉气管炎是由鸡传染性喉气管炎病毒引起的一种急性、

接触性、上呼吸道传染病。本病传播快，死亡率高，各种年龄的鸡都易感，在鸡群密集区，传染性喉气管炎是鸡的一种严重疾病。本病一年四季都可发生，但多流行于秋、冬和春季。各种年龄的鸡均可感染，其中4～10月龄的鸡最易感。病鸡、康复后的带毒鸡和无症状的带毒鸡是主要传染来源。在本病流行之后，康复鸡可在喉头和气管黏膜中带毒，并向外界不断排毒，排毒时间可达2年。病毒可通过呼吸道和眼睛侵入鸡体，被污染的饲料、饮水及用具也可成为传播媒介。有些未接种疫苗的鸡与接种疫苗的鸡接触后，也可引起本病的发生，所以在未发生过传染性喉气管炎的鸡场，应慎用传染性喉气管炎疫苗。鸡舍过分拥挤、通风不良、饲养管理不当、缺乏维生素、寄生虫感染等，都可诱发或促进本病的发生和传播。本病一旦传入鸡群，则迅速传开，感染率可达90％～100％，死亡率可达10％～20％或更高。耐过鸡具有长期免疫力。

（一）症状描述及记录

1.急性型或喉气管型　主要发生于成年鸡。病鸡精神沉郁，厌食，鸡冠发紫，眼睛流泪，排黄绿色稀便。同时出现特征性的呼吸道症状，每次呼吸时突然向上、向前张口伸头并伴有喘鸣声，尽力吸气，喘气和咳嗽严重，咳嗽多呈痉挛性，并咳出带血的黏液或血凝块。病重者，头颈蜷缩，嘴喙下垂。检查喉部，可见黏膜上附着黄色或带血黏稠分泌物或豆腐渣样物质。若气管中黏液或血凝块不能及时咳出可造成窒息死亡。产蛋鸡的产蛋量迅速减少或停产，康复后1～2个月才能恢复。

2.温和型或眼结膜型　主要为30～40日龄的鸡发生，症状较轻，病初眼角积聚泡沫性分泌物，流泪，眼结膜炎，不断用爪抓眼，眼睛轻度充血，眼睑肿胀和粘连，严重的失明。病的后期眼角膜浑浊，溃疡，鼻腔有浆液性分泌物，眶下窦肿胀，病鸡偶见呼吸困难，大部分病鸡可以耐过，若有细菌继发感染，死亡率则会增加。

本病典型的病变在喉头和气管。病初喉头和气管黏膜充血、肿胀，高度潮红，有黏液，进而黏膜发生出血、变性和坏死，气管中有带血黏液

或血凝块，气管管腔变窄，病程 2～3 天后有黄白色纤维性干酪样假膜。经剧烈咳嗽，常咳出脱落的上皮组织和血凝块。严重者，肺和气囊可发生炎性变化。混合型病例一般只出现眼结膜和眶下窦上皮组织水肿和充血，有时角膜浑浊，眶下窦肿胀有干酪样物质。

鸡传染性喉气管炎从流行病学、临床症状和病理变化等方面具有以下特征性：发病突然，传播快，成年鸡多见。张口呼吸、喘气、咳出带血的黏液，吸气时向前上方伸头的姿势较为典型。剖检时，出血性气管炎最为特征，气管内可见血凝块，喉头气管常见黄白色假膜。根据以上特点可做出初步诊断，但在临床上应与鸡新城疫、传染性支气管炎、传染性鼻炎、支原体病、白喉性鸡痘做好鉴别诊断。

(二)发病时应采取的主要应急措施

此病为二类动物疫病，应严格按照《动物防疫法》的要求进行处理。

(三)治疗

本病无特效药物治疗。发病鸡群可使用抗菌药物防止继发感染。对病鸡可投服牛黄解毒丸、喉症丸，或在饮水中加入清热利咽解毒的中药，以控制和缓解症状。

(四)预防

1.严格消毒　病鸡和康复鸡是本病的主要传染源，所以对发病鸡的舍内环境及用具应严格消毒，对病情严重者应及时淘汰。

2.免疫接种　免疫接种可以使鸡体获得免疫力，但免疫鸡可长时间排毒污染环境，使病原长期存在，所以没有本病流行的地区最好不用弱毒疫苗免疫。本病流行或受威胁地区可使用弱毒疫苗免疫，采用滴鼻、点眼方法效果最佳，一般不采用饮水方法，首免在 28 日龄左右，二免在 70 日龄左右进行。鸡群接种后可产生一定的免疫反应，轻者出现结膜炎和鼻炎，严重者可引起呼吸困难，甚至部分鸡只死亡，所以养殖户在免疫时必须严格按使用说明进行。

七、鸡痘(FP)

鸡痘是由鸡痘病毒引起的一种急性、高度接触性传染病。该病在集约化、密集饲养的鸡场易造成流行,可引起增重缓慢、消瘦、产蛋率短暂下降,若继发感染可造成鸡只死亡。鸡对鸡痘病毒最易感,各种年龄、性别和品种的鸡均可感染,但以雏鸡和青年鸡较多见,特别是雏鸡死亡率较高。本病一年四季均可发生,以夏秋季节最为多发。一般夏秋季节以皮肤型鸡痘为主,冬春季节雏鸡多出现黏膜型鸡痘。本病通常为水平传播,病禽脱落的痘痂中含有大量病毒,是散布病毒的主要形式。病毒可通过皮肤或黏膜的伤口感染,不能经健康皮肤和黏膜感染。蚊、螨、蜱、虱等吸血昆虫,特别是蚊子是重要的传播媒介,这是夏、秋季节流行鸡痘的重要传播途径。集约化养鸡的过分拥挤,鸡只间相互啄毛、体外寄生虫等增加了感染机会。近年来,由于鸡痘已列入大多数鸡场的免疫程序而实行程序化免疫,所以鸡痘以散发和温和型为主,只是在免疫中遗漏和接种不确实的鸡易感染发病。感染本病的鸡,可获得终身免疫。

(一)症状描述及记录

1. 皮肤型　主要发生在鸡体无毛或毛稀少的部位,如鸡冠、肉髯、眼睑、喙角、翼下、腿部皮肤及泄殖腔周围出现数量不等的小结节,随着炎症的发展,结节肿大变为黄色,并和周围结节融合形成干燥、粗糙、棕褐色的大的结节,突出于皮肤表面。痘痂皮经 2～3 周后脱落,一般不留痕迹。皮肤型鸡痘一般无全身症状,严重者可导致发育迟缓、体重减轻,产蛋鸡产蛋量下降或完全停产。

2. 黏膜型　多发于雏鸡和育成鸡,死亡率较高。病变主要在口腔、咽喉和气管黏膜,病初表现为鼻炎症状,鼻腔流浆液性分泌物,2～3 天后,在黏膜上生成一种黄白色小结节,稍突出于黏膜表面,以后小结节逐渐融合增大,形成一层黄白色干酪样假膜,类似人的白喉,故又称之

为白喉型鸡痘或鸡白喉。这种假膜堵塞在口腔和咽喉，使病鸡呼吸、吞咽困难，常造成窒息死亡。假膜不易脱落，用镊子强行撕脱，则留下易出血的表面，但可以解除对鸡喉头、气管的堵塞，避免因窒息死亡，临床上常用此法治疗。有的病例病变可蔓延至眶下窦和眼结膜，结膜充满脓性或纤维蛋白性渗出物，使眼睑肿胀，甚至引起角膜炎而失明，又可称为眼型鸡痘。

3.混合型　即皮肤和黏膜同时发生病变，本型病情严重，死亡率高。

鸡痘的病理变化与临诊所见相似，容易识别。皮肤型鸡痘可在冠、肉髯、眼睑、喙角等处皮肤发生痘痂。黏膜型鸡痘在咽喉部黏膜发生炎症，表面形成干酪样假膜，喉头、气管因肿胀变窄，鼻腔、眶下窦黏膜肿胀、肥厚，有渗出物滞留，陈旧病变，腔内可见干酪样物凝结。

皮肤型和混合型的症状很有特征，可根据皮肤表面典型痘疹做出确诊。黏膜型鸡痘应与传染性鼻炎、传染性喉气管炎加以区别，如需确诊，可采取病料接种易感鸡和鸡胚进行诊断。

(二)发病时应采取的主要应急措施

此病为二类动物疫病，应严格按照《动物防疫法》的要求进行处理。

(三)治疗

对发病鸡主要采用对症疗法，以减轻症状和防止并发症。皮肤型鸡痘一般不做治疗。对于个别严重鸡，可用镊子小心剥离痘痂，伤口涂擦紫药水或碘酊。黏膜型鸡痘，可用镊子将咽喉处假膜剥掉，用碘甘油或红霉素软膏涂擦。眼型鸡痘可先将眼部蓄积的干酪样物挤出，然后用2%的硼酸溶液或0.1%的高锰酸钾液冲洗，再滴入5%的蛋白银溶液。尤其需要注意的是，剥离的痘痂、假膜不能随便乱丢，应集中烧掉，以防散毒。发病鸡群可在饲料中加入维生素A、鱼肝油等，增强机体的抵抗力；在饮水中加入抗生素混饮，防止继发感染。

(四)预防

1.严格消毒　加强饲养管理，搞好舍内外的卫生清洁工作，在舍内喷洒杀虫剂，消灭蚊、虱等传播媒介。

2.免疫接种　目前使用最广泛的是鸡痘鹌鹑化弱毒疫苗。接种时常采用刺种法，即用专用刺种针或消过毒的钢笔尖蘸取疫苗，在翅膀内侧的翼下三角区无血管处皮下刺种，每只鸡刺1次，每刺1次都要蘸取疫苗。首免在30～35日龄左右，二免可在开产前进行。那么如何判断鸡痘的预防接种是否成功呢？养殖户可在刺种4～6天后，抽查在刺种部位是否有痘肿、水疱及结痂。若接种部位形成典型的痘痂，说明刺种成功，如果接种部位不发生反应，表明接种无效，必须重新接种。

八、产蛋下降综合征(EDS—76)

产蛋下降综合征是由禽腺病毒引起的能使蛋鸡产蛋率下降的病毒性传染病。本病可使鸡群产蛋量下降20%～40%，蛋破损率在20%以上。产蛋下降综合征病毒的自然宿主是鸭和鹅，但易感动物主要是鸡，一般认为产蛋下降综合征的散发是由于鸡群直接或间接接触受感染的鸭或鹅引起的。在自然感染条件下，褐壳蛋鸡比白壳蛋鸡受损害更严重。任何年龄的鸡均有易感性，但产蛋高峰的鸡最易受感染，本病的流行特点是病毒在鸡性成熟之前侵入机体，一般不显示致病性，当这些鸡进入产蛋期后，受应激因素的影响，致使鸡体内的病毒重新活化并致病，达到产蛋高峰时，病毒可迅速传播，6～8月龄鸡常处于发病高潮。本病的主要传播方式是经种蛋或精液垂直传播，病毒可通过口腔分泌物和粪便污染环境和用具，造成水平传播。

(一)症状描述及记录

感染鸡群通常无明显的临床症状，发病时鸡群突然出现群发性产蛋量下降，产蛋率可比正常下降20% ～ 30%，甚至可达50%。病鸡产

薄壳蛋、软壳蛋或仅有石灰样包膜的无壳蛋；蛋体畸形，蛋壳表面粗糙，一端常呈沙粒样，异型蛋和小蛋增多，有色蛋壳褪色，颜色变浅，蛋白呈水样浑浊，蛋黄色淡，或蛋中混有血样异物等。产蛋下降持续4～10周后可逐渐恢复到正常水平，刚开产的新母鸡感染本病，产蛋率通常不能达到预期的高峰。患病种鸡所产正常蛋的受精率和孵化率一般不受影响。感染鸡群可能出现一些轻微症状，如羽毛松乱、厌食、冠髯发绀、精神呆滞、短暂性腹泻等。

发病鸡仅见卵巢萎缩或出血，有时卵巢的成熟细胞发生软化，子宫和输卵管黏膜有炎症，输卵管管腔内蓄积白色渗出物或干酪样物。有异形卵期间，有时见卵坠入腹腔，引发蛋性腹膜炎。其他器官没有明显的病理变化。

在饲养管理正常的情况下，鸡群在产蛋高峰期突然发生不明原因的群体性产蛋量下降，异常蛋增多，尤其是褐壳蛋鸡在产蛋下降前1～2天出现蛋壳褪色、变薄、变脆，剖检见有生殖道病变时，就应考虑是否存在产蛋下降综合征病毒感染。除了因饲养管理等因素引起产蛋下降外，某些传染病也可造成产蛋率下降，在临床上应注意鉴别。

1.与传染性支气管炎区别　产蛋下降综合征除引起产蛋下降外没有全身性症状，传染性支气管炎有呼吸道症状，产软壳蛋、畸形蛋和沙壳蛋。

2.与鸡新城疫区别　鸡新城疫常表现呼吸困难、神经症状，剖检可见腺胃乳头出血，十二指肠、直肠、盲肠、扁桃体等部位出血，而产蛋下降综合征很少有这些病变。

3.饲料营养失调　饲料营养失调引起的产蛋量下降和产软壳蛋、畸形蛋，一般都有调换饲料的过程，重新调整饲料成分，补充必需的蛋白质、矿物质和维生素，产蛋异常可明显改变。

（二）发病时应采取的主要应急措施

发病鸡应及时隔离，按时淘汰。

(三)治疗

目前本病尚无有效的治疗方法。

(四)预防

因为本病可经种蛋垂直传播,引种时一定要防止从疫场将本病带入。在已有本病污染的鸡场要严格执行兽医卫生措施,鸡舍及周围环境应定期消毒,合理处理粪便,同时应加强饲养管理,供给全价饲料,特别是要保证必需氨基酸、维生素和微量元素的平衡。预防接种是本病的主要防治措施,近年来我国许多厂家已生产出新城疫-产蛋下降综合征二联灭活苗和新城疫-传染性支气管炎-产蛋下降综合征三联灭活苗,取得了明显的防治效果。养殖场可在开产前或120日龄左右免疫接种,即可在整个产蛋期维持对产蛋下降综合征病毒的免疫力。

九、禽白血病(AL)

禽白血病是由禽白血病病毒引起的禽类多种肿瘤性疾病的统称,临床上有多种表现形式,以淋巴白血病多见。该病可引起成年鸡产生淋巴样肿瘤,使机体抵抗力降低,容易感染多种疾病,同时使产蛋下降。由于本病以垂直传播为主,难以控制,几乎波及所有商品鸡群,所以白血病一直被认为是严重危害养鸡业的最主要传染病之一。本病在自然条件下只有鸡能感染,不同日龄、品种及性别鸡的发病率有明显差异。据资料介绍,出现肿瘤病变以6～18月龄较多,4月龄以下和18月龄以上很少发病。病鸡和带毒鸡是本病的主要传染源,尤其是带毒鸡在传播本病中起着重要的作用。部分感染鸡本身没有症状而其产下的蛋常常带毒。有研究表明,母鸡输卵管病毒含量最高,经种蛋垂直传播是白血病的主要传播方式。用带毒种蛋孵出的雏鸡常有免疫耐受现象,它不产生抗肿瘤病毒免疫抗体,但可长期带毒排毒,成为重要的传染源。感染病毒的雏鸡从粪便中排出大量病毒,通过污染周围环境和用

具造成水平传播该病。

(一)症状描述及记录

淋巴白血病是禽白血病的最常见的一种,该病没有特征性临诊症状,仅可发现鸡冠苍白,皱缩,偶有发绀;食欲不振或废绝,下痢,消瘦而衰弱,腹部常增大,用手按压时,可摸到肿大的肝脏。病鸡排绿色粪便,产蛋鸡产蛋下降或停止,最后衰竭死亡。

本病的主要病理变化常见于肝、脾、卵巢和法氏囊的淋巴组织瘤,肿瘤病变呈白色或灰白色,可能是弥散性的,有时是结节性的。法氏囊肿大,黏膜表面有白色隆起或结节性增生,随着肿瘤的发育法氏囊也增大,这与马立克氏病鸡法氏囊的萎缩有根本的区别。肝脏肿大,比正常增大几倍,是本病的主要特征,所以过去有人把本病称为“大肝病”。脾、肾肿大,表面常见肿瘤结节状增生。卵巢密布灰白色肿瘤结节,外观呈菜花状。病情严重者,其他内脏器官也可见到肿瘤的结节状增生。

从流行病学看,本病通常发生在16周龄以上的鸡,发病呈渐进性,死亡率较低;病理剖检以结节性肿瘤为主,综合以上特点,可对本病做出初步诊断,如需确诊,应进行血清学试验和动物试验。在临床上应主要与马立克氏病做好鉴别诊断。

(二)发病时应采取的主要应急措施

发病鸡舍要严格消毒,防止病原的水平传播,病鸡粪便要集中堆积发酵做无害化处理。

(三)治疗

目前对禽白血病尚无切实可行的治疗方法和有效的疫苗,因此最理想的防治措施是培育无白血病鸡群。

(四)预防

种鸡场应加强白血病的日常监测,对阳性鸡一律淘汰,净化鸡群。

由于白血病可以通过种蛋垂直传播，所以孵化用种蛋必须来源于无病鸡场，孵化用具要彻底消毒。规模场应加强日常的卫生防疫消毒工作。

十、禽脑脊髓炎(AE)

禽脑脊髓炎(AE)病原体为禽脑脊髓炎病毒，是主要侵害雏鸡的一种病毒性传染病。产蛋鸡患病时，有短暂的产蛋下降，一般不表现明显的临诊症状。目前本病在集约化养鸡场已广泛存在，成为危害养鸡业的又一大敌。各种年龄的鸡均可感染。本病既可垂直传播，又可水平传播。幼鸡或成鸡感染后，病毒在肠道内增殖，3 周内病毒随粪便排出体外，感染时鸡日龄越小，排毒时间越长。病毒对外界环境有较强的抵抗力，较长时间内保持感染，易感鸡通过接触污染的饲料、饮水、用具等经口感染，也可经呼吸道感染。产蛋鸡感染 3 周内所产的蛋带有病毒，一些严重感染的胚胎在孵化过程中死亡，另一部分鸡胚可孵化出壳。出壳的雏鸡可在 3 周内发病，并出现典型的临诊症状。产蛋母鸡一般在感染 4 周后，体内排毒和带毒随之减少或停止，同时产生抗体，其所产的蛋孵化时，母源抗体可保持雏鸡孵出，雏鸡并不表现临诊症状。本病一年四季均可发生，但多发生于冬春季节，发病率和死亡率与病原毒力强弱、发病的日龄有密切关系。

(一)症状描述及记录

经种蛋垂直传播而感染的潜伏期为 1～7 天，经水平传播而感染鸡的潜伏期最短为 11 天。因此雏鸡出壳后 10 日龄以内发病者，多为种蛋垂直传播所致；10 日龄以后发病者应属水平传播引起。

病雏最初表现为迟钝，精神沉郁，眼神呆滞，不愿走动，或走几步就蹲下来，常以跗关节着地。随之出现共济失调，前后摇晃，步态不稳。病鸡受驱赶时，行走动作不能控制，或侧卧或跌倒，或不能走动，勉强应用跗或胫关节着地走路，并拍动翅膀。有的病鸡两腿叉开，翅膀着地。病鸡一般在发病 3 天后出现麻痹而倒地侧卧，头颈部震颤一般在发病

5天后逐渐出现。病鸡有轻微的叫声，头颈部震颤明显，尤其手扶病鸡时症状更为明显而持久。发病早期鸡只食欲尚好，但因运动障碍，病鸡难以接近食槽和水槽，或被同笼鸡踩踏，最后病鸡体重减轻，衰竭而死。部分病雏耐过后，生长发育迟缓，在育成阶段出现一侧或两侧眼球的晶状体浑浊或浅蓝色褪色，内有絮状物，瞳孔对光反射不敏感，眼球增大，失明。一月龄以上的鸡受到感染后，除血清学检查阳性外，没有明显的临诊症状。成年鸡感染后惟一的表现是产蛋量暂时轻微下降，下降幅度15%～40%，持续1～2周可逐渐恢复正常。蛋个体变小，畸形蛋增多，用此时所产蛋孵化时，孵化率有轻度下降。雏鸡感染发病时，发病率为20%～60%，死亡率平均达25%，如果强毒感染，死亡率会更高。

病死鸡剖检时体表及内脏器官一般无明显的肉眼病变，个别病例可见脑膜血管充血、出血。

根据雏鸡出壳后陆续出现头颈部颤抖、渐进性瘫痪、共济失调，成年鸡短暂性产蛋下降，剖检无明显病变，药物防治无效等特点，可做出初步诊断。因本病在症状上与鸡新城疫、马立克氏病、病毒性关节炎、产蛋下降综合征、维生素 B_1 缺乏、维生素 B_2 缺乏、维生素E缺乏等有某些相似之处，在临床上应注意鉴别。

1.与鸡新城疫区别　鸡新城疫可引起成鸡产蛋下降，部分鸡出现运动障碍，但其常有呼吸道症状、神经症状，剖检可见腺胃及消化道有出血等特征性病变，可与鸡脑脊髓炎相区别。

2.与马立克氏病区别　马立克氏病一般发生在2～5月龄，比脑脊髓发病日龄要晚得多，且有特征性劈叉姿势、坐骨神经肿大、内脏器官肿瘤病变等，而鸡脑脊髓炎无上述病变。

3.与病毒性关节炎区别　病毒性关节炎自然感染发病常见于4～7周龄鸡，病鸡以跗关节肿胀变形导致跛行，而无头颈部震颤的特点，可依之与脑脊髓炎区别。

4.与产蛋下降综合征区别　成年鸡发生脑脊髓炎可引起产蛋量暂时性下降，1～2周后可恢复正常；鸡患产蛋下降综合征后产蛋严重下降，持续时间长，即使产蛋恢复也很难达到原来水平，且出现软壳蛋、褪色蛋和畸形蛋。

5. 与维生素 B_1 缺乏症区别　维生素 B_1 缺乏症可引起双腿无力、瘫痪，其头向背后弯曲，呈“观星”状具有特征性，且饲料中及时补充多维素添加剂能及时治愈。

6. 与维生素 B_2 缺乏症区别　雏鸡维生素 B_2 缺乏症可引起趾爪向内蜷缩，腿麻痹，行走困难，剖检可见坐骨神经肿大，喂给病鸡富含维生素 B_2 的饲料或多维素添加剂可恢复。

7. 与维生素 E 缺乏症区别　维生素 E 缺乏症一般发生于 2～4 周龄鸡，病雏常伴有白肌病和渗出性素质，腹部皮下可见多量液体积聚，无头颈振颤症状。

（二）发病时应采取的主要应急措施

雏鸡患病后，应立即淘汰重症感染鸡，症状较轻者应隔离饲养。

（三）治疗

本病目前还没有有效的治疗方法。

（四）预防

在防治工作中应注意以下几点：严禁从感染该疫病种鸡场引进种蛋和雏鸡。种鸡在患病一个月左右所产的蛋不能用于孵化。在本病流行地区，种鸡应在开产前接种脑脊髓炎灭活疫苗，免疫期可达 8～10 个月，从而使雏鸡具有较高的母源抗体抵抗病毒侵袭。

十一、鸡传染性贫血病（CIA）

鸡传染性贫血病又称蓝翅病、出血综合征或出血性皮炎综合征，它是由鸡传染性贫血病毒引起的以雏鸡的再生障碍性贫血、全身淋巴组织萎缩、皮下和肌肉出血以及高死亡率为特征的免疫抑制性传染病。本病除引起雏鸡死亡外，还可引起机体的免疫抑制，经常并发、继发和

加重细菌、病毒和其他病原体的感染致病程度，造成严重损失。鸡是本病的惟一宿主，所有日龄的鸡均易感染，自然感染主要发生于1～4周龄雏鸡，1周龄鸡最易感，随日龄增加，鸡的易感性迅速下降。但当与其他免疫抑制性疾病如传染性法氏囊病混合感染或继发感染时，超过6周龄仍可发病。成年鸡不易感，但能带毒和排毒。病死率一般为10%～20%，偶尔可达60%。不同品种、性别的鸡均可感染，一般来看，肉鸡比蛋鸡易感，公鸡比母鸡易感。本病既可垂直传播又可水平传播，经带毒种蛋垂直传播被认为是最重要的传播途径。病鸡和带毒鸡是本病的主要传染源，水平传播可经口腔、消化道和呼吸道引起感染，发病康复鸡可产生中和抗体。

(一)症状描述及记录

鸡群感染后的临床症状与鸡的日龄、病毒毒力以及并发或继发感染情况有关。一般在感染后10天发病，14～16天后达到高峰，垂直感染发病最早在7日龄出现典型症状。病鸡表现为精神沉郁，虚弱，行动迟缓，羽毛松乱，蜷缩一隅，喙、冠、髯、面部和可视黏膜苍白，生长不良，血液稀薄如水，病鸡因贫血而衰竭死亡。无并发症的患病鸡，特别是水平感染引起的，死亡率不高；如有继发感染，可加重病情，使死亡率增高。耐过鸡恢复缓慢，体重减轻。病鸡皮肤和肌肉广泛出血，双翅出血明显。并常有皮肤损伤，最常见于翅，也可见于头、尾、胸、腹、腿、爪等，由于破损部位容易继发细菌感染，引起局部出血、破溃，甚至形成坏死性皮炎。

病鸡贫血，消瘦，肌肉和内脏器官苍白；肝脏和肾脏肿大、褪色。骨髓和胸腺萎缩最具特征性。大腿骨的骨髓呈脂肪色、淡黄色或粉红色；胸腺萎缩，部分病例出现法氏囊萎缩，外壁呈半透明状，有时还可见到腺胃乳头出血。

根据本病的流行特点、临床症状和病理变化可做出初步诊断。在临床上，应与鸡球虫病、大剂量磺胺类药物中毒和黄曲霉毒素中毒相区别。

1.与鸡球虫病区别　鸡球虫病鸡拉血样粪便，十二指肠和盲肠常有广泛性明显出血，实验室抹片镜检可见球虫卵；而鸡传染性贫血临床上没有血便，肠道见不到点状出血。

2.与磺胺类药物中毒区别　磺胺类药物中毒虽可引起鸡的再生障碍性贫血，但具有使用磺胺类药物的用药史。

3.与黄曲霉毒素中毒区别　黄曲霉毒素中毒有腹泻症状，便中带血，且有步态不稳、共济失调、角弓反张等神经症状，而传染性贫血病鸡无此症状；黄曲霉毒素中毒主要病变部位在肝脏，可见肝脏肿大、出血、坏死。

(二)治疗

本病尚无特异性治疗方法，使用抗生素防治继发感染可降低疾病的损失程度。

(三)预防

定期检疫、及时淘汰阳性鸡、搞好种鸡场的净化是控制本病的根本措施。为预防后代暴发本病，也可对种鸡进行预防接种。

第四节　细菌性疾病的无公害防治

一、鸡白痢(PD)

鸡白痢是由鸡白痢沙门氏菌引起的鸡的一种常见病和多发病。不同年龄、品种、性别的鸡对该菌均易感，但以 2 周龄以内的鸡发病率和死亡率最高。近年来的发病情况表明，80～120 日龄的青年鸡发病增多，成为该病流行的新特点。一般来说，母鸡比公鸡易感，重型鸡比轻

型鸡易感，产褐壳蛋的鸡比产白壳蛋的鸡更易感。带菌鸡是本病的主要传染源。种鸡感染后，其所产的种蛋大约30%带菌，这些种蛋在孵化时可使雏鸡感染形成垂直传播。被污染的种蛋在孵化时还可污染孵化器和育雏器，从而传染给健康雏鸡。经种蛋垂直感染的雏鸡10日内即可发生鸡白痢，如不加治疗，可造成大批死亡，耐过本病的鸡可长期带菌周而复始代代相传，因此垂直传播是鸡白痢最重要的传播途径。此外，病鸡和带菌鸡的排泄物含有大量病菌，受其污染的饲料、饮水、用具也可造成广泛的水平传播。雏鸡的发病和死亡情况受很多诱因的影响，如环境污染、卫生条件差、密度过大、通风不良、温度过低、湿度过大以及其他疾病的混合感染，均可促进本病的发病。

（一）症状描述及记录

1. 雏鸡　如为种蛋蛋内感染者，在孵化过程中可出现死胚，孵出的弱雏和病雏常于出壳后1～2日内以败血症过程突然死亡。健雏感染后多在5～10日龄发病，发病死亡数逐日增加，到14日龄左右死亡达到高峰，20日龄以后发病逐渐减少。急性死亡者常无明显症状。一般病雏表现为精神委顿，羽毛蓬松，畏寒怕冷，闭目缩颈，昏睡。病雏喜靠热源或聚集成堆，食欲减少或消失，渴欲增加。最典型的症状是拉白色糊状粪便，有时呈淡黄色、淡绿色或带血，肛门周围羽毛被粪便污染，重者干结的粪便封固住肛门，使排粪困难，病雏排粪时发出尖叫声，有的表现呼吸困难及气喘症状，有的菌株还可以引起关节肿胀、跛行或失明等。

2. 育成鸡　该病多发生于80～120日龄鸡，地面平养较网上平养和笼养发病率高，另外育成鸡发病多在育雏期曾有不同程度的感染或发病，经采取治疗措施得以平息，到育成阶段一旦有诸如鸡群密度过大、环境卫生条件恶劣、饲养管理粗放、气候突变、饲料突然改变或品质低下等应激因素的影响，使之重新发病。本病发生突然，全群鸡只食欲、精神尚可，鸡群中不断出现精神和食欲差、下痢的鸡只，常突然死亡。死亡不见高峰，而是每天都有鸡只死亡，数量不一。该病病程长，可持续20～30天，死亡率可达10%～20%。

3. 成年鸡　成年鸡感染后常无明显症状，呈慢性或隐性感染，可见产蛋率下降，无产蛋高峰，死亡淘汰率增高，极少数鸡出现鸡冠萎缩、两翅下垂、头颈蜷缩、下痢、羽毛倒立等，有的感染鸡发生细菌性腹膜炎，引起腹水增多而呈"垂腹"现象。

（二）病理变化

雏鸡、育成鸡、成年鸡白痢死亡后病理剖检变化各有特点。

1. 雏鸡　早期感染、突然死亡的病例病变不明显，可见的病变是肝脏肿大、充血或条纹状出血，胆囊充盈，含有大量胆汁，肺弥漫性出血。病程稍长的病雏，死后常有明显的病变，肝脏肿大呈土黄色或有砖红色条纹，肝实质中有针尖大灰白色坏死灶，胆囊充盈并充满暗紫色胆汁。脾肿大，肠道呈卡他性炎症，盲肠内常有干酪样白色凝块，泄殖腔内有白色恶臭的稀便。卵黄吸收不良，呈黄色油脂状或干酪样。心肌表面有米粒大小灰褐色或灰白色结节状坏死灶，致使心脏增大变形。肺脏有时有充血、出血等变化。肾肿大、充血或出血，输尿管内充满尿酸盐。

2. 育成鸡　最显著的变化是肝脏肿大，有的肝脏较正常大数倍。打开腹腔后可见整个腹腔被肝脏所覆盖，肝表面有白色坏死灶，肝脏质地极脆，一触即破，极易造成肝破裂，有时可见血块覆盖在肝脏被膜下，有时则见整个腹腔充满血水。心包扩张，心包膜呈黄色不透明样。心肌表面有数量不等的坏死灶，肠道有卡他性炎症。

3. 成年鸡　成年鸡最常见的病变是生殖系统病变，有的卵巢仅有少量接近成熟或成熟的卵子，已发育或正在发育的卵子变色，呈灰色、黄灰色、黄绿色、灰黑色等不正常色泽；卵子变形，有的呈梨形、三角形或不规则形状；卵子变性，有的卵子内容物稀薄如水样，有的较黏稠，变性的卵子可附着于卵巢上，也有的落入腹腔，破裂造成卵黄性腹膜炎。心脏病变也常见到，心包液增多、浑浊，心包膜增厚，心脏肿大变形，心肌表面有灰白色结节。肝脏肿大呈黄绿色，极少数鸡的肝脏极度肿大，质地极脆，常发生肝脏破裂，引起急性内出血，造成鸡突然死亡。

依据不同日龄鸡群的发病特点及病死鸡的主要病理变化可做出初步诊断。临床上鸡白痢应与传染性法氏囊病、曲霉菌病、副伤寒、球虫病、支原体病等加以区别。传染性法氏囊病有拉白色稀便的临床表现，与雏鸡白痢相似，但其法氏囊肿大、出血和胸肌、腿肌出血等病理变化是白痢病所不具有的，可以此区别；雏鸡感染曲霉菌病的发病日龄、死亡规律、症状及病变均似于鸡白痢病，这两种病都有肺部的结节性病变，但曲霉菌病的肺结节明显突出于肺表面，内容物呈干酪样，且气囊、气管等处有霉菌斑，与鸡白痢有所不同。

（三）发病时应采取的主要应急措施

发生本病时，应立即隔离发病鸡，对死亡鸡和病鸡排泄物采取深埋措施，严格消毒，全群给药进行预防和治疗。

（四）治疗

在饲料和饮水中添加如氟哌酸、庆大霉素、土霉素、恩诺沙星、新霉素等抗菌素可取得满意的治疗效果，但药物治疗不能完全消灭体内的细菌，而且易诱发耐药菌株的产生，因此，在鸡白痢的治疗过程中不应长时间使用同一种药物，而应几种有效治疗药物交替使用。有条件的养殖场最好通过细菌药敏试验选择最敏感的药物，从而提高治疗效果。在无公害生产中，养殖场应严禁使用国家明令禁止的有关兽药产品如痢特灵、氯霉素等，可推广使用微生态制剂预防鸡白痢的发生。常用的微生态制剂有促菌生、调痢生、乳酸菌等，这类制剂具有安全、无毒、无副作用、不产生耐药性、价廉等特点，其防治效果相当或优于药物预防水平。

（五）预防

经带菌种蛋垂直传播是本病的主要传播方式，因此积极培养无白痢种鸡群，严格执行消毒制度是防治鸡白痢最重要的原则。种鸡场应定期对种鸡进行采血检疫，及时淘汰阳性鸡。种蛋入库或孵化时均须用甲醛熏蒸或用消毒液喷雾、浸泡消毒，杀灭附着在蛋壳上的鸡白痢病菌。为防止在孵化器内感染，每次孵化前应将孵化器内残留的粪便、绒毛、蛋壳碎片等彻底清除，然后用甲醛熏蒸消毒。育雏舍的温度、湿度要保持昼夜恒定，饲养密度适宜，并注意通风换气，要及时清除雏鸡粪便，食槽和饮水器保持清洁消毒，以杜绝细菌的水平传播。

二、鸡伤寒

鸡伤寒是由伤寒沙门氏菌引起的败血性传染病，呈急性或慢性发生，主要侵害青年鸡和成年鸡发病。该病与鸡白痢有许多相似之处，但对鸡的危害小于鸡白痢病。本病多呈散发性，主要发生于 3 周龄以上的青年鸡和成年鸡，种鸡群如有伤寒阳性鸡，死亡也可从出壳开始。病鸡和带菌鸡是本病的传染源，其粪便中含有大量病菌，带菌粪便可污染饲料、饮水、用具等，不仅使同群鸡感染，而且可广为散布。病菌主要经过消化道和眼结膜等途径感染，也可通过种蛋垂直传播。本病潜伏期为 4～5 天，病程约 5 天，在群内死亡可持续 2～3 周，但易复发，有些鸡群死亡可持续整个产蛋周期，死亡率从 10%～50%不等。

(一)症状描述及记录

经种蛋垂直传播引起雏鸡发病的症状与鸡白痢相似。在出雏器内就可见到濒死雏和死雏，病雏肛门周围粘有粪便，呼吸困难，气喘，最后鸡冠由红变紫，衰竭死亡。青年鸡和成年鸡急性经过者，可见突然停食，精神委顿，羽毛蓬乱，头翅下垂，鸡冠和肉髯呈暗红色，拉黄绿色稀粪，可迅速死亡。慢性病例则表现为冠髯苍白皱缩，食欲减少，腹泻、便秘交替出现，产蛋减少或停止，消瘦，病程 8 天以上，死亡较少，多成为带菌鸡。

最急性病例无眼观变化。急性和慢性病例以肝、脾、肾的充血、肿大最常见。肝脏肿大，呈青铜色，表面有灰白色坏死点，胆囊肿大，充满绿色油状胆汁。脾肿大 2～3 倍，呈暗紫色。心肌表面常有灰白色坏死

点，病程稍长的发生心包炎，心包膜增厚与心外膜粘连。肠道呈卡他性炎症，盲肠内有土黄色干酪样栓塞物。卵巢充血、变性或退化，变性的卵泡易破裂引起腹膜炎。

肝脾肿大，肝脏呈青铜色最具特征性，结合流行病学特点可做初步诊断。鸡伤寒的症状、病变与白痢极为相似，应注意区别。从流行病学看，白痢主要发生于雏鸡，而伤寒则多发于3周龄以上的幼龄鸡和成年鸡。从剖检变化看，青铜色的肝脏是伤寒的典型性病变。

（二）发病时应采取的主要应急措施

发生本病时，应立即隔离发病鸡，对死亡鸡和病鸡排泄物采取深埋措施，严格消毒，全群给药进行预防和治疗。

（三）治疗

发病鸡使用磺胺类、喹诺酮类抗菌素等药物治疗。

（四）预防

加强日常饲养管理，及时清除粪便、污物，环境、用具定期消毒，防止病菌的水平传播。

三、鸡副伤寒

鸡副伤寒是由带鞭毛能运动的沙门氏菌引起的疾病的总称。雏鸡多表现为急性、热性败血症，成年鸡一般呈慢性或隐性感染。鸡副伤寒常呈散发和地方流行，雏鸡最易感，在胚胎期和出雏器内感染的雏鸡，常在4～5日龄发病，6～10日龄达到死亡高峰，死亡率从10％～80％不等。1月龄以上的鸡随机体抵抗力增强而很少死亡。本病既可垂直传播，又可水平传播。未经处理的鱼粉、骨粉、血粉等动物性饲料和谷物、豆饼等植物性饲料都含有该类细菌，常成为难以发现的致病因素。

(一)症状描述及记录

1. 雏鸡　经带菌种蛋传播或早期孵化器感染的雏鸡，往往在孵化器内死亡或出壳后最初几天发生死亡，不表现任何症状。日龄较大鸡常呈亚急性经过，表现为：嗜睡呆立，垂头闭眼，两翅下垂，羽毛松乱，显著厌食，饮水增加，水泻样下痢，肛门粘有粪便，怕冷而靠近热源处或相互拥挤。呼吸症状不明显。病程为1～4天。有的病例呈脓性结膜炎而引起眼睑粘连，重者失明。个别鸡出现神经症状，抽搐，角弓反张，数天后死亡。

2. 成年鸡　一般不表现临床症状，成为慢性带菌者。有时可出现水泻样下痢，精神沉郁，两翅下垂，产蛋率下降等症状。大多数会自行迅速恢复，死亡率不超过10%。

急性发病死亡的病例无明显病变，病程稍长的以消瘦、脱水、卵黄凝固，肝、脾充血并有条纹状出血或针尖状坏死灶，肾充血、心包炎并伴有粘连等病变最为常见。成年鸡急性病例可见肝、脾、肾充血肿胀，出血性或坏死性肠炎、心包炎和腹膜炎等。接近成熟的后备母鸡或成年母鸡以输卵管的坏死性和增生性病变、卵巢的化脓性和坏死性病变为特征，常发展为广泛的腹膜炎。

(二)鉴别

根据临床症状、病理变化和鸡群的发病特点可做初步诊断，鸡副伤寒与鸡白痢、鸡伤寒有诸多相似，在临床上应注意区别。

1. 与鸡白痢的区别　鸡副伤寒病雏排水样稀粪，而鸡白痢排白色稀粪，且可见呼吸困难；鸡白痢常见盲肠膨大，内有白色干酪样凝固物堵塞，而鸡副伤寒则无；鸡白痢病鸡的心肌、肺脏有白色坏死灶，而鸡副伤寒无。

2. 与鸡伤寒的区别　鸡伤寒特征性病变是肝脏呈青铜色，肝脏表面和心肌上有灰白色坏死灶，而鸡副伤寒肝脏充血并有条纹状出血和针尖样坏死灶。

(三)发病时应采取的主要应急措施

发生本病时,应立即隔离发病鸡,对死亡鸡和病鸡排泄物采取深埋措施,严格消毒,全群给药进行预防和治疗。

(四)治疗

广谱抗菌药可用于治疗本病。

(五)预防

种鸡场要严格执行防疫卫生制度,定期消毒,及时淘汰病鸡,建立健康的种鸡群,确保雏鸡质量;商品鸡场进雏前应对鸡舍严格消毒,对鱼粉、骨粉、肉粉等动物源性饲料最好进行加热或用其他方法杀菌处理。进入鸡舍的人员、车辆要严格消毒;粪便及时清理,防止粪便污染饲料、食槽和水槽。由于家禽产品沙门氏菌污染率很高,常造成人类感染发病,所以禽肉加工过程中和商品蛋入库时要严格消毒,防止人畜共患病的发生。

四、鸡大肠杆菌病

鸡大肠杆菌病是由致病性大肠杆菌引起的一类疾病的总称。本病一年四季均可发生,但以冬春寒冷和气温多变季节多发,如果饲养密度过大、通风不良、环境卫生差、污染严重者,随时可能发生。不同日龄鸡群中,以雏鸡和中雏发生较多,特别是3～6周龄的雏鸡最易感。大肠杆菌病的发病率和死亡率与菌株毒力,有无并发、继发症,饲养管理条件,采取措施是否及时、有效而差异较大,发病率可为5%～50%,死亡率由5%～40%不等,产蛋母鸡可以持续不断地零星死亡,从而使鸡群的死淘率增多。被大肠杆菌污染的饲料、饮水、空气、用具是本病主要传播媒介,带菌的种蛋可垂直传染给下一代雏鸡。大肠杆菌病常与鸡新城疫、传染性支气管炎、传染性法氏囊病、葡萄球菌病、慢性呼吸道病等并发或继发感染，尤以慢性呼吸道病并发或继发本病最为常见。

(一)症状描述及记录

1. 急性败血型　本型可发生于各种日龄鸡，多呈急性经过。病鸡表现为精神委靡，羽毛松乱，排黄白色或绿色稀粪，冠髯呈暗紫色，发病率和死亡率较高，死亡率有时可达50%，是危害最严重的一个类型。

2. 卵黄性腹膜炎　主要发生于产蛋鸡，一般呈散发，病鸡表现为产蛋停止或减少，直立呈企鹅姿势，腹下垂，最后消瘦死亡。

3. 雏鸡脐炎　是因雏鸡脐部受大肠杆菌感染而引起，感染可发生于卵内，也可发生于出壳后。病雏脐孔红肿，并常破溃，腹部胀大下垂，呈红色或青紫色。病雏精神沉郁，废食，排黄白色腥臭稀粪，出壳后1周内死亡较多。

4. 全眼球炎　病鸡流泪，结膜潮红，眼睛灰白色，角膜浑浊，有脓性或干酪样分泌物，上下眼睑常发生粘连，重症者可致失明。

5. 气囊炎　主要发生于5～12周龄鸡，以6～9周龄为发病高峰。一般与支原体病、传染性支气管炎等并发感染。病鸡表现为呼吸困难，有罗音和咳嗽等症状。

6. 关节炎和滑膜炎　多是大肠杆菌败血症的一种后遗症，呈散发性，病鸡关节肿大，跛行。

7. 大肠杆菌性脑病　即神经型大肠杆菌病，病鸡体温升高，下痢，昏睡，有歪头、转圈、共济失调等症状，不易治愈。

(二)病理变化

大肠杆菌病病理变化表现多种形式，但以心包炎、肝周炎和腹膜炎最为常见，最具特征性。

1. 急性败血型　剖检主要病变有以下几种。

(1)纤维素性心包炎。心包积液，心包膜增厚、浑浊、不透明，严重者心包液内有纤维素性渗出物，与心包粘连。

(2)纤维素性肝周炎。肝脏表面有不同程度的纤维素性渗出物或

整个肝脏被一层纤维素性薄膜所包裹。

(3)纤维素性腹膜炎。腹腔内有数量不等的腹水，混有纤维素性渗出物，或纤维素性渗出物混于腹腔各器官之间，腹部膨大，触之有波动，俗称“水裆鸡”。

2.卵黄性腹膜炎　该病主要是由输卵管炎所引起，病鸡的输卵管因感染大肠杆菌而产生炎症，输卵管分泌物增多，并与细菌、坏死细胞组织凝结成块，逐渐堵塞输卵管，卵子因此不能进入输卵管而跌入腹腔引发本病。剖检可见腹腔内有淡黄色液体和破碎或凝固的卵黄，恶臭，有的呈污黄绿色腐臭液体。脏器表面和肠系膜覆有一层淡黄色凝固的纤维素性渗出物。肠管或脏器间相互发生粘连。卵泡变形，呈灰色、褐色或酱色，或卵泡萎缩，输卵管扩张，内有黄色纤维蛋白性渗出物或干酪样凝块，切面呈轮层状，俗称“蛋子瘟”。

3.雏鸡脐炎　剖检可见脐孔周围皮下淤血、水肿，水肿液呈淡黄色，脐孔闭合不全。肝肿胀、质脆、呈土黄色，小肠膨气，黏膜充血或出血。

4.气囊炎　剖检可见气囊增厚、浑浊，上附有纤维素性或黄白色干酪样渗出物。

5.关节炎和滑膜炎　剖检可见关节液浑浊，关节腔内有脓性或干酪样渗出物蓄积，滑膜肿胀，增厚。

大肠杆菌病没有特征性临床症状和病理变化，且多与其他病原体并发或继发感染，在临床上不易确诊，同时由于耐药菌株的广泛存在，给养殖户防治工作带来一定困难，因此，一旦发生疑似病症，应立即送专业部门化验确诊，切不可盲目用药，贻误治疗时机。

(三)发病时应采取的主要应急措施

发生本病时，应立即隔离发病鸡，对死亡鸡和病鸡排泄物采取深埋措施，严格消毒，全群给药进行预防和治疗。

(四)治疗

大肠杆菌对多种抗生素、磺胺类药物均敏感,如恩诺沙星、氟哌酸、环丙沙星、庆大霉素等都有明显的治疗效果,但随着药物的使用,尤其是一些养鸡场长期使用土霉素、磺胺类、喹诺酮类药物作为添加剂在饲料、饮水中添加,或盲目加大治疗剂量,使大肠杆菌的耐药现象普遍存在,从而降低了治疗效果,因此,本病治疗最好要依据药敏试验的结果选择敏感药物治疗。如果是混合感染,应遵循突出主要矛盾、统筹兼顾的治疗原则,早投药,早治疗,把继发感染控制在最小限度。

(五)预防

1. 严格卫生消毒制度　进雏前应对鸡舍环境、用具进行彻底消毒,饲养过程中一周一次带鸡消毒,对发病鸡群2～3天消毒一次。在消毒剂的使用上,应选择高效、低毒、效果确实的药品,严格遵守消毒剂的正确使用浓度。同时及时清除粪便、污物等有机物,确保消毒效果。

2. 加强饲养管理　注意鸡舍的温度、湿度和饲养密度,适时通风换气,减少应激因素的产生,为鸡群创建良好的舍内小环境。同时要保证饲料和饮水的清洁,供应优质全价的饲料,避免因营养缺乏而诱发大肠杆菌病。

3. 做好预防接种　目前不少养鸡场使用大肠杆菌灭活苗来预防该病,但由于大肠杆菌血清型很多,不同血清型之间的交叉保护力较差,造成免疫效果不佳。为确保免疫效果,采用当地流行菌株所生产菌苗或使用多价菌苗预防接种可使鸡产生坚强的免疫力。

五、禽霍乱(FC)

禽霍乱又称禽出血性败血症或禽巴氏杆菌病,是由多杀性巴氏杆菌引起的主要侵害鸡、鸭、鹅等禽类的一种接触性传染病。各种家禽和野禽都可感染,家禽中以鸡、鸭、鹅最易感。雏鸡对巴氏杆菌病有一定

的免疫力，感染较少，3～4月龄的鸡和成鸡较容易感染。禽霍乱的传播途径主要是通过呼吸道、消化道和黏膜或皮肤外伤。病鸡的尸体、粪便、分泌物和被污染的饲料、饮水、用具等是主要传染媒介。本病以春、秋两季发生较多。由于巴氏杆菌是一种条件病原菌，当饲养管理不当、天气突然变化、营养成分缺乏以及有其他疾病感染等不利因素影响时，致使机体抵抗力降低，均可诱发本病。

(一)症状描述及记录

1.最急性型　常见于本病流行初期，多发生于个别体质肥壮、高产的新母鸡。病程较短，常无明显症状，突然倒地，双翅扑动几下即死亡。

2.急性型　大多数病例为急性经过。病鸡表现为精神沉郁，羽毛松乱，缩颈闭眼，翅膀下垂，弓背，离群呆立。体温升高到43～44℃，少食或不食，口渴喜饮水，呼吸急促，鼻和口中流出混有泡沫的黏液。鸡冠、肉髯肿胀，边缘呈紫黑色，常有剧烈腹泻，粪便为灰黄色或绿色。发病鸡群产蛋减少或停止。

3.慢性型　多见于流行后期或由急性病例转变而来，常呈局部的炎性症状。病鸡精神不振，食欲减退，冠髯苍白，有的发生水肿、变硬，出现干酪样变化，甚至坏死脱落。有的关节肿大和化脓，引起跛行或瘫痪。有的可见鼻窦肿大，鼻腔分泌物增多，分泌物有特殊臭味。慢性病例常与大肠杆菌、葡萄球菌等混合感染，造成较大损失。

最急性病例常无明显的病理变化，仅见于心外膜有针尖大出血点，肝脏表面有灰白色坏死灶。急性病例可见皮下、浆膜、黏膜、腹膜及腹部脂肪有点状出血。心冠脂肪、心肌和心外膜有大量出血点，心包内有淡黄色液体，并含有纤维蛋白渗出物。肝脏的病变最有特征性，肝脏肿大，呈棕黄色或紫红色，表面有针尖大灰白色或黄白色坏死点，有时可见点状出血。肺充血、出血，肠黏膜充血、出血，十二指肠病变最为严重，呈广泛的弥漫性出血，肠内容物混有大量血液。慢性病例因感染器官不同，病变多局限于某些器官。当以呼吸道症状为主时，可见鼻腔、气管、支气管卡他性炎症，分泌物增多，肺质地变硬。关节炎病例可见关节肿大、变形，关节腔内有黄色或干酪样渗出物。有些病例可见鸡冠、肉髯水肿而后发生坏死。产蛋鸡发病还可见到卵巢出血，卵泡破裂，腹腔内脏器官表面附着卵黄样物质。

该病具有鸡冠、肉髯呈暗紫色，心冠脂肪、心外膜出血，肝脏表面灰白色坏死灶，十二指肠出血性炎症等特殊性病变，并结合流行病学特点可初步诊断。实际生产中禽霍乱还应与鸡新城疫等病做好区别诊断。

（二）发病时应采取的主要应急措施

发生本病时，应立即隔离发病鸡，对死亡鸡和病鸡排泄物采取深埋措施，严格消毒，全群给药进行预防和治疗。

（三）治疗

对发病鸡可使用土霉素、氟哌酸、喹乙醇、磺胺类药物等，为避免抗药性产生，最好选择几种药物交替使用。

（四）预防

预防本病的关键是做好平时的饲养管理工作，减少应激因素的发生，使鸡只保持较强的抵抗力。

六、传染性鼻炎（IC）

鸡传染性鼻炎是由鸡副嗜血杆菌引起的鸡的一种急性呼吸道疾病。本病主要发生于鸡，各种日龄鸡均可感染，随着鸡只日龄的增大，易感性增强。雏鸡一般发生少，育成鸡和成年鸡多发，尤以产蛋鸡发生较多，症状最典型、最严重。本病一年四季均可发生，但以寒冷季节多发。鸡群密度过大、鸡舍通风不良、气候突然改变等都可促进本病的暴发。病鸡和带菌鸡是主要传染源，病原菌在病鸡的鼻腔和眶下窦的黏膜上生长繁殖，随鼻液排出，污染周围环境。本病以飞沫、尘埃经呼吸道传染为主，也可通过污染的饲料、饮水经消化道传播。但不能经种蛋

传播。本病潜伏期短,传播快,快者1～2天,慢者1周之内可传遍全群,单纯感染死亡率低,如并发传染性支气管炎、传染性喉气管炎、慢性呼吸道等病,可使死亡率增加。

(一)症状描述及记录

病初可看到自鼻腔流出水样清液,继而转为浆液、黏液性分泌物,在鼻孔周围形成淡黄色干痂,鸡只不时甩头,打喷嚏。眼结膜发红,流泪,眼睑及颜面部发生肿胀,严重时眼睑分泌物粘连,眼不能睁开,引起暂时失明。如炎症蔓延至下呼吸道,则呼吸困难并有罗音。部分病鸡可见下颌部或肉髯水肿。育成鸡生长受阻,产蛋鸡的产蛋量明显下降。若与慢性呼吸道病、传染性支气管炎、鸡痘等混合感染,病程延长,死亡率增高。雏鸡和育成鸡成长发育减慢,育成率降低。开产前的母鸡卵巢发育受阻,开产期延长。产蛋鸡产蛋减少或停止,若经过及时治疗,产蛋量可逐渐回升,但恢复不到原来的水平。

主要病理变化为鼻腔和眶下窦的急性卡他性炎症,黏膜充血肿胀,表面覆有大量水样或黏稠的分泌物;一侧或两侧眶下窦肿胀,窦腔内有大量浆液性、黏液性或干酪样渗出物;眼结膜充血、肿胀;严重病例可见喉头和气管黏膜发红,有黏性分泌物附着。产蛋鸡可见卵泡充血、变性、萎缩等变化。

根据本病传播快、发病多、死亡率低和典型的鼻炎症状可做出初步诊断,临床上要注意与传染性支气管炎、传染性喉气管炎、慢性呼吸道病、鸡霍乱、黏膜型鸡痘等区别。确诊需进行病原的分离和鉴定。

(二)发病时应采取的主要应急措施

发生本病时,应立即隔离发病鸡,对死亡鸡和病鸡排泄物采取深埋措施,严格消毒,全群给药进行预防和治疗。

(三)治疗

磺胺类药物和多种抗生素均有良好的治疗效果,但药物治疗只能减轻病的症状和缩短病程，而不能清除带菌状态。大群治疗时可使用红霉素、泰乐菌素饮水，个别治疗时可肌肉注射硫酸链霉素或卡那霉素等。在给药治疗时，要及时隔离病鸡和健康鸡，发病鸡消除症状后，应继续用药2～3天，以防复发。这一点养殖者应予以高度重视，否则治疗不彻底，可导致疾病进一步加重，使鸡舍受到严重污染，为以后的饲养管理和疫病的控制带来一定困难。

（四）预防

1. 改善饲养管理条件　鸡群密度不宜过大，注意通风换气，及时清除鸡粪，降低鸡舍内氨气的浓度，保持鸡舍内的空气清洁，防止应激因素的产生。

2. 预防接种　使用鸡传染性鼻炎油乳剂灭活苗免疫注射。一般在30～40日龄首免，每只鸡肌肉注射0.3 mL；120日龄或开产前二免，每只鸡肌肉注射0.5 mL，可保护整个产蛋期不发或少发鼻炎。需要说明的是，由于鸡传染性鼻炎病原菌副嗜血杆菌的三个血清型之间无交叉保护作用，因此在选用疫苗时应使用与当地流行菌型相同的灭活苗，才能起到免疫保护作用。

七、禽支原体病

鸡支原体病又叫霉形体病，是支原体引起的一类疾病的总称，主要包括慢性呼吸道病和传染性滑膜炎。

（一）鸡慢性呼吸道病(CRD)

鸡慢性呼吸道病又称鸡败血霉形体病，是由鸡败血支原体引起的一种接触性慢性呼吸道疾病。本病发展慢、病程长，有的呈隐性感染，所以也称慢性呼吸道病。

鸡败血支原体普遍存在于各鸡场中，且危害相当严重，据调查，集约化鸡场感染率平均在70％～80％之间，何以导致如此高的感染率

呢？主要有以下原因。

(1)各种年龄的鸡都可感染，随着年龄的增长，鸡对败血支原体的感染率增强。但1～2月龄鸡症状较明显，死亡率高。

(2)诱发和并发感染对鸡败血支原体感染有重要影响。鸡群接种新城疫疫苗、传染性支气管炎疫苗、传染性喉气管炎疫苗后，这些疫苗病毒常促使败血支原体以百倍、千倍甚至更高的速度发育，从而导致疾病的暴发。在细菌的感染中，大肠杆菌与鸡败血支原体的协同致病作用极为显著，绿脓杆菌和副嗜血杆菌也能促使败血支原体感染的严重性。

(3)本病既可通过呼吸道吸入带有支原体飞沫水平传播，又可通过带菌种蛋垂直传播，以种蛋垂直感染发生率更高。

(4)部分规模养鸡场饲养密度大，鸡舍空气污浊，环境控制差、粪便和病死鸡无害化处理意识淡薄，极大地增加了败血支原体感染的可能。

(5)使用被支原体污染的弱毒疫苗免疫接种造成人为感染。由于败血支原体可以经蛋垂直传播，使用带菌鸡胚生产的弱毒疫苗被败血支原体污染，鸡群在进行免疫接种时，造成支原体病的人为传播，因此广大养殖户在免疫接种时，应选用用SPF鸡胚制备的疫苗。鸡败血支原体的高感染率、并发和继发感染的发生，常常造成不可估量的经济损失，应引起高度重视。

1.症状描述及记录　本病潜伏期为10～21天，病程较长，可达30天，以慢性经过为主，病的严重程度因饲养管理水平和继发感染的程度不同而异。单纯感染时，病鸡主要表现为：开始流浆液性或黏液性鼻液，打喷嚏，鼻孔周围和颈部羽毛常被玷污；其后炎症发展到下呼吸道，即出现咳嗽、呼吸困难，呼吸时有气管罗音等症状，离鸡群较近的地方就可以听见，如在夜间听得更清楚。病鸡食欲不振，生长停止，日渐消瘦；病的后期，由于鼻腔和眶下窦中蓄积大量分泌物，常引起眼睑肿胀，眼球突出，严重时造成一侧或两侧失明。成年鸡症状一般较轻，有轻微的呼吸道症状，食欲不振，不愿走动，产蛋减少，死亡率较低，常成为带菌鸡。鸡慢性呼吸道病若与其他疾病继发或并发感染时，除表现呼吸道症状外，还将出现体温升高，精神沉郁等全身症状，病死率明显增高，常造成严重损失。

主要见于气管、气囊、眶下窦及肺等呼吸系统的病变。鼻腔、眶下窦黏膜水肿、充血、出血，窦腔内有黏液或干酪样渗出物。喉头、气管黏膜表面附着透明或浑浊的黏液，黏膜肿胀、出血。喉头常见黄色纤维素性渗出物或干酪样物。气囊浑浊、增厚，有黄色泡沫状液体或干酪样渗出物。另外可见肺充血、水肿或不同程度的炎症变化。有的病鸡还可见纤维素性心包炎和肝周炎等病变。若炎症蔓延到眼睛，常引起一侧或两侧眼睛肿大，眼球部分或全部封闭，在眼结膜内有黄色干酪样渗出物。

根据该病的流行特点、临床症状及剖检变化可以做出初步诊断。进一步确诊可做实验室诊断，由于败血支原体的培养非常复杂，一般不做细菌分离培养。由于鸡慢性呼吸道病在临床症状上与鸡的其他呼吸道病如鸡新城疫、禽流感、传染性支气管炎、传染性喉气管炎、传染性鼻炎等很相似，有时常并发感染或继发感染，在临床上诊断起来非常困难，那么广大养殖者在实际生产中如何进行呼吸道疾病的诊断呢？下面将做一综合阐述。

2.发病时应采取的主要应急措施　发生本病时，应立即隔离发病鸡，对死亡鸡和病鸡排泄物采取深埋措施，严格消毒，全群给药进行预防和治疗。

3.治疗　由于慢性呼吸道病病程长、易复发、易形成耐药菌株及易形成继发感染等特点，在治疗时应选用高敏药物，全群投药，剂量充足，防止反复。常用的药物有泰乐菌素、红霉素、高力米先、北里霉素及喹诺酮类药物，也可采用中西药物联合使用。西药以消炎、抗感染为主，最好饮水给药；中药以止咳、化痰、平喘为主，可拌料投喂。

4.预防　要想控制和扑灭本病，应采取综合性防治措施。

(1)种鸡场建立无支原体病鸡群，是控制本病的关键环节。对种鸡群要定期进行血清学检查，一般在2,4,6月龄时各查1次，淘汰阳性鸡，留下无病鸡作为种用。

(2)对种蛋进行严格消毒:种蛋收集完后,在2小时内用甲醛和高锰酸钾熏蒸消毒或将种蛋先预热至37℃后,立即放入5℃左右的红霉素、链霉素、泰乐菌素等其他对支原体有抑制作用的溶液中浸泡15~20分钟,由于温差能使以上抗菌素吸入蛋内,以降低或消除种蛋内的支原体,减少种蛋传播机会。

(3)加强饲养管理,保持鸡舍的清洁卫生,杜绝应激因素的产生,增强鸡体抵抗能力。

(4)预防。目前国内研制出慢性呼吸道油乳剂灭活苗,在60日龄首免,每只鸡皮下注射0.3 mL;开产前二免皮下注射0.5 mL,可有效地降低该病的发生。

(5)在日常饲养过程中,养殖者也可根据气候变化、鸡群状况及周边疫病发生情况进行早期预防给药,以防慢性呼吸道病的发生。

(6)在使用疫苗接种时,选用SPF疫苗,防止疫苗带菌造成人为感染。

(二)鸡传染性滑膜炎

鸡传染性滑膜炎是由滑液支原体引起的鸡的以关节肿大、滑液囊和腱鞘炎症、跛行为主要特征的传染病。本病以4~6周龄鸡多发,偶尔见于成年鸡。

病鸡可见精神不振,鸡冠苍白,排绿色粪便。跗关节和趾关节肿大变形,出现跛行,甚至站立不起,病鸡以胸、腹部支撑着地,往往可见到"胸疱"。慢性病例有时可出现鼻炎和呼吸罗音等轻度的呼吸道症状。剖检时患部关节囊、腱鞘囊和滑膜囊内有大量炎性渗出物,初期渗出物为黏稠乳白色或黄色液体,后期为干酪样渗出物。气囊受到侵害时,可出现浑浊增厚。胸疱内有黄色炎性渗出物。传染性滑膜炎在临床上应与病毒性关节炎、葡萄球菌病相区别,可采血做平板凝集试验进行确诊。

病情发生后应及时隔离发病鸡,病鸡和全群鸡投服泰乐菌素、北里霉素、金霉素等药物治疗。

八、鸡葡萄球菌病

鸡葡萄球菌病是由金黄色葡萄球菌引起的鸡的急性败血性或慢性传染病。金黄色葡萄球菌广泛存在于鸡舍环境、笼具、地面、饲料和饮水中，皮肤和黏膜表面的破损，常是葡萄球菌侵入的主要途径。疫苗的刺种、断喙、鸡笼“毛刺”的刺伤、发生鸡痘等都给伤口感染造成了有利条件。鸡群密度过大、饲料营养缺乏、鸡舍通风不良、环境污染程度高及某些疾病的存在均可促进本病的发生。本病一年四季均可发生，以多雨、潮湿的夏秋季节多见。从发病日龄看，以40～60日龄鸡发病最多。其发病率和死亡率与鸡舍环境卫生条件、鸡群的营养水平以及治疗措施是否得当有直接关系，本病有明显的死亡高峰，死亡率一般为5%～50%。

(一)症状描述及记录

1.急性败血型　多见于40～60日龄中雏，病鸡表现为精神不振，体温升高，羽毛蓬乱，缩头垂翅，不爱活动，常呆立一处，饮食欲减弱或废绝，少数病鸡下痢，排灰白色或黄绿色稀粪。较为特征的是病鸡的胸腹部、大腿内侧、头颈部等处皮下浸润，有数量不等的血样渗出物，有明显的波动感，外观呈紫红色或紫黑色；相应部位羽毛脱落，或用手一摸即可脱掉；有的鸡皮肤自然破溃后流出血红色液体，局部干燥结痂，或在局部溃烂、坏死。急性败血型发病急，病程短，死亡率高，危害最大。

2.脐炎型　多见于刚出壳不久的雏鸡。新生雏脐部闭合不全时感染葡萄球菌而造成腹部膨大，脐孔发炎肿大，局部呈紫黑色，质硬，俗称“大肚脐”。一般2～5天死亡。临床上脐炎型病雏治愈率很低，应及早淘汰。

3.关节炎型　多见于育成鸡和成年鸡。表现为多个关节发炎肿胀，特别是跗关节、趾关节多见。患部外观呈紫红色或紫黑色，有的破溃结成黑色痂皮，有的出现趾瘤而致跛行，不愿走动，喜卧，逐渐消瘦，

最后衰竭死亡。

4.眼型　表现为上下眼睑肿胀，闭眼；眼结膜红肿，眼内有脓性分泌物，甚至失明，最后病鸡多因饥饿、踩踏、衰竭死亡。据统计，眼型发病约占总发病鸡的30%左右。

另外葡萄球菌还可以引起肺炎型和神经型等临床症状，也可与其他疾病混合感染。

急性败血型可见胸腹部脱毛，皮肤呈紫黑色浮肿，剪开患部皮肤，可见整个胸腹部皮下水肿、充血、出血，有大量棕黄色或粉红色胶胨样渗出物，特别是胸骨部出血更明显。肝、肺、肾等脏器充血、出血和坏死。脐炎型可见脐部发炎肿胀，紫红或紫黑色，有暗红色或黄红色液体，时间较长则变为脓性或干酪样渗出物；肝肿大，有出血点，胆囊充盈；卵黄吸收不全，呈污黄色。关节炎型主要表现关节肿大，关节腔内有浆液性、纤维素性或干酪样渗出物；滑膜充血、出血、增厚，严重的关节变形。眼型可见眼睛炎症，有脓性分泌物。

根据皮肤出血、化脓、破溃、结痂等特征性症状，并结合实验室细菌学检查可确诊。关节炎型应与病毒性关节炎、传染性滑膜炎等病区别。

(二)发病时应采取的主要应急措施

一旦鸡群发病，应立即采集病料，送当地兽医实验室确诊并进行药敏试验，选择高敏药物，对全群进行投药治疗。

(三)治疗

选用敏感药物治疗。近年来有关实验表明，庆大霉素、卡那霉素、喹诺酮类药物对葡萄球菌病的治疗效果明显。

(四)预防

葡萄球菌广泛存在于周围环境中，一旦皮肤和黏膜造成损伤即可感染发病，因此，养殖者在日常管理工作中应注意以下几个方面的问题。

(1)防止发生外伤,切断感染途径。鸡笼、食槽、水槽安装要力求规范、整齐、配套,不能有尖锐物突出存在,防止造成皮肤、黏膜划伤。

(2)对于因断喙、刺种等引起皮肤、黏膜损伤的,要及时做好局部消毒,或添加药物进行预防,防止感染的发生。

(3)搞好卫生消毒工作,定期带鸡消毒,消灭鸡舍环境、用具、地面及鸡体表面附着的细菌,降低感染机会。

(4)加强饲养管理,供给营养全价饲料,保证维生素、微量元素和矿物质的补充。

(5)鸡舍应及时通风,保持舍内空气清洁,给予适度的光照,防止鸡只啄癖的发生。

九、鸡绿脓杆菌病

鸡绿脓杆菌病是由绿脓杆菌引起的雏鸡的一种急性败血性传染病。绿脓杆菌是一种条件性病原菌,广泛存在于土壤、水、空气和养鸡环境中。本病可发生于各种年龄鸡,但雏鸡发病最为多见,且病程短、死亡率高。7日龄以内的雏鸡常呈暴发性经过,死亡率一般为30%~50%,甚至更高。孵化环境卫生条件差、孵化用具及孵化过程消毒不严,使种蛋污染带菌是造成胚胎死亡和雏鸡暴发本病的主要原因。其次,通过创伤和伤口感染也是常发的途径。调查发现,1日龄雏鸡进行马立克氏病疫苗注射时,因消毒不严,引起人为感染,造成大批雏鸡死亡的病例屡有发生。另外,通风不良、气温骤变、长途运输以及其他疾病的存在,致使机体抵抗力降低,也是诱发本病的主要原因。

(一)症状描述及记录

1.急性败血型　早期感染或由于注苗引起的发病,常无明显的临床症状而突然死亡。病势稍缓的病鸡表现为精神沉郁,体温升高,两翅下垂,闭眼昏睡,食欲下降或废绝,羽毛松乱,排黄白色或黄绿色水样粪便,严重时,便中带血。部分病雏脐孔闭合不全,稍压脐孔,可流出黄绿

色胶胨样液体。有的胸腹部皮下水肿，外观呈蓝绿色，严重的可蔓延到两腿内侧皮下。局部水肿破溃后，常形成结痂。

2.眼炎型　多发生于一侧，眼睑肿胀，有浆液性、脓性或纤维素性分泌物，眼全闭或半闭，严重时单侧或双眼失明。

3.关节炎型　有的病鸡关节肿胀，表现跛行，严重者不能站立，以跗关节着地。

病理变化可见头、胸、腹部皮下水肿，有淡黄色或淡绿色胶胨样渗出物，其中以头颈部和脐部最为明显。实质器官有不同程度的充血、出血。肝脏肿大，质脆，呈土黄或淡黄色，表面有针尖大出血点或坏死灶，胆囊充盈。脾脏、肾脏充血、肿大。心包积液，心内膜水肿，心冠脂肪、心肌有出血点。气囊浑浊增厚，肺充血、水肿。有的腹腔内有黄绿色胶胨样渗出物，雏鸡卵黄吸收不良，呈水样。

根据本病主要引起雏鸡发病和皮下黄绿色胶胨样渗出物的特征性病变，可做出初步诊断。如需确诊，可采集病料，进行细菌分离培养和动物回归试验进行确诊。

(二)发病时应采取的主要应急措施

发生本病时，应立即隔离发病鸡，对死亡鸡和病鸡排泄物采取深埋措施，严格消毒，全群给药进行预防和治疗。

(三)治疗

由于绿脓杆菌极易产生耐药性，对发病鸡应选用高敏药物治疗。一般可选用以下药物：庆大霉素、氟哌酸、恩诺沙星、丁胺卡那霉素等。

(四)预防

搞好孵化场和鸡舍环境的卫生消毒，认真实施种蛋的熏蒸消毒和日常的带鸡消毒；尽可能避免各种应激因素的产生，增强机体抵抗能力。

十、鸡链球菌病

鸡链球菌病是由链球菌引起的一种急性败血性传染病，有时呈慢性经过。幼龄鸡和成年鸡均可感染。家禽中鸡、鸭、鹅、鸽等均有易感性，以鸡最敏感，各种日龄鸡都可感染，其中雏鸡感染最严重，成年鸡一般不发病。本病主要通过消化道、呼吸道感染，还可经皮肤和黏膜伤口感染。带菌种蛋在孵化过程中，可引起鸡胚感染，造成胚胎死亡和新生雏发病死亡。本病无明显的季节性，一般为散发或地方性流行，卫生条件差、阴暗潮湿、空气污浊、气温突变往往成为本病的诱因。

（一）症状描述及记录

急性型病例多见于幼雏，呈败血症变化。病鸡表现为精神委靡，体温升高，嗜睡，食欲下降或废绝，羽毛松乱，冠髯发紫或苍白，有时可见肉髯水肿。病鸡腹泻，排黄色或灰绿色稀粪。成年鸡产蛋减少或停止。慢性病例表现为精神沉郁，食欲减少，喜卧，头藏于翅下或背部羽毛内，消瘦。少数鸡出现转圈、头部震颤、痉挛等神经症状，有的发生角膜炎、结膜炎，眼睛肿胀、流泪，有脓性或纤维素性渗出物，使上下眼睑粘连，严重的造成失明。成年鸡多见关节肿大，跛行。

急性病例可见全身性败血症变化。皮下、浆膜水肿、出血，心包内和腹腔内有浆液性、出血性或纤维素性渗出物，心肌出血；肝肿大，表面有红色或黄白色出血、坏死点；脾、肾肿大，淤血；肺脏水肿、淤血；气囊浑浊增厚，气管和支气管黏膜充血，有黏液性分泌物附着。慢性病例主要为纤维素性关节炎、腱鞘炎、输卵管炎和卵黄性腹膜炎、纤维素性心包炎、肝周炎。

本病在临床上易与鸡沙门氏菌病、葡萄球菌病、大肠杆菌病、霍乱等混淆，应做好鉴别诊断。确诊需进行实验室细菌分离及鉴定。

1. 与霍乱相区别　鸡霍乱鸡冠发紫，肝脏肿大，表面有针尖大灰白色坏死灶最具特征性；而链球菌病肝脏有肝周炎的变化。

2.与沙门氏菌病的区别　沙门氏菌病肝脏呈黄色或铜绿色，无肝周炎的变化。

3.与葡萄球菌病相区别　葡萄球菌病常在胸腹部、大腿、翅膀内侧等部位形成皮下浸润，造成破溃；而链球菌病无此症状。

(二)发病时应采取的主要应急措施

发生本病时，应立即隔离发病鸡，对死亡鸡和病鸡排泄物采取深埋措施，严格消毒，全群给药进行预防和治疗。

(三)治疗

对发病鸡可采取病料进行细菌分离，通过药敏试验选择有效药物治疗，一般庆大霉素、卡那霉素、金霉素、氟哌酸等抗菌药物，都有明显的治疗作用。

(四)预防

加强饲养管理和卫生消毒，增强机体抵抗力，减少细菌感染机会。

十一、鸡曲霉菌病

鸡曲霉菌病又称霉菌性肺炎，病原菌为曲霉菌属中的烟曲霉菌、黄曲霉菌、黑曲霉菌等，是由存在于鸡舍环境、饲料中的多种霉菌经呼吸道感染引起的。以雏鸡多发，呈急性经过，发病率和死亡率都较高。成年鸡一般呈慢性、零星散发。各种禽类均易感，以幼禽易感性最高，特别是20日龄以内的雏禽常呈急性暴发，成年禽感染后呈慢性经过，多呈零星散发。霉菌孢子可以通过呼吸道和消化道感染，鸡舍阴暗潮湿、通风不良、鸡群密度过大、空气污浊均是曲霉菌病发生的主要诱因。

(一)症状描述及记录

发病初期，雏鸡表现精神不振，羽毛松乱，翅膀下垂，不愿走动，采食量减少或不食，饮欲增加，闭目昏睡，对外界反应冷淡，而后出现呼吸困难，伸颈张口呼吸，气喘，呼吸时可听到沙哑的水泡声，有时甩鼻，打喷嚏。后期出现水样腹泻，有时出现神经症状，如不及时治疗，或病情严重时，死亡率可达50%以上。育成鸡发病主要表现为生长缓慢，羽毛松乱，不爱运动，反应迟钝；成年鸡产蛋量下降甚至停产，逐渐消瘦，衰竭而死。病程为慢性经过，可达数周，死亡率低。

病变主要局限于肺、气管和气囊。肺脏出现以小米粒到绿豆大小、黄白色或灰黄色霉菌结节，结节柔软，有弹性，切开呈轮层状，中心为干酪样坏死组织。有的结节互相融合成大的团块，使局部肺组织质地变硬，失去弹性。气囊浑浊、增厚，气囊膜上有数量和大小不一的霉菌结节或纤维素性渗出物。气管黏膜充血、出血，表面有淡黄色或淡灰色渗出物附着。部分病例在胸腹腔浆膜、内脏器官表面也可出现霉菌斑点。

根据临床症状、剖检变化，结合鸡只是否接触过霉变的饲料和鸡舍温湿度等情况，可做出初步诊断。在出现呼吸道症状时应与传染性鼻炎、慢性呼吸道病、传染性支气管炎、传染性喉气管炎、鸡新城疫等相区别。

（二）发病时应采取的主要应急措施

发生本病时，应立即隔离发病鸡，对死亡鸡和病鸡排泄物采取深埋措施，严格消毒，全群给药进行预防和治疗。

（三）治疗

本病目前尚无特效的治疗药物。临床上常使用制霉菌素、克霉唑等拌料喂服。

（四）预防

不饲喂霉变饲料、不使用发霉垫料是预防本病的关键。加强鸡舍的通风换气，保持鸡舍环境及用具的干燥、清洁；食槽、水槽应定期清扫、消毒，防止霉菌滋生，注意检查水槽是否漏水，防止食槽内饲料发

霉。育雏室每日温差不要过大，按雏鸡日龄逐步降温，粪便和残余饲料及时清除，减少霉菌感染机会。

第五节　寄生虫病的无公害防治

一、球虫病

鸡球虫病是以艾美耳球虫为主的一种或多种球虫寄生于鸡肠道黏膜上皮细胞而引起的急性流行性疾病。本病分布广泛，是条件简陋、卫生状况极差的鸡场的一种常见病、多发病。对鸡只致病作用最强的为寄生于小肠的毒害艾美耳球虫（又称小肠球虫）和寄生于盲肠的柔嫩艾美耳球虫（又称盲肠球虫）。球虫病主要发生于幼龄鸡，3～5 周龄的雏鸡最易感染，发病率和死亡率都很高。11 日龄以内的雏鸡因母源抗体保护，极少发病。成年鸡感染后几乎不发病，成为带虫者，是本病的主要传染源。球虫卵囊随粪便排出，被粪便污染的饲料、饮水、用具等都可能有卵囊存在，易感鸡吃入大量卵囊，就会暴发球虫病。潮湿、温暖的环境最有利于卵囊的发育，因此炎热、多雨、潮湿的季节最易造成球虫病的流行。

（一）症状描述及记录

1. 急性型　病鸡精神不振，羽毛松乱，缩颈闭目呆立一隅，翅下垂，食欲减退，饮欲增加，粪便变稀，泄殖腔周围羽毛被稀粪污染。随病情加剧，粪便带血呈鲜红或暗红色，严重的全为血便。病鸡消瘦，冠、髯和可视黏膜苍白，病后期雏鸡出现痉挛等神经症状，不久即死亡；死亡率可达 50%～80%。

2. 慢性型　多见于 3 月龄以上鸡，病鸡有间歇性下痢，但粪中不见鲜血。可表现为逐渐消瘦,冠、髯苍白,羽毛松乱,产蛋减少等。

(二)病理变化

病变主要集中在肠管,其他脏器看不到明显变化。

1. 盲肠球虫　主要病变在盲肠,可见两侧盲肠显著肿大,外观呈棕红色或暗红色,肠管表面有针尖大白色或红色斑点。剪开肠管,可见肠壁增厚,肠管内有大量血液、血凝块或混有血液的黄白色干酪样坏死物;病程久者,还可形成凝固的栓子,堵塞在肠腔内。

2. 小肠球虫　主要病变在小肠前段和中段。可见肠管充气,高度膨胀。肠壁增厚,肠黏膜上有许多出血点或灰白色坏死灶,肠内容物混有血样黏液、纤维素或坏死物质。

由于本病病变集中在小肠和盲肠,再结合血便等临床症状可做出初步诊断。如从粪便或肠黏膜刮片镜检检查到球虫卵囊,即可确诊。

(三)发病时应采取的主要应急措施

一旦发现病鸡,应及早隔离,对病鸡和同群鸡投药治疗。

(四)治疗

常用药物有氨丙啉、氯苯胍、盐霉素、马杜拉霉素、克球粉等。抗球虫药多混在饲料中饲喂,因此在用药时必须严格按规定剂量与饲料混合均匀,防止混拌不均引起药物中毒。同时在防治时应有计划交替用药,防止一种抗球虫药连续使用,造成抗药虫株的出现。

(五)预防

预防本病主要是消灭球虫卵囊,切断其感染传播的途径,搞好鸡舍和环境的卫生消毒,及时清除粪便。雏鸡和成鸡分开饲养,给予营养全价的饲料。

二、鸡住白细胞虫病

鸡住白细胞虫病又称鸡白冠病，是由血变科住白细胞虫属的原虫寄生于鸡的白细胞和红细胞内所引起的一种血液原虫病。主要危害雏鸡，发病率高，常引起大批死亡。本病主要依靠库蠓和蚋等吸血昆虫传播。一般在气温20℃以上时，库蠓和蚋等吸血昆虫大量滋生，活动频繁，该病的流行也严重。因此，该病的流行具有明显的季节性，以夏季为发病高峰，在毗邻水池、湖塘的周围鸡场感染严重。任何品种、年龄的鸡都易感，3～6周龄鸡发病率高，死亡率可达50%～80%，成年鸡感染后，死亡率一般为5%～10%。病愈康复鸡体内可长期带虫，成为传播源。

（一）症状描述及记录

本病自然感染的潜伏期为6～10天。雏鸡发病常呈急性经过。病鸡表现为食欲不振，精神沉郁，下痢，粪便呈绿色。贫血，鸡冠和肉髯苍白，消瘦，两肢轻瘫，活动困难，最后病鸡因咳血、呼吸困难而造成死亡，病鸡周围的食槽和水槽常见咳出的血样物。青年鸡和成年鸡发病症状较轻，呈慢性经过。可见病鸡精神不振，羽毛松乱，鸡冠苍白、萎缩，拉水样的白色或绿色稀粪，鸡只日渐消瘦，产蛋鸡产蛋率下降，甚至停产。

以全身皮下、肌肉和内脏器官广泛性出血最为特征。病鸡肌肉苍白，胸肌、腿肌可见数量不等的针尖大出血点，心、肝、肾、肺、胸腺、肠道和腹内脂肪有针尖状出血或白色小结节。肝、脾明显肿大，胆囊充盈。产蛋鸡卵泡出血、萎缩或变性。

鸡住白细胞虫病主要发生于夏季，库蠓和蚋是重要的传媒，临床以贫血、出血、白冠为主要特征，综合以上可做出初步诊断，也可采取病鸡血液，涂片，镜检发现虫体，即可确诊。

(二)治疗

对发病鸡群，应及早使用可爱丹、氯苯胍及磺胺类药物进行治疗。

(三)预防

本病的传播与库蠓和蚋的活动密切有关，因此消灭这些昆虫媒介是防治本病的主要环节。进入夏季，可在鸡舍及周围环境喷洒驱虫药剂，防止吸血昆虫进入鸡舍侵袭鸡只。

三、组织滴虫病

组织滴虫病又称盲肠肝炎、黑头病，是鸡和火鸡的一种急性原虫病。多见于雏鸡，成年鸡也感染，但症状较轻。不同品种、年龄的鸡均可感染，以 4～6 周龄鸡易感性最强。本病发病率高，死亡率 30%～70%，死亡率常在感染后大约第 17 天达到高峰。一年四季均可发生，多发于春夏温暖潮湿季节。病鸡和带虫鸡是主要的传染源。本病主要通过消化道感染，病鸡粪便中含有大量的原虫，当鸡采食含有原虫的饲料和饮水后，即可发病。异刺线虫也是本病的主要传播媒介。鸡群密度过大、营养不良、鸡舍潮湿污秽是本病的主要诱因。

(一)症状描述及记录

本病的潜伏期一般为 7～12 天。病鸡表现为精神不振，食欲减少以至废绝，羽毛蓬松，翅膀下垂，身体蜷缩，闭眼，畏寒，下痢，排淡黄色或淡绿色粪便，严重病例粪中带血，甚至排出大量血液。发病后期，病鸡因血液循环障碍，鸡冠呈暗黑色，甚至头部皮肤发青、发紫，因而又有“黑头病”之称。病程通常为 1～3 周，病愈康复鸡的体内仍有组织滴虫，带虫者可长达数周或数月。成年鸡较少出现症状。

主要病变发生在盲肠和肝脏，引起盲肠炎和肝炎，故本病又称为盲肠肝炎。一般多为一侧盲肠发生病变，有时为两侧。病初或急性病例，

盲肠发生急性出血性炎症，肠壁增厚或充血，肠内含有浆液性或出血样渗出物，渗出物常干酪样化，形成一段干酪样的栓子，堵塞在肠腔中，呈腊肠样，触之坚硬。横切干酪样栓子，切面呈同心层状，中心是黑红色的凝血块，外层是灰白色或淡黄色的渗出物或坏死性物质。有的病例可见盲肠溃疡、穿孔，从而引起全身性腹膜炎。肝肿大，表面有米粒至玉米粒大小、黄色或黄绿色圆形，中央凹陷而外缘稍隆起的坏死灶。严重病例的坏死灶成片或弥漫于整个肝实质中。

根据肝脏和盲肠的特征性病变，结合临床症状可以做出初步诊断。必要时可取病料做实验室确诊。同时，应与鸡的盲肠球虫病加以区别。两病均可形成盲肠栓子，但盲肠球虫没有肝脏的特征性病变以及由于盲肠穿孔引起的腹膜炎的病变。

(二)治疗

治疗本病可使用氨丙啉、氯苯胍、盐霉素等。

(三)预防

保持鸡舍清洁、干燥，及时清除粪便，防止其污染饲料和饮水。

第六节 常见中毒性疾病的无公害防治

一、食盐中毒

鸡对食盐的合理需要量占饲料的0.25％～0.5％。当饲料中食盐用量过多，大量使用咸鱼粉，搅拌不均，饮水供应不足或饮用水中钠、氯等离子含量过高等都可引起食盐中毒。当雏鸡饲料含盐达到1％、成年鸡饲料中含盐量达到3％时，即可引起中毒死亡。

中毒症状和病程，取决于食盐摄入量和使用时间长短。轻者食欲减少，饮欲增加，粪便稀薄如水；重者食欲废绝，狂饮不止，腹泻，呼吸困难，后期出现神经症状，尖叫，运动失调，转圈或倒地，阵发性痉挛，最后衰竭死亡。病死鸡心包积液，心肌和心冠脂肪有出血点。整个消化道黏膜充血、出血，以小肠病变最严重。脑膜充血、出血。

一旦发现食盐中毒，应立即停喂可疑饲料或饮水，改换新鲜水和低盐饲料，饮水中加入 5%葡萄糖，严重中毒鸡要适当控制饮水，应间断地逐渐增加饮水次数或饮水量，否则，会因饮水过多促进食盐的吸收扩散。

二、磺胺类药物中毒

磺胺类药物对鸡特别是雏鸡具有一定毒性，若以 0.5%浓度混饲雏鸡 8 天，可引起中毒反应；成年鸡连用 5 天可使产蛋减少，连用 7 天以上，即出现中毒症状。因此长期、大剂量应用磺胺类药物或混饲时搅拌不均，都易引起磺胺类药物中毒。

中毒鸡表现为精神沉郁，食欲减少，冠、髯苍白，有的中毒鸡头部肿大呈蓝紫色，粪便呈酱油色或灰白色，产蛋鸡产蛋量下降，并出现软皮蛋。剖检可见内脏器官均有不同程度的出血。胸肌、大腿内侧肌肉有弥漫性或斑片状出血，腺胃、肌胃及肠道黏膜出血，肾脏肿大，呈土黄色，输尿管扩张，充满白色尿酸盐。

一旦发现中毒症状，应立即停药，供给充足饮水，饮水中加入 2%的碳酸氢钠、5%葡萄糖、维生素 C 等。

三、恩诺沙星中毒

恩诺沙星是一种人工合成的喹诺酮类广谱抗菌药，杀菌力很强，雏鸡可按 1 g 恩诺沙星混入 20 kg 水饮用，若盲目加大剂量，常引起中毒。

中毒鸡呈现明显的神经症状，头颈扭曲，站立不稳，卧地不起或瘫痪，最后抽搐、痉挛死亡。剖检可见肝、肾肿大，充血、出血，肠黏膜广泛出血。

发现中毒鸡应立即停药，并在饮水中加入多维电解质、维生素 C 等药物缓解症状。

四、马杜拉霉素中毒

马杜拉霉素又称抗球王、克球王等，主要用于球虫病的防治，该药毒性较大，安全域值较小，超量使用易引起中毒。

轻度中毒鸡表现为食欲减少，口流黏液，站立不稳，拉稀；严重的出现神经症状，头颈后仰，角弓反张，转圈或倒地两腿僵直，或异常兴奋，乱扑乱跳，最后衰竭死亡。剖检可见腺胃、十二指肠黏膜出血；肝肿大，表面有出血点；心肌、胸肌、腿肌有条状或点状出血。

为防止中毒发生，必须严格控制用药剂量，在无公害生产中马杜拉霉素的使用剂量为每 1 000 kg 饲料中加入 5 g 纯粉混饲，添加时一定要搅拌均匀，连续用药不超过 7 天。一旦发生中毒，立即停用马杜拉霉素，在饮水中加入 5%葡萄糖、0.02%维生素 C，以提高机体解毒能力。

第七节 常见鸡病的鉴别诊断

一、鸡常见呼吸道病的鉴别诊断

表 7-4 为鸡常见呼吸道病的诊断要点。

表 7-4 常见呼吸道病的鉴别诊断要点

病名	相似点	鉴别点		
		流行特点	临床症状	病理变化
鸡新城疫	伸颈张口呼吸,罗音,甩头	未经免疫鸡和免疫失败鸡均可感染,发病率和死亡率均高,非典型性死亡率低	嗉囊积液,倒提时黏液从口中流出。部分鸡有神经症状,呼吸困难	腺胃乳头出血,十二指肠、直肠、盲肠扁桃体出血,气管环出血
禽流感	咳嗽,呼吸有罗音	任何年龄鸡均可感染,高致病性禽流感常造成全群覆没	头部肿大,冠髯发绀,严重者脚鳞出血,腹泻,有呼吸道症状	蛋性腹膜炎,卵泡充血、出血、变性,腺胃乳头出血
传染性支气管炎	咳嗽,打喷嚏	各种年龄鸡均可感染,以雏鸡发病严重,传播快,发病率高	呼吸困难,有罗音。产蛋下降,产软皮蛋,畸形蛋	呼吸型可见气管、支气管炎症;腺胃型传支病变主要在腺胃;肾型传支引起肾肿大,尿酸盐沉积
传染性喉气管炎	呼吸困难,有喘鸣声	主要侵害产蛋鸡,传播快,发病率高	呼吸困难表现最严重,出现痉挛性咳嗽,并咳出带血黏液	病变多见于呼吸道上半部分,特别是喉部可见血样渗出物或干酪样栓塞
慢性呼吸道病	咳嗽,打喷嚏呼吸困难	发病与日龄关系不大,可垂直传播,传播慢,病程长	流浆液性或黏液性鼻液,有罗音,眼睑肿胀	呼吸道出现干酪样物,气囊浑浊,囊内有纤维素性渗出物
传染性鼻炎	甩鼻,打喷嚏,呼吸困难	多发于产蛋鸡,发病极快,传播快,发病率高,死亡率低	甩头,流鼻液,肿脸,肉髯水肿	鼻腔、眶下窦黏膜充血、水肿,窦腔内有干酪样物
曲霉菌病	伸颈张口呼吸,呼吸困难	各种年龄鸡均可发生,以幼龄鸡多发,成年鸡慢性经过	严重的呼吸困难,曲霉菌侵入眼部时,皮下有豆腐渣样物蓄积	肺和气囊内有灰黄色坏死结节,柔软而有弹性,内容物呈干酪样,可见霉菌斑

二、引起鸡神经症状的主要疾病的鉴别诊断

表 7-5 为鸡神经症状疾病的鉴别诊断。

表 7-5　引起鸡神经症状的主要疾病的鉴别诊断

病名	相似点	鉴别点		
		流行特点	临床症状	其他器官病变
鸡新城疫	颈部扭曲，转圈，肌肉痉挛震颤，瘫痪	各种年龄鸡均可发生，发病急、传播快、死亡率高	冠、髯呈暗红色或暗紫色，咳嗽、呼吸困难、伸头张口呼吸，拉绿色稀粪	喉头、气管充血、出血明显。腺胃乳头突起出血、坏死和溃疡，十二指肠起始部、小肠中段、卵黄蒂附近、盲肠扁桃体、两盲肠中间的回肠等部位出血斑尤为明显，直肠和泄殖腔黏膜常呈条纹状出血
传染性脑脊髓炎	头颈部阵发性震颤，共济失调，步态不稳	可垂直传播，1～3周龄鸡易感，成年鸡呈隐性感染	精神不振，不愿走动，以跗关节或胫关节着地	腺胃、肌胃的肌肉层及胰脏中有白色病灶，其他脏器无明显肉眼病变
大肠杆菌病	昏睡，有歪头、转圈、共济失调等症状，不易治愈	雏鸡和中雏多发，既可垂直传播，也可水平传播	病鸡还可表现其他多种临床症状，神经症状多为遗留症状	病鸡可出现全身性败血症，胸腔、腹腔有大量浆液性渗出物，严重的为纤维素性。表现为心包炎、气囊炎、眼炎、关节炎等，病变部位细菌检查有革兰氏阴性杆菌
马立克氏病	颈、翅、腿神经麻痹，出现特征性的劈叉姿势	2～5月龄鸡多发，既可垂直传播，也可水平传播	冠髯苍白、皱缩，消瘦，可见眼型和皮肤型	卵巢、肾、脾、肝、腺胃、肌胃、肺、心脏等内脏器官形成肿瘤，眼睛瞳孔变小，虹膜色淡，皮肤形成肿瘤
食盐中毒	极度兴奋，奔跑，抽搐	日粮中食盐含量过高，采食多者，症状明显	饮水增多，粪便稀薄，严重腹泻	消化道黏膜出血性卡他性炎症，皮下水肿，心包积水。肺出血，血液黏稠
维生素B_1缺乏症	头颈向后牵引，呈特征性的“观星”症状	主要因饲料中的维生素不足引起，雏鸡多见，成年鸡为慢性经过	病鸡消瘦，羽毛松乱无光	行走无力、瘫痪。剖检可见胃肠道炎症，皮下水肿

三、引起鸡产蛋下降、蛋品质降低的疾病的鉴别诊断

表 7-6 为引起鸡产量下降、蛋品质降低的疾病的鉴别诊断。

表 7-6 引起鸡产量下降、蛋品质降低的疾病的鉴别诊断

病名	相似点	鉴别点		
		流行特点	临床症状	其他器官病变
鸡新城疫	产蛋率下降，产软壳蛋、沙壳蛋	急性型发病率和死亡率高，成年鸡和非典型性新城疫以产蛋下降为主要特征	鸡冠、肉髯呈暗紫色或紫黑色，体温升高，排出黄绿色粪便，有咳嗽等呼吸道症状，发病后期，出现神经症状	腺胃乳头出血，十二指肠、直肠、盲肠扁桃体出血，气管环出血
禽流感	产蛋率明显下降，软壳蛋、畸形蛋增多	一年四季均可发生，高致病性禽流感死亡率高	精神沉郁，有明显的呼吸道症状，体温升高，冠、髯发紫，脚鳞出血，个别鸡有神经症状	全身广泛性充血、出血、坏死，腺胃乳头出血，肾脏肿大，卵巢变性，有卵黄性腹膜炎症状
产蛋下降综合征	产蛋率下降，产软壳蛋、沙壳蛋	各种品种的鸡均有易感性，褐壳蛋鸡比白壳蛋鸡受害更严重，产蛋高峰最易感	病鸡没有明显的临床症状，只表现产蛋下降及产异常蛋	一般无肉眼可见的特征性变化。个别鸡可见卵泡变性，输卵管萎缩，管内有干酪样物蓄积
传染性支气管炎	产蛋率下降，产软壳蛋、沙壳蛋、畸形蛋，蛋品质下降，蛋清稀薄如水	在冬春季节多发，鸡舍密度过大、通风不良、营养缺乏等应激因素均为本病诱因。潜伏期短、传播快	有咳嗽、打喷嚏、罗音、呼吸困难等明显的呼吸道症状	主要病变在气管、支气管和鼻腔，产生浆液性、卡他性炎症。输卵管增生或囊肿

续表 7-6

病名	相似点	鉴别点		
		流行特点	临床症状	其他器官病变
慢性呼吸道病	产蛋率明显下降，软壳蛋、畸形蛋增多	发病快、传播慢、病程长，常和其他疾病混合感染	流鼻汁、打喷嚏、咳嗽、气喘，病鸡甩头，眼睛有黏液性或脓性分泌物，常造成失明	喉头、气管黏膜充血、水肿，有灰白色或黄白色黏液，气囊浑浊、增厚，有渗出物附着
鸡白痢	产蛋下降甚至停止	雏鸡感染死亡率高，成年鸡慢性带菌，呈慢性或隐形经过	成年鸡一般无白痢症状，部分鸡精神委靡，翅膀下垂，羽毛逆立，肉髯发绀，无产蛋高峰，死亡淘汰率增高	成年鸡病变主要在卵巢，卵子变色、变形、变性。肝脏肿大，质脆，易破裂。心包液增多、浑浊，增厚
营养缺乏	产蛋率明显下降，软壳蛋、畸形蛋增多	饲料营养水平低、品质差，突然变料等常造成产蛋下降，营养恢复后，产蛋明显上升	鸡只出现羽毛松乱，无光泽，消瘦	病程短者无明显的病理变化，稍长的可见消瘦、贫血的变化

四、引起鸡关节和腿部病变的疾病的鉴别诊断

表 7-7 为引起鸡关节和腿部病变的疾病的鉴别诊断。

表 7-7　引起鸡关节和腿部病变的疾病的鉴别诊断

病名	相似点	鉴别点		
		流行特点	临床症状	其他器官病变
病毒性关节炎	跛行，站立不稳，跗关节和趾关节肿胀	多见于 4～7 周龄鸡，发病率高，死亡率低。年龄越大，敏感性越低，10 周龄以后少发	病鸡贫血，消瘦，发育受阻。以关节着地，跛行或单腿跳跃移动	可见单侧或双侧跗关节肿胀，关节上部腓肠肌水肿，滑膜充血、出血，关节腔内有黄色或血样渗出液。慢性病例可见关节黏连

续表 7-7

病名	相似点	鉴别点		
		流行特点	临床症状	其他器官病变
滑液囊支原体	跛行，跗关节和趾关节肿胀，触诊关节有波动感，运动困难	急性感染以青年鸡多见，慢性病例多见于成年鸡	病原体侵害跗关节和足垫，引起滑膜炎和腱鞘炎。病鸡喜卧，消瘦，排青绿色粪便	关节的滑膜、滑膜囊和腱鞘内有大量炎性渗出物，初期渗出物黏稠、灰白色或黄色，后期为干酪样。肝脾肾肿大
大肠杆菌病	关节肿大，跛行，触之有波动感	多见于中雏鸡，一般呈慢性经过	病鸡跛行，关节肿胀。多为大肠杆菌急性败血症的后遗症	关节液浑浊，关节腔内有脓性或干酪性渗出物蓄积，从中可分离出大肠杆菌
痛风	关节肿胀，行走困难，跛行，不能站立	各种年龄鸡均可发生，以慢性经过为主	食欲下降，生长缓慢，羽毛松乱，排白色石灰样粪便	关节腔内充满白色黏稠液体，关节组织发生溃疡、坏死。有的病鸡肾脏、输尿管有尿酸盐沉积，心脏、肝脏及内脏器官表面有大量尿酸盐覆盖
葡萄球菌病	关节炎性肿胀，以跗、趾关节多见，跛行，喜卧	各种年龄鸡均可发生，以 40～60 日龄鸡多发	患肢不敢着地，单肢跳跃，由于采食困难，多衰竭死亡	关节腔内有淡黄色浑浊渗出液或干酪样物，慢性的关节周围结缔组织增多，关节变形。从渗出液中可分离出葡萄球菌
钙磷缺乏症	双腿无力，喜卧，严重的关节变形，行走困难	各种年龄鸡均可发生，慢性经过	厌食，生长迟缓，雏鸡喙、爪变软；成年鸡产软壳蛋、薄壳蛋，甚至无壳蛋，严重的胸骨和腿骨变形。补充钙磷后可逐渐恢复	与脊柱连接处的肋骨呈球状隆起，肋骨增厚、弯曲，造成胸廓两侧变扁。关节面软骨肿胀，有纤维样物质附着

续表 7-7

病名	相似点	鉴别点		
		流行特点	临床症状	其他器官病变
维生素 B_2 缺乏症	跗趾关节肿胀,行走困难	多见于2～3周龄的雏鸡,维生素 B_2 缺乏后2周即可出现症状	趾爪向内弯曲,中趾尤为明显,以飞节着地,成年鸡产蛋率下降,孵化率降低	坐骨神经和臂神经明显肿大、变软,肠道黏膜萎缩,肠内有泡沫状内容物,肝脏肿大,柔软
胆碱缺乏症	腿部关节肿大,站立困难,蹲伏于地	多见于雏鸡,慢性经过	雏鸡生长缓慢,成年鸡产蛋下降,孵化率降低,出现因肝破裂突然死亡	跗趾关节肿大,长骨短粗,趾骨变形弯曲,出现滑腱症

五、引起鸡肾脏病变的主要疾病的鉴别诊断

表 7-8 为引起鸡肾脏病变的主要疾病的鉴别诊断。

表 7-8　引起鸡肾脏病变的主要疾病的鉴别诊断

病名	相似点	鉴别点		
		流行特点	临床症状	其他器官病变
传染性法氏囊病	肾脏肿大,苍白,有尿酸盐沉积,呈花斑肾,输尿管内有尿酸盐沉积	3～6周龄鸡多发,发病急、病程短、呈尖峰状死亡,雏鸡死亡率高	畏寒怕冷,翅膀下垂,严重者鸡头垂地,闭眼呈昏睡状,排白色水样稀粪	胸肌、腿肌有明显的出血斑点,腺胃和肌胃交界处有条状出血带,法氏囊肿大,明显出血,囊内有黄色胶胨样渗出物,黏膜水肿、充血、出血、坏死
肾型传染性支气管炎	肾脏肿大,蓝色变淡,有大量尿酸盐沉积	主要感染15～40日龄鸡,发病率30%～60%或更高,死亡率一般为20%～30%	一过性的呼吸道症状,出现轻微的呼吸困难和咳嗽,排大量水样稀便	气管有轻微的充血、出血,气囊有少许黄色渗出物,其他器官无明显的变化

续表 7-8

病名	相似点	鉴别点		
		流行特点	临床症状	其他器官病变
痛风	肾肿大，输尿管、肾小管内有大量尿酸盐沉积	各种年龄的鸡均可发病，常呈慢性经过	病鸡拉白色水样稀便，消瘦，有的出现跛行	心脏、肝、脾及肠管等内脏器官表面覆盖一层白色尿酸盐沉积物。有的关节腔内有尿酸盐沉积
内脏型马立克氏病	肾脏肿大，蓝色变淡，局部常出现肿瘤块	最早的发病鸡可见于3～4周龄，部分鸡在4月龄前后才出现临床症状，但以8～9周龄发病最严重	冠髯苍白、皱缩，黄白色或黄绿色下痢，鸡体迅速消瘦，胸骨似刀锋，后期极度消瘦，最终衰竭死亡	肝脏、腺胃、卵巢、脾脏等内脏器官常形成肿瘤，肾脏无尿酸盐沉积
鸡白痢	肾脏肿大，色泽苍白或暗红，肾小管和输尿管扩张，充满尿酸盐	各种年龄的鸡均可发病，雏鸡发病率高，成年鸡常呈慢性经过	病鸡扎堆，怕冷，排白色稀粪，泄殖腔周围羽毛常被粪便污染	肝脏肿大，针尖大灰白色坏死灶，胆囊充盈并充满暗紫色胆汁。肠道呈卡他性炎症，盲肠内常有干酪样白色凝块，心肌表面有灰白色结节状坏死灶

小结

疫病的控制是蛋鸡生产的关键，特别是近年来蛋鸡的传染病表现为新的流行趋势和特点，广大生产者应继续认真落实“预防为主”的方针。发现疾病要立即采集病料，送当地动物防疫部门进行诊断，做到早发现、早诊断、早治疗、早处理，把疫病控制在萌芽状态，尽可能减少损失。

提示问答

1. 在日常的饲养管理过程中，饲养员根据哪些特征可以鉴别正常

鸡和发病鸡？发现病鸡应采取哪些措施？

2.你认为在病毒性疾病和细菌性疾病的治疗上各应采取哪些治疗措施？

3.疾病的鉴别诊断在实际生产中具有重要意义，通过阅读你掌握了哪些疾病的诊断技术要点？

第八章

无公害畜产品的产地认定和产品认证

阅读指南 本章重点介绍无公害蛋鸡产品产地认定和产品认证的申请申报方法、步骤和程序以及申报材料中应包括的相关内容，并简单叙述无公害农产品及其标志管理的相关规定。

第一节 无公害农产品管理办法

2002年4月29日农业部和国家质量监督检验检疫局联合颁布了《无公害农产品管理办法》，文件规定在中华人民共和国境内从事无公害农产品生产、产地认定、产品认证和监督管理等活动适用本办法，办法共包括总则、产地条件与生产管理、产地认定、无公害农产品认证、标志管理、监督管理、罚则和附则等八项内容，明确了管理体系、适用范围和管理工作模式，确定了无公害农产品生产产地和产品的认定、认证条件、方法和程序，指明了无公害农产品标志使用范围和使用方法，强化

了法律、法规的尊严。无公害蛋鸡产品属农产品的范畴，应严格执行办法规定要求。

第一章　总　　则

第一条　为加强对无公害农产品的管理，维护消费者权益，提高农产品质量，保护农业生态环境，促进农业可持续发展，制定本办法。

第二条　本办法所称无公害农产品，是指产地环境、生产过程和产品质量符合国家有关标准和规范的要求，经认证合格获得认证证书并允许使用无公害农产品标志的未经加工或者初加工的食用农产品。

第三条　无公害农产品管理工作，由政府推动，并实行产地认定和产品认证的工作模式。

第四条　在中华人民共和国境内从事无公害农产品生产、产地认定、产品认证和监督管理等活动，适用本办法。

第五条　全国无公害农产品的管理及质量监督工作，由农业部门、国家质量监督检验检疫部门和国家认证认可监督管理委员会按照“三定”方案赋予的职责和国务院的有关规定，分工负责，共同做好工作。

第六条　各级农业行政主管部门和质量监督检验检疫部门应当在政策、资金、技术等方面扶持无公害农产品的发展，组织无公害农产品新技术的研究、开发和推广。

第七条　国家鼓励生产单位和个人申请无公害农产品产地认定和产品认证。实施无公害农产品认证的产品范围由农业部、国家认证认可监督管理委员会共同确定、调整。

第八条　国家适时推行强制性无公害农产品认证制度。

第二章　产地条件与生产管理

第九条　无公害农产品产地应当符合下列条件：(一)产地环境符合无公害农产品产地环境的标准要求；(二)区域范围明确；(三)具备一定的生产规模。

第十条　无公害农产品的生产管理应当符合下列条件：(一)生产

过程符合无公害农产品生产技术的标准要求;(二)有相应的专业技术和管理人员;(三)有完善的质量控制措施,并有完整的生产和销售记录档案。

第十一条 从事无公害农产品生产的单位或者个人,应当严格按规定使用农业投入品。禁止使用国家禁用、淘汰的农业投入品。

第十二条 无公害农产品产地应当树立标示牌,标明范围、产品品种、责任人。

第三章 产地认定

第十三条 省级农业行政主管部门根据本办法的规定负责组织实施本辖区内无公害农产品产地的认定工作。

第十四条 申请无公害农产品产地认定的单位或者个人(以下简称申请人),应当向县级农业行政主管部门提交书面申请,书面申请应当包括以下内容:(一)申请人的姓名(名称)、地址、电话号码;(二)产地的区域范围、生产规模;(三)无公害农产品生产计划;(四)产地环境说明;(五)无公害农产品质量控制措施;(六)有关专业技术和管理人员的资质证明材料;(七)保证执行无公害农产品标准和规范的声明;(八)其他有关材料。

第十五条 县级农业行政主管部门自收到申请之日起,在10个工作日内完成对申请材料的初审工作。申请材料初审不符合要求的,应当书面通知申请人。

第十六条 申请材料初审符合要求的,县级农业行政主管部门应当逐级将推荐意见和有关材料上报省级农业行政主管部门。

第十七条 省级农业行政主管部门自收到推荐意见和有关材料之日起,在10个工作日内完成对有关材料的审核工作,符合要求的,组织有关人员对产地环境、区域范围、生产规模、质量控制措施、生产计划等进行现场检查。现场检查不符合要求的,应当书面通知申请人。

第十八条 现场检查符合要求的,应当通知申请人委托具有资质资格的检测机构,对产地环境进行检测。承担产地环境检测任务的机

构，根据检测结果出具产地环境检测报告。

第十九条　省级农业行政主管部门对材料审核、现场检查和产地环境检测结果符合要求的，应当自收到现场检查报告和产地环境检测报告之日起，30个工作日内颁发无公害农产品产地认定证书，并报农业部和国家认证认可监督管理委员会备案。不符合要求的，应当书面通知申请人。

第二十条　无公害农产品产地认定证书有效期为3年。期满需要继续使用的，应当在有效期满90日前按照本办法规定的无公害农产品产地认定程序，重新办理。

第四章　无公害农产品认证

第二十一条　无公害农产品的认证机构，由国家认证认可监督管理委员会审批，并获得国家认证认可监督管理委员会授权的认可机构的资格认可后，方可从事无公害农产品认证活动。

第二十二条　申请无公害农产品认证的单位或者个人（以下简称申请人），应当向认证机构提交书面申请，书面申请应当包括以下内容：（一）申请人的姓名（名称）、地址、电话号码；（二）产品品种、产地的区域范围和生产规模；（三）无公害农产品生产计划；（四）产地环境说明；（五）无公害农产品质量控制措施；（六）有关专业技术和管理人员的资质证明材料；（七）保证执行无公害农产品标准和规范的声明；（八）无公害农产品产地认定证书；（九）生产过程记录档案；（十）认证机构要求提交的其他材料。

第二十三条　认证机构自收到无公害农产品认证申请之日起，应当在15个工作日内完成对申请材料的审核。材料审核不符合要求的，应当书面通知申请人。

第二十四条　符合要求的，认证机构可以根据需要派员对产地环境、区域范围、生产规模、质量控制措施、生产计划、标准和规范的执行情况等进行现场检查。现场检查不符合要求的，应当书面通知申请人。

第二十五条　材料审核符合要求的、或者材料审核和现场检查符合要求的(限于需要对现场进行检查时),认证机构应当通知申请人委托具有资质资格的检测机构对产品进行检测。承担产品检测任务的机构,根据检测结果出具产品检测报告。

第二十六条　认证机构对材料审核、现场检查(限于需要对现场进行检查时)和产品检测结果符合要求的,应当在自收到现场检查报告和产品检测报告之日起,30 个工作日内颁发无公害农产品认证证书。不符合要求的,应当书面通知申请人。

第二十七条　认证机构应当自颁发无公害农产品认证证书后 30 个工作日内,将其颁发的认证证书副本同时报农业部和国家认证认可监督管理委员会备案,由农业部和国家认证认可监督管理委员会公告。

第二十八条　无公害农产品认证证书有效期为 3 年。期满需要继续使用的,应当在有效期满 90 日前按照本办法规定的无公害农产品认证程序,重新办理。在有效期内生产无公害农产品认证证书以外的产品品种的,应当向原无公害农产品认证机构办理认证证书的变更手续。

第二十九条　无公害农产品产地认定证书、产品认证证书格式由农业部、国家认证认可监督管理委员会规定。

第五章　标志管理

第三十条　农业部和国家认证认可监督管理委员会制定并发布《无公害农产品标志管理办法》。

第三十一条　无公害农产品标志应当在认证的品种、数量等范围内使用。

第三十二条　获得无公害农产品认证证书的单位或者个人,可以在证书规定的产品、包装、标签、广告、说明书上使用无公害农产品标志。

第六章　监督管理

第三十三条　农业部、国家质量监督检验检疫总局、国家认证认可监督管理委员会和国务院有关部门根据职责分工依法组织对无公害农

产品的生产、销售和无公害农产品标志使用等活动进行监督管理。

(一)查阅或者要求生产者、销售者提供有关材料;(二)对无公害农产品产地认定工作进行监督;(三)对无公害农产品认证机构的认证工作进行监督;(四)对无公害农产品的检测机构的检测工作进行检查;(五)对使用无公害农产品标志的产品进行检查、检验和鉴定;(六)必要时对无公害农产品经营场所进行检查。

第三十四条　认证机构对获得认证的产品进行跟踪检查,受理有关的投诉、申诉工作。

第三十五条　任何单位和个人不得伪造、冒用、转让、买卖无公害农产品产地认定证书、产品认证证书和标志。

第七章　罚　　则

第三十六条　获得无公害农产品产地认定证书的单位或者个人违反本办法,有下列情形之一的,由省级农业行政主管部门予以警告,并责令限期改正;逾期未改正的,撤销其无公害农产品产地认定证书:(一)无公害农产品产地被污染或者产地环境达不到标准要求的;(二)无公害农产品产地使用的农业投入品不符合无公害农产品相关标准要求的;(三)擅自扩大无公害农产品产地范围的。

第三十七条　违反本办法第三十五条规定的,由县级以上农业行政主管部门和各地质量监督检验检疫部门根据各自的职责分工责令其停止,并可处以违法所得 1 倍以上 3 倍以下的罚款,但最高罚款不得超过 3 万元;没有违法所得的,可以处 1 万元以下的罚款。

第三十八条　获得无公害农产品认证并加贴标志的产品,经检查、检测、鉴定,不符合无公害农产品质量标准要求的,由县级以上农业行政主管部门或者各地质量监督检验检疫部门责令停止使用无公害农产品标志,由认证机构暂停或者撤销认证证书。

第三十九条　从事无公害农产品管理的工作人员滥用职权、徇私舞弊、玩忽职守的,由所在单位或者所在单位的上级行政主管部门给予行政处分;构成犯罪的,依法追究刑事责任。

第八章 附 则

第四十条 从事无公害农产品的产地认定的部门和产品认证的机构不得收取费用。检测机构的检测、无公害农产品标志按国家规定收取费用。

第四十一条 本办法由农业部、国家质量监督检验检疫总局和国家认证认可监督管理委员会负责解释。

第四十二条 本办法自发布之日起施行。

第二节 无公害蛋鸡产品的产地认定

(一)产地条件和生产管理要求

申请无公害蛋鸡产品产地认定的企业或个人,产地条件和生产管理应达到以下要求。

1. 产地环境要符合无公害畜产品产地标准要求,水质要达到NY 5027无公害食品畜禽饮用水水质标准要求,空气要符合NY/T 388标准要求。产地区域范围要明确,生产应具有一定规模,产地树立标示牌,标明范围、产品名称及种类和负责人。

2. 生产管理中要达到无公害畜产品的生产技术规范要求,有专业的技术管理人员、有完善的质量管理措施和生产、销售记录。

3. 严格按规定使用投入品,饲料及饲料添剂的使用应符合NY 5042无公害食品—蛋鸡饲养饲料使用准则,兽药使用应符合NY 5040无公害食品—蛋鸡饲养兽药使用准则,兽医防疫应符合NY 5041无公害食品—蛋鸡饲养兽医防疫准则,不得使用国家禁止和淘汰的农业投入品。

(二)无公害蛋鸡产品的产地认定管理体制

《无公害农产品管理办法》明确规定,"全国无公害农产品的管理及质量监督工作,由农业部、国家质量监督检验检疫部门和国家认证认可监督管理委员会按照'三定'方案赋予的职责和国务院的有关规定分工负责共同做好工作",省级畜牧行政主管部门和质监部门负责组织实施本辖区内无公害畜产品的产地认定工作,县级畜牧行政主管部门和质监部门负责本区域内的无公害畜产品产地认定的组织和初步审查工作。

(三)无公害蛋鸡产品的产地认定申请程序

产地认定申请人,首先向所在地县级畜牧行政主管部门提交产地认定书面申请;其次,县级畜牧行政主管部门自收到申请之日起,在10个工作日内完成对申请材料的初审工作,符合要求的,县级畜牧行政主管部门逐级将推荐意见和材料上报省级畜牧行政主管部门,不符合要求的书面通知申请人;第三,省级畜牧行政主管部门自收到推荐意见和有关材料之日起,在10个工作日内完成对有关材料的审核工作,不符合要求的书面通知申请人,符合要求的,省级畜牧行政主管部门组织有关人员对申请者的产地环境、生产规模、质量控制措施和生产计划进行现场检查,现场检查不符合要求的书面通知申请人,符合要求的通知申请人委托有资格、资质的检测机构对产地环境的大气和水进行检测。省级畜牧行政主管部门负责对检测报告的审查,对申请材料、现场检查和产地环境检测结果符合要求的,在收到报告之日起30个工作日内颁发无公害畜产品产地认定证书,并报农业部和国家认证认可监督管理委员会备案;不符合要求的书面通知申请人。无公害农产品产地认定书有效期3年,期满需要继续使用的,应在有效期满30日前按上述申请程序重新办理。

(四)产地认定申请材料的规定格式和内容

1.产地认定书面申请应包括的内容 产地认定的申请人向所在市县级畜牧行政主管部门提交产地认定书面申请,书面申请应当包括:申请人的名称、地址、电话号码、产地区域范围、生产规模、无公害蛋鸡产品的生产计划、产地环境证明、无公害蛋鸡产品质量控制措施、有关专业技术和管理人员的资质证明材料、保证执行无公害畜产品标准和规范的声明和其他相关材料等内容。

2.申请材料的格式和内容 申请无公害蛋鸡产品产地认定的申请材料应包括:申报函、申报企业基本情况、申报产品的质量控制措施、申请无公害蛋鸡产品的生产区域平面图、无公害蛋鸡产品产地环境状况、产地环境检测报告和产地环境评估报告等内容。

申报函应包括产地认定的申请,并确保申报书面填报所有内容真实有效。愿意向认定委员会提供任何与该申报工作有关的数据和情况,接受检查和复核。

企业基本情况应包括:企业名称、详细地址、法人代表、联系电话、主管部门、企业登记情况、职工人数、管理人员人数、经营范围、申报产品名称及商标名、生产规模、年销售量、申报产品主要销售范围、产地说明。

申报蛋鸡产品的质量控制措施:可以是现行有效的行业标准、技术规范、地方标准或企业标准的原件文本,质量控制措施要与产地所生产产品相一致;重点突出在当地生产条件下,生产过程中可能对产品产生污染的农业投入品(饲料、兽药、生物制剂等)的详细使用技术规程,以及保证执行无公害畜产品标准与规范的声明。

无公害蛋鸡产品生产区域平面图应有比例尺不同的两幅。图一为无公害蛋鸡产品生产基地平面图,要求平面图准确标注产地与周边界址,界址用红笔勾画清楚。图二为县(市、区)级区域图,图中要标注出产地所处的位置,同时标注出产地周围潜在的污染源和周围 3 km 内的企业及当地风向图。

环境检测报告要有具有资格和资质的机构实地采样。检测报告一律以抽样检测有效，要附检测单位在实地采样的原始记录复印件，复印件加盖检测单位公章，并由检测单位负责人签名，方确认真实有效。检测报告应标明抽样地点、日期、样品名称、数量、抽样人、实际环境条件（温度、湿度和气压）、采样说明及样点分布、代表的产地面积、检验项目、执行的标准文号、检测仪器名称、检测结果和检测结论。无公害蛋鸡产品产地环境检测一般包括大气和水，要按国家标准中列出的项目逐一检测。

第三节　无公害蛋鸡产品的产品认证

（一）无公害蛋鸡产品认证程序

无公害蛋鸡产品认证程序包括：初审、审核、现场检查、产品检测、认证、上报备案和公告等内容。

1. *初审*　申请人向所在县（市、区）畜牧行政主管部门、质监部门提交书面申请，县、市畜牧行政主管部门、质监部门接到申请后结合现场考察就申请材料所填报内容的真实性、有效性进行审核，签署初审意见、加盖公章上报。

2. *审核*　认证机构自接到无公害蛋鸡产品认证申请之日起，在15个工作日内完成对申请材料的审核。符合要求的，认证机构根据需要派员进行现场检查。不符合要求的书面通知申请人。

3. *现场检查*　认证机构的派出人员在现场对产地环境、区域范围、生产规模、质量控制措施、生产计划、标准和规范的执行情况等内容进行现场检查。符合要求的认证机构立即通知申请人委托具有资格、资质的检测机构对产品进行检测。不符合要求的书面通知申请人。

4. *产品检测*　具有资格、资质的检测机构在现场抽样，按照无公害蛋鸡产品标准规定的检测方法检测，并根据检测结果出具产品检测报告。

5.认证　认证机构根据对材料审核、现场检查和产品检测报告结果，符合要求的，经认证委员会研究认定，在收到现场检查报告和产品检测报告之日起 30 个工作日内对达到标准者颁发无公害农产品认证证书。不符合要求的书面通知申请人。

6.上报备案　认证机构在颁发无公害农产品认证证书后 30 个工作日内，将其颁发的认证证书副本同时上报农业部和国家认证认可监督管理委员会备案。

7.公告　由农业部和国家认证认可监督管理委员会向社会公告。

(二)无公害畜产品认证证书的管理

《无公害农产品管理办法》规定，无公害农产品认证证书有效期为 3 年，期满需继续使用的，应在有效期满前 90 天内按照无公害农产品认证规定程序重新办理。还规定在有效期内生产无公害农产品认证证书以外的产品品种的，应向原认证机构办理认证证书申请和变更手续。蛋鸡产品属农产品的其中一部分，无公害畜产品认证证书的管理应按《无公害农产品管理办法》规定执行。

(三)申报材料包含的内容

申请无公害鸡蛋产品认证的书面材料应包括以下内容：申请人的名称、地址、电话号码。产品品种、产地的区域范围、生产规模及申报产品的名称、种类、注册商标名称和批准文号，产品标准号、执行的无公害农产品标准号、产品规格和包装、生产与质量的控制措施。无公害畜产品的生产计划。产地环境说明。无公害蛋鸡产品控制措施、生产技术规范和质量控制体系。有关技术和管理人员的资质证明材料。保证执行无公害农产品标准和规范的声明。无公害农产品产地认定证书。生产过程记录档案。认证机构要求提交的其他材料。

(四)无公害农产品标志管理

无公害农产品标志为圆形图案，中间为蓓蕾状图形，内有“GB”拼音字母，图形和图案上方有“无公害农产品”字样，下方有“Safe Crop”英文字母词组。标志是向消费者证明承诺该产品质量的象征。标志归专门机构管理，具有特定的法律属性。为此2002年11月25日农业部和国家认证认可监督管理委员会联合制定发布了《无公害农产品标志管理办法》，办法规定无公害种植业产品、渔业产品和畜产品使用同一无公害农产品标志。并仅能在经过认证的无公害农产品上使用。明确了标志的规格、作用及意义，规定了管理权限，指明了使用范围及使用方法等相关内容。在管理上不但要依据有关法律、法规认证，把“从农田到餐桌”可能影响产品质量的各个环节都确立质量控制措施，按严格认证程序，检查是否达标，确保认证的科学性、权威性和公正性。还要依据有关法律、法规管理，根据国家的《反不正当竞争法》、《广告法》和《产品质量法》等法律、法规，切实规范生产者和经营者的行为，打击市场假冒伪劣现象，维护生产者、经营者和消费者的合法权益。在使用权上强调了专门、专一性，只能在认证的品种、数量范围内使用。在使用方法上，对获得无公害农产品认证证书的单位和个人可以在证书规定的产品、包装、标签、广告和说明上使用，要注明认证编号。

第四节　无公害蛋鸡场认证现场检查细则

根据《无公害农产品认证现场检查工作规范》，为统一标准，规范现场检查，保证认证质量，制定无公害农产品(畜牧业产品)认证现场检查评定细则。

本现场检查评定细则包括7类产品的评定方法，每类产品的评定项目分关键项目(条款号后加※表示)和一般项目。其中：

(1)生猪屠宰加工厂现场检查评定项目共 90 项,关键项目 10 项,一般项目 80 项;

(2)牛、羊屠宰加工厂现场检查评定项目共 92 项,关键项目 12 项,一般项目 80 项;

(3)家兔屠宰加工厂现场检查评定项目共 70 项,关键项目 10 项,一般项目 60 项;

(4)肉鸡屠宰加工厂现场检查评定项目共 71 项,关键项 11 项,一般项目 60 项;

(5)蛋鸡场现场检查评定项目共 69 项,关键项目 9 项,一般项目 60 项;

(6)奶牛场现场检查评定项目共 75 项,关键项目 15 项,一般项目 60 项;

(7)蜂蜜、蜂花粉加工厂现场检查评定项目共 79 项,关键项目 19 项,一般项目 60 项。

在现场检查时,应对所列项目及其涵盖内容进行全面检查,逐项做出评定。凡属不完整、不齐全的项目,称不合格项;关键项如不合格则称为严重不合格项;一般项目不合格则称为一般不合格项。在“结论”栏中,合格者填“A”;不合格者填“B ”。关键项目出现不合格,检查员应对此说明原因。

各类产品的评定原则见表 8-1。

表 8-1　各类产品的评定原则

<table>
<tr><th colspan="2">项　目</th><th rowspan="2">结果</th></tr>
<tr><th>严重不合格项</th><th>一般不合格项 *</th></tr>
<tr><td>0</td><td>小于 15%</td><td>现场检查通过</td></tr>
<tr><td>0</td><td>15%～30%</td><td>有条件推荐通过现场检查</td></tr>
<tr><td>0</td><td>大于 30%</td><td rowspan="2">现场检查不通过</td></tr>
<tr><td>大于等于 1</td><td></td></tr>
</table>

注:* 一般不合格项目数按四舍五入取整

蛋鸡场现场检查评定项目如下。

一、质量管理体系及档案记录	
1 ※	有文件化的产品质量安全管理制度，其内容包括：机构、岗位、人员的设置及相应的职责，产品质量安全达到的具体指标。查：相关文件。
2	有生产和质量安全管理机构（部门），包括：原料接收、卫生防疫、产品质量检验、产品管理等。查：相应机构（部门）、人员。
3	无公害农产品产地认定证书、动物防疫合格证、食品卫生合格证齐全有效。查：相关证件。
4	管理人员、技术（包括产品质量检验）人员、操作人员的学历证明、培训记录、健康证齐全有效。查：相关证件、记录。
5	有文件化的生产管理制度，包括：原料（投入品）的采购、使用和管理制度、饲养管理制度、卫生防疫制度、成品（鸡蛋）管理制度、产品质量检验制度、无害化处理制度、培训制度等。查：相关文件。
6 ※	有2年内的《环境检验报告》和《环境现状评价报告》。查：报告原件。
7	有所使用的兽药、疫苗、饲料原料、饲料及添加剂购销发票。查：发票原件
8	有饲料和添加剂使用记录：包括来源、配方和使用情况等。查：记录。
9	有免疫情况记录，包括：鸡群编号、疫苗名称、生产厂家、批号、免疫日期、免疫效果检测等。查：记录。

10	有治疗用药记录:包括鸡群编号、日龄、临床症状、诊断结果、药物名称(商品名及有效成分)、给药途径、剂量、疗程、治疗时间。查:记录。
11	有消毒剂使用记录,包括药物名称(商品名及有效成分)、使用方法、消毒剂浓度、时间等。查:记录。
12	有鸡群生产记录,包括鸡只品种、来源、饲料消耗情况、生产性能、发病情况、死亡率及死亡原因等。查:记录。
13	有产品质量检验记录。查:记录。
14	有死、淘鸡只的无害化处理记录。查:记录。
15	有产品销售记录:包括产品数量、销售地等。查:记录。
16	记录字迹清晰、内容真实、数据完整;资料记录保存 2 年以上。查:记录、资料。
二、投入品管理	
17	商品代雏鸡来自通过有关部门验收的种鸡场或专业孵化厂;外购鸡蛋原料的,鸡蛋来自经过无公害产地认定并与其签订购销协议的蛋鸡养殖场。查:种鸡场或专业孵化厂相关证件、蛋鸡养殖场的无公害产地认定证书的复印件。
18	畜禽饮用水水质符合 NY 5027 的要求。查:检验报告原件。
19 ※	所用兽药来自具有《兽药生产许可证》和产品批准文号的生产企业;或者具有《进口兽药许可证》的供应商。查:兽药生产企业或供应商相关证件的复印件、鸡场兽药购货发票、兽药库房。
20	治疗药物凭兽医处方购买,并在兽医指导下使用。查:用药记录。

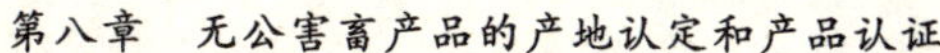

21	抗球虫药以轮换或穿梭方式使用。查:用药记录。
22	兽药使用执行 NY 5040 所规定的休药期。查:用药记录、生产记录。
23	产蛋期使用治疗药物时,在弃蛋期内所产鸡蛋不供人类食用。查:用药记录、生产记录。
24	不在整个产蛋期鸡饲料中添加药物饲料添加剂。查:用药记录、生产记录。
25	不使用有致畸、致癌、致突变作用的兽药。查:用药记录、兽药购货发票、兽药库房。
26	不在饲料中长期添加药物。查:饲料配方、饲料及饲料添加剂使用记录。
27	不使用未经农业部批准或已经淘汰的兽药。查:用药记录、兽药购货发票、兽药库房。
28	不使用会对环境造成严重污染的兽药。查:用药记录、兽药购货发票、兽药库房。
29	不使用激素类或其他有激素作用的物质及催眠镇静类药物。查:用药记录、兽药购货发票、兽药库房。
30	不使用未经农业部批准的用基因工程方法生产的兽药。查:用药记录、兽药购货发票、兽药库房。
31	不使用变质、霉败、生虫或被污染的饲料原料和饲料。查:饲料使用记录、饲料原料和饲料库房。
32 ※	所使用的饲料、饲料添加剂是具有生产许可证的企业生产的、具有产品批准文号的产品或取得进口登记证的境外产品。查:饲料使用记录、饲料原料和饲料库房。

33	不在饲料中额外添加增色剂，如砷制剂、铬制剂、蛋黄增色剂、铜制剂等。查：饲料使用记录、饲料原料和饲料库房。
34	不用制药工业副产物作饲料原料。查：饲料使用记录、饲料原料和饲料库房。
三、环境条件及设施	
35	周围 3 km 内无大型化工厂、矿厂或其他畜牧场等污染源。查：现场查看。
36	距离干线公路 1 km 以上，鸡场距离村、镇居民点至少 1 km 以上，不建在饮用水源、食品厂上游。查：现场查看。
37	周围设绿化隔离带或有围墙。查：现场查看。
38	场内净道和污道分开。查：现场查看。
39	场内主要道路路面硬化。查：现场查看。
40	场容整洁，干净卫生。查：现场观察。
41 ※	鸡场生产区、生活区分开，雏鸡、成年鸡分舍饲养。查：现场查看。
42	运送粪污、废弃物与饲料、产品不共用一个大门。查：现场查看。
43	鸡场入口设有车辆消毒设施，车辆消毒池的长度和消毒液的高度能保证入场车辆所有车轮外沿充分浸没在消毒液中。查：现场查看。
44	鸡舍入口设有人员消毒设施，包括洗手消毒、更衣及脚踏消毒池。查：现场查看。
45	鸡舍设有防鸟设施。查：现场查看。
46	鸡舍地面和墙壁便于清洗，并能耐酸、碱等消毒药液清洗消毒。查：现场查看。

47	在生产区下风向设有粪污排放、处理的场地和设施。查:现场查看。
48	根据实际情况,设有与生产能力相适应的鸡蛋储存库,冷库温度保持在－1～0℃,相对湿度保持在80％～90％,并有记录。查:现场查看、鸡蛋库房记录。
四、饲养管理	
49 ※	工作人员上岗前取得健康合格证,并至少每年体检一次。查:人员健康证。
50	鸡舍喂料器内的饲料保持新鲜,无霉变和被污染。查:现场查看。
51	鸡舍饮水设备内的水质保持清洁、无污染。查:现场查看。
52	集蛋人员集蛋前洗手消毒。查:现场查看。
53	集蛋时将破蛋、砂皮蛋、软蛋、特大特小蛋单独存放,不作为鲜蛋销售。查:鸡蛋库房、记录。
54	鸡蛋收集后用福尔马林熏蒸消毒,消毒后送蛋库保存,并及时记录。查:鸡蛋库房、记录、现场操作。
55	定期投放灭鼠药,控制啮齿类动物。投放鼠药定时、定点,及时收集死鼠和残余鼠药进行无害化处理,并有记录。查:鼠药购货发票、使用记录。
56	使用高效低毒化学药物杀虫,喷洒杀虫剂时避免喷洒到鸡蛋表面、饲料中和鸡体上。查:杀虫药物购货发票,现场操作。
57	鸡蛋用一次性纸蛋盘或塑料蛋盘盛放。查:现场设施。
58	采用蛋托或纸格包装鸡蛋时,蛋的大头向上装入蛋托或纸格内,不空格漏装。查:现场操作。

59	运送鸡蛋的车辆事先用消毒液彻底消毒，并及时记录；运送鸡蛋的车辆使用封闭货车或集装箱，不让鸡蛋直接暴露在空气中进行运输。查：现场查看。
五、动物防疫	
60 ※	实行“全进全出”制。查：记录，现场操作。
61	不在场内饲养其他畜禽。查：现场查看。
62	现存栏鸡只健康状况良好。查：现场查看。
63	人员进出生产区采取紫外线消毒、淋浴、更衣、消毒池等消毒防疫措施。查：现场设施。
64 ※	根据《动物防疫法》及其配套法规的要求，结合当地实际情况，有选择地进行疫病的预防接种工作，并注意选择适宜的疫苗、免疫程序和免疫方法。查：免疫程序、记录。
65 ※	依照《动物防疫法》及其配套法规的要求，结合当地实际情况，制定疫病监测方案，常规监测的疫病应包括：高致病性禽流感、鸡新城疫、禽白血病、禽结核病、鸡白痢与伤寒等。查：疫病监测方案、监测报告、记录。
66	不使用酚类消毒剂，产蛋期不使用醛类消毒剂。查：消毒剂购货发票、兽药库房、消毒记录。
67	鸡舍周围环境、场区周围及场内污水池、排粪坑、下水道出口定期消毒，并及时记录；每批鸡出栏后，对鸡舍进行彻底清洗、消毒，空舍 2 周以上，并及时记录。查：消毒记录。
68	定期对蛋箱、蛋盘、喂料器、饮水设备等用具进行消毒，并及时记录。查：消毒记录。
69	定期在鸡舍内无蛋时进行带鸡消毒，并及时记录；定期对鸡蛋贮存、分装的场地和设施进行消毒，并及时记录。查：消毒记录。

小结

通过本章学习了解《无公害农产品管理办法》和无公害农产品标志的适用范围及使用方法，掌握无公害农产品产地认定和产品认证的申请申报方法、申报内容及相关要求。

提示问答

1. 简述无公害农产品产地认定程序。
2. 无公害农产品产地认定申报材料应包括哪些内容？
3. 简述无公害农产品认证程序。
4. 简述无公害农产品标志的适用范围和使用方法。
5. 无公害农产品产地认定证书和产品认证证书有效年限是多少？

参考文献

1. 张晓东,杜文兴主编.无公害畜产品生产手册.北京:科学技术文献出版社,2002
2. 佟建明主编.蛋鸡无公害综合生产技术.北京:中国农业出版社,2002
3. 中华人民共和国农业行业标准.无公害食品.2001
4. 马玉超,李清松.中国农产品出口现存问题透视.调研世界,2003,11
5. 杨再,郭艳红.我国养禽业的路该如何走.河北畜牧兽医,2002,8
6. 姚继承,彭秀丽主编.家禽无公害饲料配制技术. 北京:中国农业出版社 ,2003
7. 张英杰,刘月琴主编. 家禽饲料手册. 北京:中国农业大学出版社, 2001
8. 刘德芳主编. 配合饲料学. 北京:北京农业大学出版社,1993
9. 胡坚主编.动物饲养学.长春:吉林科学技术出版社 ,1990
10. 任祖伊主编. 禽病防治 500 问. 北京:中国农业出版社,1997
11. 宋维平.几种中草药饲料添加剂在养鸡业中的应用. 饲料添加剂技术大全.北京农业信息网,2001,6,28
12. 吴延功,王志亮. HACCP 体系在"健康鸡工程"中兽医防疫方面的应用. 山东畜牧信息网, 2004,8,13
13. 夏良宙.购买饲料原料应注意事项.饲料营养杂志,1990,1～6
14. 宋洪远,赵长保. 我国的饲料安全问题:现状、成因及对策. 中国经济信息网,2004,3,8
15. 无公害食品标准.北京:中国标准出版社,2001
16. 甘孟侯主编.中国禽病学.北京:中国农业出版社,1997
17. 杨秀女,路广计主编.简明禽病防治手册.北京:中国农业大学

出版社,2002

18.杨增岐主编.畜禽无公害防疫新技术.北京:中国农业出版社,2002

19.高波,杨文平主编.鸡病防控与治疗技术.北京:中国农业出版社,2003

20.傅先强主编.养禽场禽病检验手册.北京:中国农业大学出版社,1992

21.许建民主编.蛋鸡高效饲养与疫病监控.北京:中国农业大学出版社,2003

22.杨宁主编.现代养鸡生产. 北京:北京农业大学出版社,1994

23.黄仁录主编.蛋鸡标准化生产技术. 北京:中国农业大学出版社,2003

24.黄昌树等主编.养禽辞典.南京:江苏科学出版社,1988

图书在版编目(CIP)数据

蛋鸡/谷军虎,张永辉,张铁闯主编 .—北京:中国农业大学出版社,2006.1

(无公害农产品高效生产技术丛书)

ISBN 978-7-81066-909-2

Ⅰ. 蛋…　Ⅱ. ①谷…　②张…　③张…　Ⅲ. 卵用鸡-饲养管理-无污染技术　Ⅳ. S831.4

中国版本图书馆 CIP 数据核字(2005)第 065617 号

书　　名　蛋鸡

作　　者　谷军虎　张永辉　张铁闯　主编

策划编辑　刘　军　赵　中　　**责任编辑**　韩元凤
版式设计　刘　玮　　**责任校对**　田树君
出版发行　中国农业大学出版社
社　　址　北京市海淀区圆明园西路 2 号　　**邮政编码**　100193
电　　话　发行部 010-62732620,1190　　读者服务部 010-62732336
编辑部 010-62732617,2618　　出　版　部 010-62733440
网　　址　http://www.cau.edu.cn/caup　　**E-mail** caup@public.bta.net.cn
经　　销　新华书店
印　　刷　涿州市星河印刷有限公司
版　　次　2006 年 1 月第 1 版　　2008 年 11 月第 5 次印刷
规　　格　890×1 240　32 开本　11.125 印张　305 千字
印　　数　12 001～15 000
定　　价　17.00 元

图书如有质量问题本社发行部负责调换

特别说明

为提高"三农"图书的科学性、准确性、实用性，推进"三农"出版物更加贴近读者，使农民朋友确实能够"看得懂、用得上、买得起"的优秀"三农"图书进一步得到市场的认可、发挥更大的作用，中央宣传部、新闻出版总署和农业部于2006年6～7月份组织专家对"三农"图书进行了认真评审，确定了推荐"三农"优秀图书150种(套)(新出联〔2006〕5号)。我社共6种(套)名列其中：

无公害农产品高效生产技术丛书

新编21世纪农民致富金钥匙丛书

全方位养殖技术丛书

农村劳动力转移职业技能培训教材

科学养兔指南

养猪用药500问

这些图书自出版以来，深受广大读者欢迎，近来一次性较大量购买的情况较多，为方便团体购买，请客户直接到当地新华书店预购，特殊情况可与我社联系。联系人董先生，电话010－62731190，司先生，010－62818625。

中国农业大学出版社

2006年9月